JN136468

村上 隆・行廣隆次 監修
Iakashi Murakami & Ryoji Yukihiro
伊藤大幸 編著　谷 伊織・平島太郎 著
Hiroyuki Ito　Iori Tani & Taro Hirashima

心理学・社会科学研究のための 構造方程式モデリング

Mplusによる実践

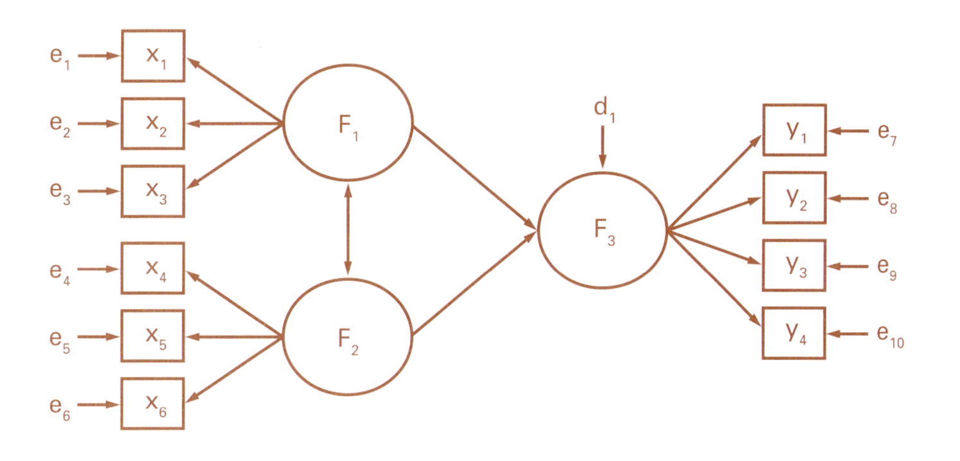

Structural Equation Modeling for Psychology and Social Science

ナカニシヤ出版

はじめに

本書は多変量解析の包括的な枠組みである構造方程式モデリング（Structural Equation Modeling: SEM）の入門的な解説書です。SEMは多変量解析の手法の1つですが，非常に柔軟なモデル構成が可能であるため，従来，社会科学領域で用いられてきた解析手法の多くを下位モデルとして扱うことができます。実際，SEMによって扱えるモデルは，一般線形モデル（*t*検定，分散分析，単回帰・重回帰分析など），一般化線形モデル（ロジスティック回帰分析，トービット回帰分析，ポアソン回帰分析など），因子分析（探索的因子分析，確認的因子分析など），テスト理論（古典的テスト理論，項目反応理論など），マルチレベルモデル（階層データ，反復測定データ），成長曲線モデル，多母集団分析，混合分布モデルなど多岐にわたり，近年の社会科学領域の研究で用いられる解析手法の大部分を含んでいます。

したがって，誤解を恐れずに言えば，SEMの可能性と限界を知ることは，社会科学領域における現在の統計解析技術の可能性と限界を知ることとほぼ同義です。そして，統計解析によって何ができ，何ができないのかの線を明確に理解することができれば，データの収集に先立って，理論的検討や研究デザインの工夫をどこまでやらなければいけないかも自ずと見えてきます。本書の真の目的は，まさにそのような「線」を読者の皆さんに理解していただくことにあります。つまり，単にソフトウェアの使い方や分析の方法を覚えるというより，デザインを含めた社会科学研究の方法論についての基礎理解を固めるというイメージです。これは，皆さんが今後どのような研究を進めていくにしても，貴重な財産になる知識だと思います。

とは言え，原理的な解説だけでは，SEMの性質を具体的に理解し，研究に応用するまでのスキルを身に着けることは難しいため，本書ではM*plus*というプログラムを用いた実データ上での分析例を示していきます。M*plus*は統計学者のMuthénらが開発し，上に挙げたような多様な下位モデルを網羅的にカバーする柔軟さを持つ最先端のSEMのプログラムです。近年，心理学，疫学，教育学，社会学，経済学などの社会科学領域では，M*plus*を用いた論文のシェアが年々増加しており，その傾向は，インパクト・ファクター（論文の被引用数に基づいて学術誌の影響度を表した指標）の高い学術誌で特に顕著です。本書では，SEMの可能性と限界を知るという上記の目的のために，SEMの可能性を最大限に引き出すことのできるM*plus*を用いて解説を行うことにしました。

初学者の方は，そのような最先端のプログラムを使いこなせるか不安に思うかもしれません。しかし，M*plus*のシンタックス（命令文）の文法は単純明快であり，SEMの基本原理さえ理解していれば，むしろ他のプログラムよりも扱いは容易です。従来，国内ではマウス操作で扱えるAmosやEQSなどが広く普及していましたが，実際にSEMでモデルを組む場合は，よほど単純なモデルでない限り，マウス$_{xd}$よりシンタックスによる操作の方が効率的で，モデル修正も容易です。また，M*plus*は他のプログラムよりも扱えるモデルやデータの範囲が広いため，一度習得すれば，基本的に他のプログラムを覚える必要がありません。したがって，これから多変量解析の学習を始める方にこそ，M*plus*の習得が推奨されます。

本書の編者と著者はいずれも心理学の研究者であり，統計学を主たる専門とする者ではありません。国内外を問わず，統計解析のテキストは，私たちのような応用研究者が著したものと，統計の専門家が手掛けたものに分けられます。前者は，研究応用を重視するため，ソフトウェアの使い方などのハウツーに重点が置かれ，基本原理の解説が疎かになる傾向があります。逆に，後者は，数式を用いた原理的解説が中心になり，実際の研究の文脈の中でどう応用していくかという観点に欠ける傾向があります。これにより，テキストの二極化とも言える現象が生じているのが現状です。文系の学生の多くは，数理的な解説を敬遠し，前者のような敷居の低いテキストを選ぶ傾向があるため，結果的に，基本原理をほとんど理解しないまま，ソフトの操作だけを覚えてしまい，不適切な分析や解釈をする研究者が増える結果につながっています。実際，編者が現在執筆中のレビューでは，心理学領域において最も権威のある国内誌『心理学研究』に掲載されているSEMを利用した論文のうち，６割以上において，分析や解釈における誤りがあることを見出しており，中には研究の結論に直接関わる致命的な誤りも見られます。論文の著者だけでなく，査読者の間にも，SEMの理解が不十分な研究者が多いことが示唆されます。

このような状況を改善するには，文系の学生・研究者にも理解できる形でSEMの基本原理を丁寧に解説しながら，研究応用のあり方についても指針を示すようなバランスの取れたテキストが必要になると思われます。そこで本書では，できるだけ数式を使わない概念的な解説によりSEMの基本原理を押さえたうえで，応用研究者としての強みを活かし，実際の研究の文脈に即した応用のあり方についても論じました。また，研究応用において陥りがちな多くの落とし穴についても，注意深く議論しました。執筆にあたっては，統計学的な観点での正確さを期すため，心理統計を専門とする村上隆先生と行廣隆次先生を監修者に迎え，月に１度のペースで約３年にわたり打ち合わせを続けてきました（SEMのような潜在変数を含む統計手法をあまり好まない村上先生に出版を認めていただくまでのプロセスは，実際のところ，なかなか骨の折れるものでした）。つまり，言ってみれば本書は応用研究者と統計の専門家の合作と言えます。その結果，本書は国内外で類を見ない，バランスの取れたSEMの解説書になったと自負しています。

本書は「基礎編」と「発展編」の二分冊となっており，この「基礎編」では，SEMにおけるパラメータ推定の基本原理（１章）や*Mplus*の基本的な利用方法（２章）について述べたうえで，SEMの根幹をなすパス解析（３章）および因子分析（４章，５章）の手法，また，それらを組み合わせたフルSEMモデル（６章，７章）について解説します。また，*Mplus*の強みであるカテゴリカルデータの分析についても扱います（８章）。最後に，不適切な研究応用を避けるための注意点（９章）と解析上のトラブルに対する対処の方法（10章）について述べます。「発展編」では，多母集団分析，発展的な因子分析，縦断データの分析，マルチレベル分析，混合分布モデルなどの発展的なモデルについて扱う予定です。

本書はこれから本格的にSEMを学ぼうと考えている社会科学領域（心理学，疫学，教育学，社会学，経済学など）の学生・院生や研究者を主な読者として想定しています。また，すでにSEMを利用しているものの，SEMの基本原理や研究応用のあり方について理解を深めたいという方や，多様なモデルを扱える*Mplus*の使い方を覚えたいという方にも適しています。ただし，本書では，大学１～２年次の統計関連科目で扱うレベルの内容，具体的には，平均値，標準偏差，相関係数などの記述統計量，統計的検定，（重）回帰分析や区間推定の原理などに関する基礎知識を前提としています。また，因子分析モデルの理解には，古典的テスト理論（信頼性・妥当性など）の基礎知識も必要になります。したがって，これらの知識が不十分である場合は，末尾に記載の参考文献などをあらかじめ読まれることを推奨します。

なお，本書で分析に使用したデータやシンタックスは編者のHP（https://www-p.hles.ocha.ac.jp/ito-lab/mplus.html）からダウンロード可能です。本書の分析を再現する，独自にモデルの修正や設定を行うなど，分析の練習にご活用ください。統計解析の学習では，理論的な知識の習得と実データ上での実践を交互に繰り返すことで，より深い理解を得ることができます。

最後に，本書の執筆には加わらなかったものの，2013年に「名古屋心理統計学研究会」（別名，わかさぎ研究会）をともに立ち上げて以来，SEMの原理や応用について共同で研究を進めてきた安永和央さん（現九州大学）と坪田祐基さん（現愛知学泉大学）に感謝を申し上げます。お２人には本書の原稿も丁寧にチェックしていただき，多くの有益な示唆をいただきました。

編者　伊藤大幸

文　献

南風原 朝和（2002）．心理統計学の基礎――統合的理解のために――　有斐閣
石井 秀宗（2014）．人間科学のための統計分析――こころに関心があるすべての人のために――　医歯薬出版

監修者のまえがき

心理学や社会科学の研究で用いられる統計分析手法は，近年ますます複雑化が進んでいます。統計手法を正しく利用することは，ユーザーとしての多くの研究者にとってずっと頭の痛い問題です。さらに複雑な新しい手法が普及してきたことは，研究目的により適合したデータ分析を行えるようになるという利点をもたらす一方で，応用研究者の悩みを深くしていると言えるでしょう。もちろん，分析手法の高度化に対応して，新しい解析手法をしっかりと学習し，素晴らしい分析結果を発表している応用研究者も増えています。一方で，みんなが利用しているから，流行しているからということで，十分な理解のないまま分析を行って論文を執筆している研究者も少なくないようです。

そんな中で，構造方程式モデリングは，すっかり普通の分析になったように思われます。使いやすいソフトウェアの普及によって，その利用はかなり敷居の低いものになりました。しかし，「はじめに」で編者の伊藤さんも述べているように，公刊されている論文（査読付きの一流紙と呼ばれる学術雑誌に載っているものも含めて）の中でさえ，構造方程式モデリングのおかしな使い方をしているものも散見されます。

これまでに，構造方程式モデリングの解説書は数多く出版されてきました。そうした中に新たに出版する本書は，構造方程式モデリングの入門書という位置づけですが，利用方法の単なるハウツー本ではなく，手法の原理の説明にかなりの部分をあてています。また一方で，実際のデータに分析を適用し，最終的な分析結果を得るまでの具体的なステップを，分析例として詳細に述べています。さらには，実際の分析で陥りやすい注意点にも，多くのページを割いています。この，理論，具体的な分析の利用法，利用上の注意点のバランスが，本書の一番の特徴となっています。理論的説明の部分については，最初は理解に苦労をする読者も多いと思います。しかし，応用研究者でもこのあたりまでの原理は理解する必要があるというのが執筆陣の考えです。

一般に統計手法というものは，その数学的な原理を十分理解しただけでは，実際の分析をうまく行うことができません。これは，モデリングの自由度が非常に高く，きわめて単純なモデルの場合以外，最初に立てたモデルがそのまま最終的なモデルとして採用できる場合がほとんどないことからそうした性質がさらに強まっていると言えそうです。手法の原理と使い方を一通り学習して，自分の研究データに適用してみたところ，モデル適合度は上がらず，どうしてよいか途方に暮れた経験のある方も多いことでしょう。実際の分析場面で，どのようなステップで分析を進めていけばよいのか，またどのような点に注意をするべきなのかといった，応用研究者が真剣に分析を行おうとしたときに出会う悩みに答える解説が，本邦ではこれまで不足していたように思います。こうした点に，本書はたくさんの有益な情報を提供しています。これは，手法の原理と性質を十分理解したうえで，さらに多くの分析経験を積んできた執筆者だからこそ書けたものです。

本書は「基礎編」と題してはいますが，構造方程式モデリングの初学者がこの本を読んだ場合，（読者のこれまでの知識と経験にはよりますが）難しすぎてほどなく挫折してしまうことも多いのでないかということも危惧しています。たしかにこの本は，誰でもわかる易しい入門書ではありません。しかし，構造方程式モデリングを有効に利用するには，やはりこのレベルの理解が望まれるということが著者一同の考えです。本書が難しすぎると感じた場合には，他の文献を併用することも１つの方法でしょう。「はじめに」で紹介されている文献などで統計学の基本的な知識を確認することや，本書よりもソフトウェアの使い方に重点を置いている書籍によって，構造方程式モデリングによる分析を経験してみるのもスタートアップの段階ではあってよいと思います。そうして，ある程度の分析の経験を積んだり，あるいは構造方程式モデリングによる分析を使った論文や研究発表をたくさん見聞きしたりした後で，本書を再読していただくと，理解できることが増すはずです。また，入門として順調に本書を読破した方についても，ある程度経験を積んだ後に再読していただくことで，新たな理解が得られる点が多いことと思います。

最後に，本書は論文を査読する立場の先生方にも，ぜひ読んでいただきたいものに仕上がったと考えています。査読を行う先生方は，その分野で十分な研究実績を積まれた方々ですが，心理学・社会科学の学会誌の査読者は統計解析の専門家ではない場合がほとんどでしょう。そういった方々にも，本書で述べられているような構造方程式モデリングの使用上の注意点は，大変有益なものになると感じています。さらに，査読のレベルが上がることによって，その雑誌に掲載される論文がよりレベルの高いものとなり，研究分野全体のレベルの向上に役立つことを期待します。

村上　隆
行廣隆次

目　次

第1章 構造方程式モデリングの基礎

本章では，**構造方程式モデリング**（Structural Equation Modeling, SEM；**共分散構造分析**）の理論的な基礎について概説していきます。SEMをユーザー（統計法の専門家ではなく）の立場として利用する上では，SEMのソフトウェアにおいて実行されている個々の処理の詳細な計算手続きについて把握する必要は必ずしもありません。しかし，少なくとも概念的なレベルでソフトウェアがどのような種類の処理を，どのような目的で行っているのかを理解しておくことは，状況に応じた適切な解析の設定を選択したり，解析の結果を正しく解釈したり，解析における様々なトラブルに対処するうえできわめて重要となります。実際，SEMでは，様々な暗黙の前提や仮定のもとに推定が行われるため，正しい理解なしに解析を行えば，誤った運用・解釈や解析上のトラブルにつながります。そのため，表面的な使用法だけでなく，解析の中身に関する概念的な理解を確実に身に付けておくことが必要です。

そこで本章では，できる限り数式や行列表現を使わない形で，SEMによる解析の全体像を示していきます。SEMの基本的原理を理解するうえで最低限必要な数式は紹介することになりますが，大部分は，高校数学や初等統計（平均，標準偏差，相関，*t*検定，回帰分析など）の知識があれば理解が可能なものです。一部，そうした知識では完全な理解が難しいものもありますが，そのような数式についても，一定の概念的理解には到達できるよう，平易な言葉による解説を行っていきます。

一言で説明すれば，SEMとは，(1) 複数の変数間の関連性について，特定の定性的な仮説モデルを設定したうえで，(2) そのモデルの妥当性を検証するとともに，(3) モデルが正しいとした場合の変数間の定量的な関連性を推定する統計的アプローチです。

(1) の「仮説モデル」というのは，研究対象となるいくつかの変数の間に，どのような因果関係や相関関係があるかという理論的な仮説を表したモデルのことで，一般的に，**パス図**という形式で表現されます。「定性的」というのは，この段階で「関係の強さ（量）」についてまで明確な仮定を置く必要はなく，あくまで「関係のあり方（質）」（相関関係なのか因果関係なのか，どの方向の因果関係なのか）を仮定すればよいということを意味しています。(2) の「モデルの妥当性」は，**適合度**という概念を通して検証されます。適合度とは，解析に使用されたデータと，仮定されたモデルの間の一致の程度を意味し，適合度が高いほど，モデルの妥当性が高いことが示唆されます。(3) の「定量的な関連性」は，**パラメータ推定値**と呼ばれる値によって表現されます。パラメータ推定値とは，仮定したモデルのもとでの変数間の因果関係や相関関係の強さ（**パラメータ**）に関する推定値を意味します。つまり，研究者が定性的な関連性を指定することで，SEMが定量的な関連性を推定してくれるという形になります。

この (1)，(2)，(3) という順番は，あくまで研究者にとっての順序です。つまり，研究者がSEMを利用する場合には，まずモデルを仮定し，次に適合度を評価し，最後にパラメータ推定値を解釈するという順序を取ることになります。もしモデルの適合度が低ければ，モデルは棄却され，そのモデルのパラメータ推定値を解釈する必要はなくなるためです。しかし，実際の解析は，(1)，(3)，(2) という順序に沿って行われます。つまり，SEMは，まず仮定されたモデルに基づいてパラメータを推定し，そのパラメータ推定値のもとでのモデルの適合度を算出します。そこで本章では，この解析上の順序に沿って，SEMの基本的な原理を解説していきたいと思います。

1.1　モデルの指定

1.1.1　パス図

SEMでは，変数間の関連に関する仮説を**パス図**という視覚的な表現によって表します。図1.1にパス図の例を示します。パス図において，四角形の変数は**観測変数**，楕円形の変数は**潜在変数**を意味します。観測変数とは，直接測定されている変数のことで，解析に使用されるデータセットを構成しているものです。潜在変数は，**因子**とも呼ばれ，直接は測定されず（データセットには含まれず），複数の観測変数（**指標**）を介して測定されます。ここでは，x_1〜x_6やy_1〜y_4が質問紙尺度[1]を構成する個々の項目の得点であり，F_1〜F_3がこれらの得点の背後にある因子として想定されています。例えば，「友人関係」因子の指標となる項目としては，「困った時に助けてくれる友人がいる」，「友人と一緒に出かけたり，遊んだりすることがある」，「友人とけんかしている」などの項目が考えられます。友人関係という抽象的な概念そのものを直接観測することはできませんが，友人関係を反映すると考えられる上記のような具体的な項目を複数設定することで友人関係の間接的な測定を試みているのです。こうした方法は心理測定における基本的なアプローチとなっています。

パス図中の変数を結ぶ矢印は，変数間の関係性を表しています。単方向の矢印は因果関係を表します。つまり，図1.1では，F_1（友人関係）とF_2（家族関係）がF_3（抑うつ）の原因である（F_3に影響を及ぼしている）と仮定していることになります。また，双方向の矢印は，方向のない相関を表します。これは双方向に因果関係があるという仮定ではなく，因果関係の方向性を理論的に特定できないか，多くの場合，背後に共通の原因があると考えられるものの，その研究では観測されていないという状況を意味します[2]。

このように変数間の因果関係に関する仮説を表したとき，どの変数からも単方向の矢印を受けない変数を**外生変数**（**独立変数**），いずれか1つ以上の変数から単方向の矢印を受ける変数を**内生変数**（**従属変数**）と呼びます。この例では，F_1とF_2が外生変数，F_3やすべての観測変数が内生変数ということになります。この外生変数と内生変数という分類は，モデル全体における変数の分類ですが，説明の都合上，モデル内の特定の変数間の関係（つまり，どちらが原因でどちらが結果なのか）を表現するときには，原因として想定される（単方向の矢印を発している）側の変数を**原因変数**，結果として想定される（単方向の矢印を受けている）側の変数を**結果変数**と呼ぶことにします。したがって，F_3という結果変数にとって，F_1とF_2が原因変数ということになります。同時に，F_3はy_1〜y_4という観測変数の原因変数でもあります。また，内生変数には，原因変数によって説明されない成分（**残差**）が仮定され，**誤差変数**と呼ばれます。ここでは，e_1〜e_{10}やd_1が誤差変数です。誤差変数は潜在変数の一種ですが，楕円で囲まずに示すことが一般的で，変数名の記載が省略されたり，矢印自体が省略されることもあります。通常，すべての内生変数に

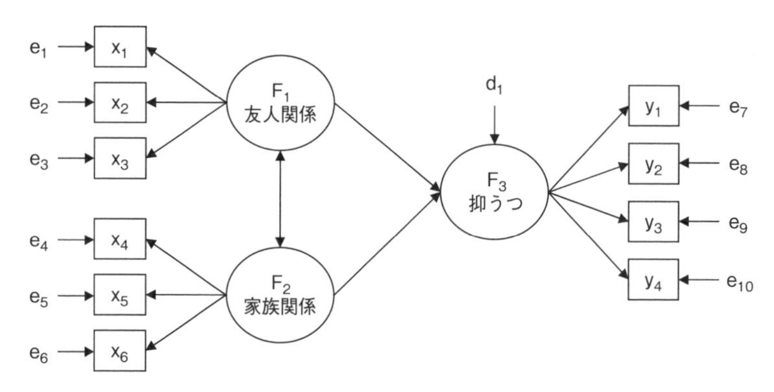

図1.1　パス図の例

[1] 尺度とは，特定の概念に関する複数の測定項目群です。

[2] 双方向の因果関係を仮定する場合は，単方向の矢印を相互に引くことで表されますが，そのようなモデルは非逐次的（non-recursive）モデルと呼ばれ，研究のデザインや解析において，いくばくかの技術的な工夫を必要とするため，本書では扱わないこととします。非逐次的モデルに関する解説は豊田（1998）などを参照してください。

ついて，誤差変数が想定されます。

このように研究者の仮説をパス図などの形で定義する手続きを，モデルの**指定**（specification）と呼びます。もともと後述のパス解析のためのモデル指定の方法としてWright (1934) によって提案されたパス図は，今やSEM全体の基盤となっています。パス図には，変数の関係性に関する研究者の仮説を明示することで，批判に対してオープンになり，他の対立モデルとの差異も明確化できるという利点があります。また，パス図で表された関係性は，1.2節で解説するように，直接的に方程式の形に変換し，解析にかけることができるという優れた特徴があります。ただし，パス図はあくまで，単なる解析の手続きを示す図ではなく，変数間の因果関係に関する理論的な仮説を示す図であるということに注意が必要です。この区別の重要性は，本書の解説の中で徐々に明らかになってきます。

SEMは，第3章で扱う**回帰分析・パス解析**の手法（Wright, 1934）と第4章で扱う**因子分析**の手法（Spearman, 1904）を統合した包括的な解析の枠組みです（Jöreskog, 1967; Wiley, 1973）。パス解析とは，異なる概念間の因果関係を検証するためのアプローチであり，図1.1のモデルでは，F_1およびF_2からF_3への矢印がパス解析の手法を援用した部分です。SEMにおいては，このようなパス解析の手法に対応するモデルやモデルの一部を**構造モデル**または**構造方程式**と呼びます。一方，因子分析とは，複数の観測変数を介して，その背後にある潜在変数（**構成概念**）を測定するための枠組みであり，図1.1のモデルでは，3つの潜在変数から複数の観測変数（指標）への矢印が因子分析の枠組みに対応する部分です。SEMでは，このような因子分析の手法に対応するモデルやモデルの一部を**測定モデル**または**測定方程式**と呼びます。また，図1.1のように構造モデルと測定モデルを組み合わせたモデルを**フルSEMモデル**と呼ぶことがあります。以下，構造モデルと測定モデルの指定について順に概説していきます。

1.1.2 構造モデル

構造モデルは，複数の概念間の因果関係に関する仮説を表します。例えば，図1.1のモデルでは，友人関係と家族関係が抑うつに影響を及ぼすことを仮定しています。図1.1では潜在変数間の因果関係を仮定していますが，観測変数間の因果関係や，観測変数と潜在変数の因果関係を仮定することも可能です。

こうした因果関係に関する仮説は，先行研究の知見や理論的な検討によって，**先験的**に設定される必要があります。「先験的」というのは，データの解析結果に基づいてモデルを設定するのではなく，解析に先立ってモデルを設定しておかなければならないということを意味します。と言うのも，SEMは基本的に非実験データ（質問紙調査や行動観察など，実験操作を行わずに得られたデータ）を扱う枠組みであり，解析の対象となるのは，あくまでも変数間の相関関係です。その相関関係から，特定の方向性を持った因果関係を推測するのは，実のところ，相当の難題であり，それを達成するためには，データだけではなく，理論的知識の導入や巧妙な研究デザインの設定が不可欠になるのです。

また，重要なことは，「データを収集した後」ではなく「データを収集する前」にモデルを設定しておくのが望ましいということです。つまり，すでに収集されたデータに対して，後付けでモデルをあてはめて解析を行うということは，あまり望ましくありません。なぜなら，変数間の相関関係は，観測された変数間の因果関係だけでなく，観測されていない共通の原因変数によって生じている可能性があるためです。例えば，一日のアイスクリームの売り上げと犯罪の発生件数には相関がありますが，両者に因果関係があるわけではなく，気温という共通の原因変数によって疑似相関が生じているにすぎません。このような変数は**交絡因子**と呼ばれ，交絡因子をモデルに適切に組み込んで，その影響を調整しなければ，関心対象の変数間の因果関係を正確に評価することはできなくなります。つまり，すでにデータが収集された変数間の局所的な因果関係だけを考えるのではなく，研究のデザインを計画する段階で，従属変数が（交絡因子の影響も含め）どのような因果的メカニズムで生じるかという大局的な視点を持たなければ，相関関係から因果関係を推測するという難題をなし遂げることはできません。

以上のような問題を含め，構造モデルの指定に関するより詳細な議論は第3章で扱います。

1.1.3　測定モデル

測定モデルは，直接的には観測できない構成概念を，潜在変数（**因子**）として，複数の観測変数（**指標**）を通して定量化することを目的とします。図1.1のモデルでは，関心対象となる友人関係，家族関係，抑うつという3つの構成概念が，それぞれ複数の質問項目の得点に反映されることを仮定しています。ここでは個々の質問項目を指標として設定していますが，尺度の合計得点（尺度得点）や行動観察によって得られた記録などを使用することもあります。

構成概念というのは，直接は観測できないものの，それを想定することで様々な現象の理解が容易になるような抽象的な概念を指します。例えば，「友人関係」という概念は，それ自体実体のある概念ではありませんが，クラスの中でいつも独りぼっちであったり，他の子どもにいじめられていたり，仲の良い友達とケンカ中であったりという，個々の具体的な状況をまとめる概念として想定することで，それが抑うつのような精神的健康の問題や，不登校や非行のような問題行動にどう影響するかを考えやすくなります。精神的健康や問題行動に影響を与える要因には，友人関係以外にも様々な要因が考えられるので，「クラスの中で独りぼっち」とか「他の子どもにいじめられている」といった具体的な状況のレベルで考えるよりも，「友人関係」という抽象化したレベルで考える方が，大局的な因果的メカニズムの理解が容易になります。

測定モデルは，このように複数の具体的な要素（観測変数）に基づいて，それらの要素の背後にある抽象的な構成概念（潜在変数，因子）を定量化するための枠組みです。古典的には，個々の観測変数（例えば，質問紙尺度の個々の項目得点）を単純合計などの処理で合成した尺度得点を構成概念の測定値と見なすというアプローチが広く用いられてきましたが，この方法では，個々の観測変数の**測定誤差**が測定値に含まれてしまうという問題がありました。個々の観測変数の測定誤差が大きい場合や観測変数の数が少ない場合，その合計値としての尺度得点の信頼性も低下し，他の変数との相関が弱まってしまう**希薄化**という現象が生じます。したがって，観測変数の合計値を使用すると，その信頼性の程度によって概念間の関連の推定値に歪みが生じることになり，関連を正しく評価することができなくなってしまいます。

SEMは，構成概念を潜在変数として扱うことで，このような問題を解決しようとしています。図1.1に見られるように，個々の観測変数は，対応する構成概念を表す因子に加えて，誤差変数からも影響を受けることが仮定されています。因子は，それぞれ複数の観測変数に影響する（単方向の矢印が引かれている）ことから，それらの観測変数の共通の分散（変動）を表しています。一方，誤差変数は，対応する因子との関連がない（矢印が引かれていない）ことから，それぞれの観測変数の独自の分散（他の観測変数と共通しない変動）を表しており，この中に，観測変数の測定誤差が含まれると考えます。つまり，測定モデルというのは，個々の観測変数の分散から，各観測変数の独自の分散（誤差変数）を除いた共通の分散（因子）を抽出することで，実測値に含まれる測定誤差の影響を取り除くモデルであると言うことができます。このことは，複数の具体的な状況を抽象化するために構成概念を想定するという，当初の心理測定のアイデアによく合致していると言えます。なぜなら，「抽象化」というのは，個々の具体的事例の細かい差異を捨象して，それらの共通項を抽出することを意味するからです。

なお，図1.1のように，どの観測変数がどの因子の指標となるかを，あらかじめ研究者が仮定する方法は，**確認的因子分析**と呼ばれています。それに対し，観測変数と因子の関係を仮定せずに，観測変数間の相関のパターンから，観測変数の背後にある因子を探索的に見出していく方法を**探索的因子分析**と呼びます。確認的因子分析が測定モデルを検証するための方法であるのに対し，探索的因子分析は測定モデルを構築するための方法です。前述のように，概念間の因果関係を表す構造モデルの場合は，必ず先験的にモデルが仮定される必要がありますが，測定モデルの場合には，探索的因子分析のような帰納的手法（データに基づいて仮説を導く手法）が用いられることもあります。

このような違いの背景には，2つのモデルが扱う問題の質の違いがあります。構造モデルの場合は，異なる構成概念間の因果関係を扱います。構成概念間の因果関係は，基本的に，その測定にどのような手段を用いるかということとは独立に議論可能な問題であり，純粋に理論的な観点に基づいて仮説を設定することが可能です。一方，測定モデルの場合は，個々の観測変数とその背後にある因子の関係を扱います。

この問題は，個々の観測変数が実際に構成概念の指標としてどの程度有効に機能しているかという実証的な問題と深く関係するため，純粋に理論的な観点にのみ基づいて仮説を設定することが比較的難しいという性質を持っています。また，ある構成概念が，どのような下位概念から構成されているかという**因子構造**の問題も，先験的に仮説を設定することが比較的難しい種類の問題と言えます。例えば，パーソナリティ（性格）という構成概念の因子構造について理論的に仮説を立てることは非常に難しいため，探索的因子分析に基づいて実証的観点から研究が進められ，現在広く受け入れられているビッグファイブモデルの構築に至りました。このような問題の性質の違いから，一般に，測定モデルに関しては，探索的手法を用いることが許容されています。

ただし，探索的因子分析を用いて構築された測定モデルは，あくまで1つの仮説モデルにすぎず，その妥当性を確認するためには，異なるデータセットを用いて，確認的因子分析による検証を行う必要があります。実際，探索的因子分析の結果は，サンプルに依存する部分が大きく，あるサンプルで見出された因子構造が，必ずしも他のサンプルにもあてはまるとは限らないため，このような検証を行うことが不可欠となります。また，先行研究などから，すでにある程度，因子構造が明らかになっている構成概念については，先験的に測定モデルを設定し，探索的因子分析を経ずに，確認的因子分析による検証を行うことも可能です。

以上のような問題を含め，測定モデルに関するより詳細な議論は第4章で扱います。

1.2　パラメータの推定

1.2.1　構造方程式と共分散構造

研究者の理論モデルを明示するうえで，あるいは，研究者間で互いの仮説について議論を交わすうえで，前節に述べたパス図という視覚的表現は非常に高い有用性を持っています。しかし，実際に解析を行ううえでは，パス図をそのまま計算に使用することはできないので，モデルを方程式の形で定義することが必要になります。とは言え，1.1.1項に述べたように，パス図で表されたモデルは直接的に方程式（構造方程式や測定方程式）の形式に変換することが可能であるため，いったんパス図によってモデルを定義すれば，そこから方程式を導くことはそれほど難しくありません。

図1.2の構造モデルを例として考えます。ここで，γ_{11} や γ_{12} は，抑うつ（Y_1）に対する友人関係（X_1）や家族関係（X_2）の効果の強さを示す**パス係数**を表します。SEMの枠組みでは，一般に構造モデルのパス係数は γ で表され，添字の1文字目が結果変数の番号，2文字目が原因変数の番号を指します。パス係数は，回帰分析の枠組みにおける**回帰係数**（または**偏回帰係数**）と数学的には同一のもので[3]，原因変数が1単位上昇したときの結果変数の変化の期待値を意味します。例えば γ_{11} が0.5であれば，友人関係が1上昇したとき，抑うつは平均して0.5上昇することになります。また，ϕ_{12} は，友人関係（X_1）と家族関係（X_2）の**共分散**を表します。共分散の値を，それぞれの変数の標準偏差の積で割って標準化（測定単位の違いを除外）した値が**相関係数**となります。

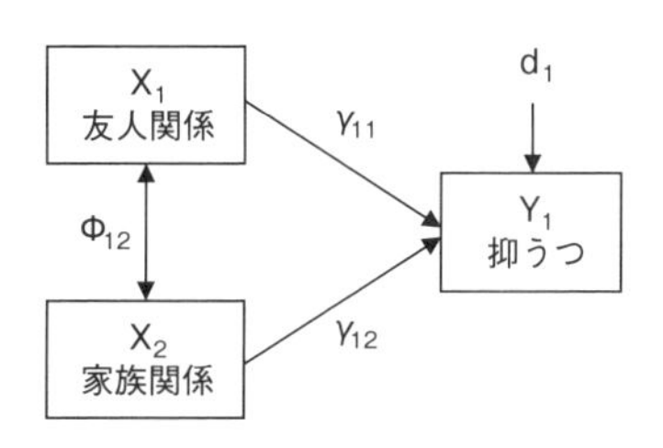

図1.2　構造モデル

[3] ただし，第3章で詳細に解説するように，回帰係数は予測力を意味するのに対し，パス係数は因果関係の強さという意味合いを含みます。また，回帰係数は通常 β という記号で表されますが，パス係数は，γ で表されることが一般的です。

これらの記号を使って，図1.2のモデルは，以下のような方程式（構造方程式）として表すことができます。

$$Y_1 = \gamma_{11}X_1 + \gamma_{12}X_2 + d_1$$

この式は，重回帰分析の回帰式と同様の形をしていますが，SEMの古典的な枠組み[4]では，内生変数の切片は0に固定されるため，切片項は含まれていません。この式は，内生変数のY_1が，2つの外生変数（X_1，X_2）と誤差変数（d_1）という3つの変数によって規定されるということを表しています。また，X_1やX_2にはγ_{11}やγ_{12}といった定数（パス係数）がついており，X_1やX_2が1変化したとき，Y_1がγ_{11}やγ_{12}の分だけ変化することが表されています。このような定数は**パラメータ**（または**母数**）と呼ばれ，SEMは，こうしたパラメータを推定することを目的として行われる解析手法です。一般に，SEMでは，内生変数と同じ数の方程式が定義されますが，ここでは内生変数が1つであるため，方程式も1つとなっています。構造方程式は，いつも上のように，原因変数とパス係数の積和と誤差変数の和によって内生変数が表されるという形を取ります。

SEMでは，パス係数だけでなく，各変数の分散・共分散もパラメータとして推定されることになっています。ここでは，以下の3つの分散と1つの共分散がパラメータとして推定されることになります。

$$\mathrm{Var}\,(X_1) = \phi_{11}$$
$$\mathrm{Var}\,(X_2) = \phi_{22}$$
$$\mathrm{Var}\,(d_1) = \theta_1$$
$$\mathrm{Cov}\,(X_1,\ X_2) = \phi_{12}$$

「Var（変数）」は，括弧内の変数の分散を表しており，「Cov（変数$_1$，変数$_2$）」は括弧内の2変数間の共分散を表しています[5]。つまり，ここでは2つの外生変数（X_1，X_2）の分散，内生変数の誤差変数d_1の分散，2つの外生変数間の共分散がパラメータとして推定されます。一般に，外生変数については，その分散と相互の共分散がパラメータとなり，内生変数については，誤差変数の分散（誤差分散）がパラメータとなります。内生変数そのものの分散は，パス係数，外生変数の分散・共分散，および当該変数の誤差分散に基づいて求めることができるため，独立したパラメータとはなりません。

実は，内生変数の分散に限らず，モデル内のすべての観測変数の分散・共分散は，パス係数，外生変数の分散・共分散，内生変数の誤差分散・誤差共分散[6]という3種類のパラメータによって表すことができることが知られています。詳細な導出の過程は省略しますが，今回のモデルでは，3つの観測変数間の分散・共分散を，表1.1のような形で，6つのパラメータ（γ_{11}，γ_{12}，ϕ_{11}，ϕ_{22}，θ_1，ϕ_{12}）の関数として表すことができます（対角線上の成分は各変数の分散，その他の成分は共分散を表しています）。このように，観測変数間の分散・共分散をパラメータの関数として表したものを**共分散構造**と呼びます。SEMの別名である共分散構造分析は，これに由来しています。

表1.1　構造モデルの共分散構造

	X_1	X_2	Y_1
X_1	ϕ_{11}		
X_2	ϕ_{12}	ϕ_{22}	
Y_1	$\gamma_{11}\phi_{11} + \gamma_{12}\phi_{12}$	$\gamma_{11}\phi_{12} + \gamma_{12}\phi_{22}$	$\gamma^2_{11}\phi_{11} + 2\gamma_{11}\gamma_{12}\phi_{12} + \gamma^2_{12}\phi_{22} + \theta_1$

[4] 変数の平均値や切片を考慮せず，共分散構造のみを扱うモデルを指します。ここでは，話を単純化するため，このタイプのモデルに議論を限定します。

[5] これらは，サンプルにおける分散・共分散ではなく，母集団における分散・共分散を指しています。

[6] 今回のモデルでは誤差共分散は仮定されていません。

表 1.2 サンプルの分散・共分散行列

	X_1	X_2	Y_1
X_1	1.526		
X_2	0.912	3.225	
Y_1	1.666	2.310	9.749

こうしてモデルの共分散構造を特定することで，パラメータ推定の準備はすべて整ったことになります。と言うのも，観測変数間の分散・共分散は，実際のサンプルから得ることができるので，共分散構造の各成分（表 1.1）とサンプルの分散・共分散（表 1.2）を等号で結んだ連立方程式を構築することで，共分散構造を構成する各パラメータの値を推定していくことができるためです。また，重要なことに，SEM の解析は，基本的にこのような観測変数の分散・共分散行列を使用するため，通常，ローデータそのものがなくても，分散・共分散行列があれば分析を行うことが可能です。分散・共分散行列は，各変数の標準偏差と相関行列から求めることが可能なので，先行研究で記述統計と相関行列が報告されている場合，それを使用して SEM の解析を行うことができます。また，自分の研究成果を報告する際，記述統計と相関行列を報告しておけば，他の研究者が追試的な検討を行うことが可能になります。

ここでは，観測変数の分散が 3 つと，共分散が 3 つで，以下の 6 つの連立方程式が構築できることになります。

$$\phi_{11} = 1.526 \tag{1}$$
$$\phi_{12} = 0.912 \tag{2}$$
$$\phi_{22} = 3.225 \tag{3}$$
$$\gamma_{11}\phi_{11} + \gamma_{12}\phi_{12} = 1.666 \tag{4}$$
$$\gamma_{11}\phi_{12} + \gamma_{12}\phi_{22} = 2.310 \tag{5}$$
$$\gamma_{11}^2\phi_{11} + 2\gamma_{11}\gamma_{12}\phi_{12} + \gamma_{12}^2\phi_{22} + \theta_1 = 9.749 \tag{6}$$

つまり，未知のパラメータが 6 個（γ_{11}，γ_{12}，ϕ_{11}，ϕ_{22}，θ_1，ϕ_{12}）で，連立方程式の数も 6 個となります。高校までの数学で学習したように，未知数（パラメータ）の数と方程式の数が等しい場合，以下のように方程式を整理していけば，個々のパラメータについて一意の解を求めることができます。
(4) に (1) と (2) を代入して

$$1.526\gamma_{11} + 0.912\gamma_{12} = 1.666 \tag{7}$$

(5) に (2) と (3) を代入して

$$0.912\gamma_{11} + 3.225\gamma_{12} = 2.310 \tag{8}$$

(7) と (8) を整理して

$$\gamma_{11} = 0.799 \tag{9}$$
$$\gamma_{12} = 0.490 \tag{10}$$

(6) に (1)，(2)，(3)，(9)，(10) を代入して

$$0.799^2 \times 1.526 + 2 \times 0.799 \times 0.490 \times 0.912 + 0.490^2 \times 3.225 + \theta_1 = 9.749 \tag{11}$$

(11) を整理して

$$\theta_1 = 7.286 \quad (12)$$

構造方程式上では，パラメータは定数でしたが，この段階では，パラメータは解を求めるべき変数となっていることに注意が必要です。SEM の場合，連立方程式の数（＝観測変数の分散・共分散の数）から，推定されるパラメータの数を引いた値は**自由度**と呼ばれます。今回のモデルのように，すべての観測変数間に直接の関連（相関関係または因果関係；双方向の因果関係を除く）を想定した構造モデルは**飽和モデル**と呼ばれ，いつも自由度が 0 になることが知られています。SEM によってパラメータの推定を行うためには，必ず自由度が 0 以上でなければいけません。なぜなら，自由度が 0 を下回るということは，未知のパラメータの数が連立方程式の数より多いことを意味し，その解を求めることが不可能になってしまうためです。この問題に関する詳細は 1.2.4 項で解説します。

このように，パス図で表現されるモデルを構造方程式の形に変換し，さらに，そこから共分散構造を導くことで，推定すべきパラメータを変数とする連立方程式を構築することができます。いったん連立方程式が構築されれば，1.2.5 項に述べる最尤法などの推定法を用いて，パラメータを推定することができます。実際には，M*plus* などのソフトウェアでは，構造方程式に近いレベルで入力を行えば[7]，その後の共分散構造の導出や最尤法などによる推定はコンピュータ上で実行されることになりますので，研究者の側に要求される作業はそれほど多くありません。これは，次節で解説する測定方程式に関しても同様です。

1.2.2　測定方程式と共分散構造

今度は図 1.3 の測定モデルを例に考えます。ここで λ_{11}〜λ_{41} は，因子 F_1（友人関係）から各指標（観測変数 X_1〜X_4）へのパス係数を指しますが，測定モデルの文脈では，各指標の因子に対する**負荷量**という表現が用いられることが一般的です。構造モデルのパス係数と区別するために，一般に，λ という記号が用いられます。各変数のスケールを標準化した場合[8]，負荷量が高いほど，その指標が対応する因子をよく反映していることを意味します。

図 1.3 のモデルは以下のような一連の測定方程式として表すことができます。

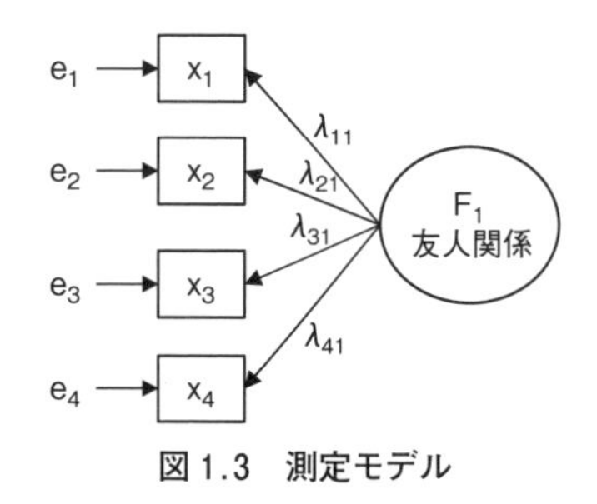

図 1.3　測定モデル

$$X_1 = \lambda_{11} F_1 + e_1$$
$$X_2 = \lambda_{21} F_1 + e_2$$
$$X_3 = \lambda_{31} F_1 + e_3$$
$$X_4 = \lambda_{41} F_1 + e_4$$

基本的な形は構造方程式と同じで，パス係数（負荷量）と原因変数（因子）の積に誤差項が加わった形

[7] 社会科学分野で広く利用されている AMOS ではパス図の形式で入力を行います。
[8] 各変数の平均を 0，標準偏差を 1 に変換する操作を標準化と呼びます。

表 1.3 測定モデルの共分散構造

	X_1	X_2	X_3	X_4
X_1	$\lambda^2_{11}\phi_1+\theta_1$			
X_2	$\lambda_{11}\lambda_{21}\phi_1$	$\lambda^2_{21}\phi_1+\theta_2$		
X_3	$\lambda_{11}\lambda_{31}\phi_1$	$\lambda_{21}\lambda_{31}\phi_1$	$\lambda^2_{31}\phi_1+\theta_3$	
X_4	$\lambda_{11}\lambda_{41}\phi_1$	$\lambda_{21}\lambda_{41}\phi_1$	$\lambda_{31}\lambda_{41}\phi_1$	$\lambda^2_{41}\phi_1+\theta_4$

表 1.4 サンプルの分散・共分散行列

	X_1	X_2	X_3	X_4
X_1	0.151			
X_2	0.095	0.122		
X_3	0.068	0.069	0.103	
X_4	0.093	0.090	0.083	0.198

になっています。測定モデルでは，通常，各因子につき複数の指標が仮定されるため，方程式の数もその数だけ設定されることになります。ここでは，友人関係（F_1）の値が1変化したとき，それぞれの観測変数（X_1～X_4）の値も λ_{11}～λ_{41} の分だけ変化することが表されています。裏を返せば，各観測変数にそのような形で影響を与える潜在変数 F_1 を仮定するということになります。

構造モデルと同様，パス係数（負荷量）に加えて，各外生変数（ここでは因子）の分散・共分散と内生変数（ここでは観測変数）の誤差分散・誤差共分散もパラメータとして推定されます。ただし，ここでは共分散が仮定されていないため，分散のみがパラメータとなります。

$$
\begin{aligned}
&\mathrm{Var}(F_1)=\phi_1\\
&\mathrm{Var}(e_1)=\theta_1\\
&\mathrm{Var}(e_2)=\theta_2\\
&\mathrm{Var}(e_3)=\theta_3\\
&\mathrm{Var}(e_4)=\theta_4
\end{aligned}
$$

構造モデルと同じく，外生変数である因子については，因子そのものの分散，内生変数である各指標については誤差変数の分散がパラメータとなります。

これらのパラメータを用いて，観測変数の分散・共分散を表 1.3 のような形で表すことができます。また，実際のサンプルにおける分散・共分散行列は表 1.4 のようになっています。

構造モデルと同じように，この共分散構造（表 1.3）とサンプルの分散・共分散行列（表 1.4）を等号で結んで連立方程式を作れば，パラメータの推定が可能になりそうですが，測定モデルの場合，ここでもう一工夫が必要になります。と言うのも，一般に，潜在変数のスケール（分散）は，どのような値をも取りうることが知られており，あらかじめスケールを定めておかなければ，連立方程式の解が一意に定まらなくなってしまうためです。因子のスケールを固定する方法としては，2つの方法があります。1つは，因子の分散自体を1に固定するという方法，もう1つは，いずれか1つの指標の負荷量を1に固定するという方法です[9]。

表 1.5 に前者の方法，表 1.6 に後者の方法を用いた場合の共分散構造を示します。表 1.3 と見比べると，表 1.5 は因子分散 ϕ_1 が1に固定され，表 1.6 は X_1 の負荷量 λ_{11} が1に固定されたたため，表 1.3 の式からそれぞれの記号が消えた形になっています[10]。いずれの方法を選択しても，多くの場合，結果には

[9] M*plus* では，デフォルトで後者の方法が用いられる仕様になっていますが，前者の方法に変更することも可能です。また，固定する数字は1でなくてもかまいませんが，特に理由がなければ1を使用するのが通例です。

[10] 負荷量を固定する場合，どの指標の負荷量を固定してもかまいませんが，通常は最初の指標の負荷量を固定します。

表 1.5　因子分散を 1 に固定した場合の共分散構造

	X_1	X_2	X_3	X_4
X_1	$\lambda^2_{11}+\theta_1$			
X_2	$\lambda_{11}\lambda_{21}$	$\lambda^2_{21}+\theta_2$		
X_3	$\lambda_{11}\lambda_{31}$	$\lambda_{21}\lambda_{31}$	$\lambda^2_{31}+\theta_3$	
X_4	$\lambda_{11}\lambda_{41}$	$\lambda_{21}\lambda_{41}$	$\lambda_{31}\lambda_{41}$	$\lambda^2_{41}+\theta_4$

表 1.6　X_1 の負荷量を 1 に固定した場合の共分散構造

	X_1	X_2	X_3	X_4
X_1	$\phi_1+\theta_1$			
X_2	$\lambda_{21}\phi_1$	$\lambda^2_{21}\phi_1+\theta_2$		
X_3	$\lambda_{31}\phi_1$	$\lambda_{21}\lambda_{31}\phi_1$	$\lambda^2_{31}\phi_1+\theta_3$	
X_4	$\lambda_{41}\phi_1$	$\lambda_{21}\lambda_{41}\phi_1$	$\lambda_{31}\lambda_{41}\phi_1$	$\lambda^2_{41}\phi_1+\theta_4$

影響しませんが，潜在変数が内生変数である場合，その分散を 1 に固定することができないため[11]，必然的に後者の方法を取ることになります。

ここで，このモデルの自由度について考えてみると，パラメータは，負荷量が 4 つと，因子分散が 1 つ，指標の誤差分散が 4 つで 9 つありますが，因子分散か負荷量の 1 つが 1 に固定されるため，推定すべきパラメータは 8 つとなります。一方，観測変数の分散・共分散の数（連立方程式の数）は，10 個あります。一般に，観測変数の分散・共分散の数は，観測変数の数を p としたとき，$p(p+1)/2$ で求められます。ここでは，観測変数が 4 つあるので，分散・共分散の数は，$4\times(4+1)/2$ で 10 個となります。したがって，モデルの自由度は $10-8$ で 2 となります。自由度が 0 以上なので，推定のための必要条件は満たされていると言えます。ただし，連立方程式の数が 10 個で，解を求めるべき変数の数が 8 個なので，前節のような通常の方法で方程式を解くことはできません。したがって，自由度が 0 を上回るモデルの場合，1.2.5 項に述べるような推定法を用いて，できる限りうまく方程式を満たす解（最適解）を推定することが必要になります。一般に，測定モデルの指標が 4 つ以上の場合，自由度は 0 より大きくなり，指標が 3 つの場合，自由度は 0 となり，指標が 2 つ以下の場合，自由度は 0 を下回ることが知られています。したがって，単一の因子のみを想定する測定モデルでは，指標を 3 つ以上設定することが，推定のための必要条件となります[12]。

1.2.3　パラメータの制約

SEM において，仮定されたパラメータ（パス係数，負荷量，分散・誤差分散，共分散）は基本的に未知の値として扱われ，**自由推定**の対象となります。ここで，自由推定というのは，パラメータの値について特定の仮説を設けず，データに基づいて定量化することを意味し，単に推定とも呼ばれます。しかし，前項で述べたように，測定モデルでは，因子の分散を固定するか，1 つの指標の負荷量を固定することが必要となります。このように，パラメータの値について特定の仮説を設けることで，そのパラメータを自由推定しなくてよい状態にすることを**制約**と呼びます。前項のケースでは，研究者自身の仮説というよりも，連立方程式の解を求めることを可能にするために制約を課しているにすぎませんが，SEM では，研究者の仮説を表現するために制約が用いられることも多くあります。

制約は大きく 2 つの種類に分けることができます。1 つは，パラメータを特定の値に固定することです。例えば，構造モデルにおいて，ある変数と他の変数の間に直接の関連がないと仮定したい場合，それらの変数間にパスを引かないことによって，それらの変数間のパスの値が 0 と固定されたことになります[13]。

---

[11] 前節で述べた通り，内生変数の分散は，独立のパラメータではなく，パス係数，原因変数の分散・共分散，当該変数の誤差分散によって決定されるためです。

[12] ただし，負荷量に一定の制約を課すなどして，自由推定するパラメータ数を減らせば，指標が 2 つ以下でもモデルを識別できます。

[13] パスを引いたうえで 0 に固定することも可能ですが，解析上はパスを引かないことと同じです。

また，確認的因子分析では，通常，個々の指標は，特定の因子にのみ負荷し，その他の因子には負荷しないことを仮定するため，負荷しないと仮定される因子への負荷量は0に固定されることになります。「パラメータを固定する」というと，パス図上で明示的に仮定されているパスの値を固定することをイメージしますが，これらの例のように，むしろパスを引かないことによって，そのパスの値が暗黙裡に0に固定されるというパターンの方が一般的です。このタイプの制約は，SEMのモデルにはほとんど不可欠と言ってよいものです。

もう1つの種類の制約は，複数のパラメータの値が等しいという仮定を置くもので，**等値制約**と呼ばれます。例えば，単一の因子に負荷する複数の指標の負荷量が等しいという制約を置いたり，発展編で取り上げる多集団解析において，集団間で因子負荷量が等しいという制約を置くなどの使い方が一般的です。また，2つのパラメータが等しいか否かを検討するため，それらのパラメータに等値制約を置いたときと置かないときの適合度を比較するといった使い方もあります（3.6節参照）。

いずれの制約にしても，制約を課すことによって自由推定するパラメータの数が減少するため，その分，モデルの自由度が上昇します。制約を課すことで「自由推定」されるパラメータが減るのに，「自由度」が増えるというのは，逆説的な表現に思えますが，この2つの「自由」の意味は異なります。自由度とは，パラメータを自由推定するために必要な情報の量（豊かさ）を意味しています。つまり，パラメータに制約を課せば，それを自由推定する必要がなくなるので，自由度の消費を防ぐことができ，結果として自由度が増加するということです。SEMでは，同程度の適合度であれば，自由度の高いモデルほど望ましいと見なされます。その理由については，次項で詳細に解説します。

1.2.4 モデルの識別

1.2.1項と1.2.2項で述べたように，モデルの自由度が0以上であることが，SEMの解析において解を得るための必要条件となります。これは，モデルの**識別**に関する問題と呼ばれ，一般に，モデルの識別状態は，**過小識別**（under-identified），**丁度識別**（just-identified），**過剰識別**（over-identified）の3種類に分けられます。

過小識別は，解を得るために必要な情報が不足している状態で，推定すべき未知のパラメータ数よりも観測変数の分散・共分散の数（連立方程式の数）が少ない（自由度が0を下回っている）場合や，測定モデルにおいて因子のスケールが適切に固定されていない場合（前項参照）などに生じます。この場合，連立方程式の解を1つに定めることができないため，パラメータの推定を行うことは不可能になります。

丁度識別は，解を得るために必要十分な情報がある状態で，未知のパラメータ数と観測変数の分散・共分散の数（連立方程式の数）が一致している場合に生じます。この場合，すべての連立方程式を満たす一意の解を導くことができます。これは一見，望ましい状態のように思えますが，SEMの枠組みではあまり望ましくない状態と考えられています。このことを説明するためには，先にもう1つの過剰識別の状態について説明しておくことが必要になります。

過剰識別は，解を得るために必要となる以上の，互いに矛盾する情報が存在する状態で，未知のパラメータ数よりも観測変数の分散・共分散の数（連立方程式の数）が多い場合に生じます。この場合，すべての連立方程式を完全に満たす解を得ることは不可能になります。しかし，個々の連立方程式をできる限り満たすような解，つまりモデル（共分散構造）とデータ（サンプルの分散・共分散行列）のズレが最小になるような解を推定することは可能です。次項で解説する最尤法などの推定法は，このズレが最小になる解を見出すために開発された手法です。SEMの枠組みでは，この過剰識別の状態が最も望ましいと考えられています。

なぜ過剰識別が丁度識別よりも望ましいのかという問題はやや難しいのですが，重要な問題なので考えてみます。まず丁度識別の場合，未知の情報の数と手持ちの情報の数が一致しているので，手持ちの情報を完全に信用して，そこからそのまま未知の情報を導くことになります。そのため，手持ちの情報が完全に正確である場合には正しい解が得られますが，もし情報が少しでも不正確であった場合，解に大きく歪みが入り込むことになります。つまり，丁度識別の状態では誤りが許容されません。また，未知の情報と手持ちの情報の数が同じということは，手持ちの情報がどのくらい正確なものであるか，確かめるすべがないということも意味します。実際には，解析に使用するモデルやデータが完全に正確である保証はないため，その正確さも検証できない状態で，それを信用して解析を行うというのはリスクの高い方法であると言えます。

一方，過剰識別の場合，未知の情報に比べ手持ちの情報の数が多いため，個々の情報の正確さが保証されない状況では，ギリギリの情報しかない丁度識別の状態よりも頑健で信頼できる結果が得られやすいと考えられます。また，手持ちの情報は互いに矛盾を含んでいるものの，その矛盾の程度を評価することで，情報の正確さを検証することができます。現実のデータやモデルの不完全さを考えれば，その不完全さを踏まえて，多くの情報を解の推定に利用することや，情報の不完全さを客観的に評価することを可能にする過剰識別の状態の方が，より現実に即していることが理解できると思います。

これは現実の問題に置き換えて考えると理解がしやすいかもしれません。例えば，あなたがある研究班のリーダーとして，3人のメンバーに調べ物をしてもらうという状況を考えてみましょう。もし調べたい事柄を3つのパートに分割して，それぞれのメンバーで1つずつのパートを分担してもらった場合，それぞれのパートに関する情報は，各メンバーが調べてきたことをそのまま信用するしかありません。この状況は，未知の情報（調べたい事柄）の数と手持ちの情報（メンバーが調べてきた情報）の数が一致している丁度識別の状態と言えます。一方，3つのパートのうち，2つのパートについては別ルートで正確な情報が得られたので，残り1つのパートについて3人のメンバーで独立に（一緒にではなく）調査をしてもらった場合，1つの事柄に対して3つの独立の情報が存在するという過剰識別の状態になります。また，別ルートの情報というのがSEMにおけるパラメータの制約にあたります。この場合，3人から得られた情報には互いに矛盾する部分もあるかもしれませんが，3人の情報を総合して判断することで，1人の情報だけを信用する丁度識別の場合よりは，精度の高い判断ができそうです。また，その矛盾の程度が小さいか大きいかによって，3人の情報の確かさの度合い（SEMにおけるモデル適合度）を推し量ることもできます。このように考えると，丁度識別より過剰識別の状態が望ましいということが明確に理解できると思います。

なお，実際には，自由度が0以上であり，かつ，潜在変数のスケールが適切に固定されていても，過小識別の状態が生じてしまうことがあります。このような識別の問題を理論的に検出することは難しいので，実際に解析を実行してみて，出力される情報からモデルが識別されているか否かを確認するという方法が現実的です。ただ，幸いなことに，本書で扱うM*plus*では，識別の問題が生じるようなモデル指定上のミスが極力生じないよう，様々な仕様上の工夫がなされているため，デフォルトの設定を意図的に（かつ不適切な形で）変更しない限り，識別の問題に遭遇することはあまりありません。とは言え，モデルの自由度が0を下回るという状況だけは，M*plus*を使用していても生じうるので，もし自由度が0を下回ってしまった場合には，不要なパラメータを削る，パラメータを特定の値に固定する，複数のパラメータが等しいという制約を置くなどして，推定すべきパラメータの数を減らすか，因子の指標などの観測変数の数を増やすことが必要になります。

1.2.5　最小二乗法と最尤法

前項に述べたように，未知のパラメータ数と連立方程式の数が一致する丁度識別のモデルは，連立方程式を解いて唯一の解を得ることができますが，未知のパラメータ数より連立方程式の数が多い過剰識別のモデルの場合，連立方程式を解くことはできないため，連立方程式を最大限満たすような**最適解**を探していくことが必要になります。そのような最適解を探索していく計算の手続きは，**最適化**と呼ばれています[14]。

最適化では，**目的関数**と呼ばれる特定の関数の値を最小化（または最大化）することを考えます。SEMにおける最も単純な推定法として知られる**最小二乗法**では，データとモデルのズレを最小化するという視点から，サンプルの分散・共分散行列とモデルの共分散構造の差を2乗して合計した値を目的関数として

[14] 実際には，丁度識別のモデルであっても，プログラム上では最適化によって解が求められます。

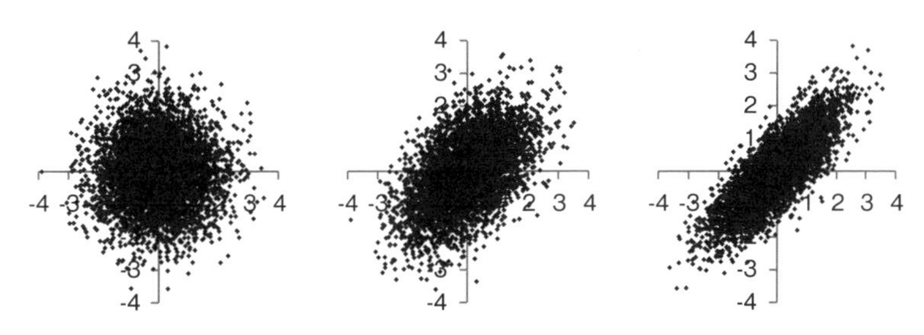

図 1.4 二変量正規分布（左から相関が .00, .50, .80 の場合）

設定します。つまり，最小二乗法の目的関数は以下のような式で表されます。

$$f_{\mathrm{LS}}(\theta)=\sum_{i=1}^{p}\sum_{j=1}^{p}(s_{ij}-\sigma_{ij})^2$$

ここで左辺の $f_{\mathrm{LS}}(\theta)$ というのは，モデルのパラメータ θ によって値が決まる関数であることを意味します。「LS」は，最小二乗法（Least Squares Method）の略です。一方，右辺の s_{ij} はサンプルの分散・共分散行列の各要素，σ_{ij} はモデルの共分散構造の各要素，p は観測変数の数を意味します。つまり，この式の右辺は，サンプルの分散・共分散行列の各要素とモデルの共分散構造の各要素の差を 2 乗して合計した値を表していることになります。最小二乗法では，この目的関数を最小化するような最適化を行います。平たく言えば，最小二乗法は，サンプルの実測値（分散・共分散行列）とモデルの理論値（共分散構造）の差の二乗和を最小化するようなパラメータの組み合わせを探す方法であると言えます。

このように理論値と実測値の差の二乗和を最小化するという考え方は非常に単純で理解しやすいものですが，後述するようないくつかの理由から，SEM では最小二乗法よりも**最尤法**が広く用いられています。最尤法という名称は，尤度が最大になるパラメータを推定する方法という意味です。尤度とは，「もっともらしさ」を意味し，より厳密には，パラメータを変数として様々な値に変化させた場合に，手元のデータが得られる確率を指します。つまり，最尤法では，手元のデータ（ここでは分散・共分散行列）が得られる確率を最大化するような（最ももっともらしい）パラメータの組み合わせを見つけることを目的とします。

SEM で用いる最尤法は，データが**多変量正規分布**から抽出されたことを仮定します。多変量正規分布とは，(1) 個々の変数が正規分布に従うこと，(2) すべての変数のペアが二変量正規分布に従うことを意味します。図 1.4 は，二変量正規分布（から抽出されたサンプル）を散布図で表したものです。このような図は，一般的な統計法の教科書で，相関係数の説明のところでよく見かけると思います。こうした分布は，相関係数を用いて 2 変数の関連を評価する際に最も適した形状として紹介されています。最尤法も同様に，データがこのような形状の分布をしている際に最適な手法です。なお，実際のデータにおいて多変量正規分布が成立しない場合の対処については 1.2.9 項で述べます。

導出の過程は本書の範囲を超えるため省略しますが，最尤法では，データが多変量正規分布から抽出されたという仮定のもとで，以下のような目的関数を設定します。

$$f_{ML}(\theta)=\log\left|\sum(\theta)\right|-\log|S|+\mathrm{tr}\left(\sum(\theta)^{-1}S\right)-p$$

左辺の $f_{\mathrm{ML}}(\theta)$ の「ML」は最尤法（Maximum Likelihood Method）の略です。右辺の $\Sigma(\theta)$ はモデルの共分散構造，S はサンプルの分散・共分散行列を意味します[15]。前半の $\log|\Sigma(\theta)|-\log|S|$ は，モデルの

[15] 「| 行列 |」という記号は，行列式と呼ばれ，特定の法則に従って行列を一つの数値に変換したものです。多数の要素を持つ行列とは異なり，行列式は 1 つの数値（スカラー）です。「tr（行列）」という記号は，トレースと呼ばれ，括弧内の行列の対角線上の成分（ここでは各変数の分散にあたります）の和を意味します。

共分散構造 $\Sigma(\theta)$ とサンプルの分散・共分散行列 S が一致する場合，$\log|S| - \log|S|$ となり0になります。また，$\Sigma(\theta)^{-1}S$ は，モデルの共分散構造 $\Sigma(\theta)$ とサンプルの分散・共分散行列 S が等しいとき単位行列[16]となるため，その対角成分の和 $\mathrm{tr}(\Sigma(\theta)^{-1}S)$ は，観測変数の数に等しくなり，そこから観測変数の数 p を引いた $\mathrm{tr}(\Sigma(\theta)^{-1}S) - p$ は0となります。つまり，この目的関数は，モデルとデータが完全に一致する時に0となり，両者のズレが大きいほど，値が大きくなります[17]。

最尤法は，最小二乗法のような他の推定法に比べ，以下のような優れた性質が大部分の場合において成立することが知られています（Wang & Wang, 2012）。第一に，十分に大きなサンプルでは最尤推定値は不偏的であり，パラメータを過大にも過小にも推定しません。2点目に，最尤推定値は一致性があり，サンプルサイズが大きくなるにつれて，真の値に収束していく性質があります。3点目に，最尤推定値は効率的であり，サンプルサイズが十分に大きいとき，他の推定法よりも標準誤差が小さくなります。4点目に，最尤推定値の分布は，サンプルサイズが大きくなるほど正規分布に近似します。5点目に，最尤法の目的関数は，通常，**尺度不変性**を持ち，変数のスケールが変化しても同一の解をもたらします。5点目に，最尤法の目的関数に（$n - 1$）を掛けた値は，多変量正規分布の仮定と十分に大きいサンプルサイズのもとで，**カイ二乗分布**に従うため，それをモデル適合の評価に利用することができます。6点目に，最尤法は**欠測値**を含むデータについても，偏りのない推定結果をもたらします（1.2.10項参照）。

このような性質のため，最尤法はSEMの枠組みにおいて最も広く用いられています。本書でも，最尤法が適さない解析を除いては，最尤法を用いて解析を行っていきます。ただし，多くの場合，モデルが適切に指定されていれば，推定法によってそれほど大きな結果の違いが生じることはありません。もし推定法によって大きく結果が変化してしまうようであれば，モデルに何らかの問題があることが示唆されます。

1.2.6　最適化の過程

最小二乗法であれ最尤法であれ，いったん目的関数が設定されると，それを最小化するために最適化が行われます。多くの場合，目的関数の次数はかなり大きなものになるため，数式から直接，最小値を導くことは困難であり，関数に適当な値を代入しながら最小値を探索していくことが必要になります。豊田（1998）は最適化について，「月も星もない真っ暗な夜に，（中略）山間部の1地点にパラシュートで降り立ち，高度計と経度緯度計をたよりに，その地域で最も低い場所に埋めてある宝を探す」というイメージで理解することができると述べています。以下，この宝探しのアナロジーに従って，最適化の過程を説明していきたいと思います。

「月も星もない真っ暗な夜」というのは，目的関数の最小値がどこにあるかを解析的に（数式を解いて）算出することはできないため，一回一回，パラメータに値を代入しながら，手探りで探索していかなければならないことを意味しています。「パラシュートで降り立つ」というのは，初めに適当な**初期値**を決めて，最適化を開始することを意味します。この初期値は，通常，ソフトウェアが自動的に決定しますが，研究者が理論的見地に基づいて設定することも可能です。「高度計」というのは，目的関数の値を意味し，「経度緯度計」は目的関数に代入されるパラメータの値（座標）を意味します。つまり，最適化の過程では，常にパラメータの値と目的関数の値をもとに計算を進めていくことを意味しています。

また，実際に最適化の「探検」を始めたら，どちらの方向に進むべきかは，足の裏の感覚で，どちらの方向が低くなっているかを感じることで決めていくことになります。この足の裏の感覚というのは，目的関数を微分して得られた**導関数** $g(\theta)$ を表しており，その座標（パラメータの値）での目的関数の勾配を微分によって得ることで，次にどちらの方向に移動するかを決定するということを意味します。このような移動のことを，**反復**と呼びます。次の地点までの「移動距離」は，導関数 $g(\theta)$ の値を単位として，いくつ

---

[16] すべての対角要素が1で，その他の要素がすべて0である行列を単位行列と呼びます。ある行列（例えば S）と，その逆行列（例えば S^{-1}）の積は単位行列になります。したがって，$\Sigma(\theta) = S$ である場合，$\Sigma(\theta)^{-1}S$ は，$S^{-1}S$ となり，単位行列となります。

[17] 上で，尤度を最大化するようなパラメータの組み合わせを見つけるのが最尤法であると述べましたが，最尤法の目的関数は尤度そのものではなく，その対数に -1 を掛けたものを，さらに単純化して得られたものであり，最小二乗法と同様に，値が小さいほどモデルとデータのズレが小さいことを意味します。

分（**ステップサイズ**）だけ移動するかという形で設定されます。したがって，勾配が急であるほど（導関数 $g(\theta)$ の値が大きいほど），また，ステップサイズの設定が大きいほど，移動距離も大きくなります。

万一，決めた距離だけ進んだところで，先ほどよりも「高度」（目的関数の値）が高くなってしまっていたら，移動距離が大きすぎたと考えることができるので，今度は，導関数 $g(\theta)$ の示す方向に，先ほどの半分の距離だけ（ステップサイズを半分にして）進んでみます。これを繰り返して，元の位置より低い地点に行きついたら，またステップサイズを最初の値に戻したうえで次の地点に移動します。

そうして反復を繰り返すうちに，導関数 $g(\theta)$ がほぼ0である地点まで到達したら，そこが「宝」の場所であると判断し，その地点の座標（パラメータの値）と高度（目的関数の値）を記録して探検を終了します。このようにして最適解が定まることを**収束**と呼びます。$g(\theta)$ がどの程度小さな値を示したときに収束したと判断するかは，あらかじめ**収束基準**として設定しておきます。収束基準が小さければ，より正確な解に到達できますが，収束までに長い時間を要します。逆に，収束基準が大きければ，短い時間で収束しますが，解が不正確になるおそれがあります。また，探検先で遭難してしまう（解が収束せずに永久に反復が繰り返される）ことのないように，反復数が一定数を越えたら，強制的に最適化を終了するように設定しておきます。これを**最大反復数**と呼びます。

以上に解説したのは，最急降下法と呼ばれる最も単純な最適化法ですが，SEMでは，他にも様々な最適化法が用いられています[18]。しかし，いったん最尤法や最小二乗法などの推定法に応じて目的関数が定められれば，その目的関数をどのように最適化するかという段階では，理論的には推定値の違いは生じません。したがって，もし最適化法によって推定値に違いが生じたとすれば，最大反復数に達して計算が打ち切られたか，1.2.8項で述べるような計算上の問題が発生していると考えられます。

以上で，SEMによるパラメータ推定の過程は一通り解説したことになります。あらためてまとめると，パラメータの推定は，(1) 構造方程式，測定方程式によるモデルの定義，(2) 共分散構造の導出，(3) モデルの識別状態の判定，(4) 推定法に応じて設定された目的関数の最適化，という4段階で行われることになります。どのようなモデルであっても，どのような推定法や最適化法を用いても，この基本的な手順は変わりません。

1.2.7 M*plus* を用いた推定の実例

推定のプロセスに関する概念的解説を終えたところで，実際にM*plus*を用いてパラメータ推定を実行し，推定が正しく行われているかどうか確認してみます。1,200名程度の中学生から得られた実データを使用して解析を行います。

まずは1.2.1項で取り上げた構造モデルの推定結果について見てみます。図1.5にパラメータ推定値に関するM*plus*の出力[19]を示します。「Y1 ON」の下の二行には，抑うつ（Y1）に対する友人関係（X1）や家族関係（X2）からのパス係数に関する推定結果が示されています。「Estimate」の列がパラメータ推定値を示しており，ここでは友人関係→抑うつのパス係数が0.799，家族関係→抑うつのパス係数が0.490であることが見て取れます。「Residual Variances」の下には，内生変数の誤差分散が示されており，抑うつの誤差分散が7.286であることがわかります。この出力には，外生変数である友人関係や家族関係の分散・共分散に関する情報が表示されていませんが，実はM*plus*において，外生変数の分散・共分散は，自由推定されるのではなく，サンプルの分散・共分散の値に固定されるため，パラメータ推定値の出力には表示されません。つまり，表1.2に示したサンプルの分散・共分散の値（X_1 の分散が1.526，X_2 の分散が3.225，X_1 と X_2 の共分散が0.912）が，そのままパラメータの値として用いられていることになります。

前項までに述べたように，SEMでは，モデルの仮定のもとで，サンプルの分散・共分散行列をできる限り再現するようなパラメータの組み合わせを探索します。ここでは，そうして推定されたパラメータが，実際にサンプルの分散・共分散行列を再現できているかどうかを確認するために，上のパラメータの値を

[18] 例えば，M*plus*では準ニュートン法，フィッシャー得点化法，ニュートン・ラフソン法，期待値最大化法のうち，1つまたは複数を組み合わせて利用しています。

[19] ここでは非標準化推定値に関する出力のみ示します。

```
MODEL RESULTS
                                        Two-Tailed
             Estimate   S.E.      Est./S.E.   P-Value

Y1    ON
  X1         0.799      0.080     10.000      0.000
  X2         0.490      0.059      8.303      0.000

Residual Variances
  Y1         7.286      0.351     20.775      0.000
```

図 1.5　構造モデルのパラメータ推定値

表 1.7　構造モデルに基づく分散・共分散行列

	X_1	X_2	Y_1
X_1	1.526		
X_2	0.912	3.225	
Y_1	$0.799 \times 1.526 + 0.490 \times 0.912 = 1.666$	$0.799 \times 0.912 + 0.490 \times 3.225 = 2.310$	$0.799^2 \times 1.526 + 2 \times 0.799 \times 0.490 \times 0.912 + 0.490^2 \times 3.225 + 7.286 = 9.749$

1.2.1 項で示した共分散構造（表 1.1）に代入してみます。すると，以下のような値が得られます[20]。

これらの値を，表 1.2 に示したサンプルの分散・共分散行列と比べてみると，ぴったりと一致しています。このことから，パラメータの推定は正しく行われたことがわかります。また，この結果は，この構造モデルがデータと完全に適合していることを示しています。実は，すべての変数間に関連を指定した飽和モデルは，常に，データに対して完全に適合します。と言うのも，飽和モデルは，連立方程式の数と未知のパラメータの数が一致する丁度識別のモデルであり，すべての連立方程式を満たす一意の解を得ることができるためです。

次に，1.2.2 項の測定モデルに関する推定結果を見ていきます。測定モデルを識別するには，因子の分散を固定する方法と，1つの指標の負荷量を固定する方法があると述べましたが，ここでは M*plus* のデフ

```
MODEL RESULTS
                                        Two-Tailed
             Estimate   S.E.      Est./S.E.   P-Value

F1    BY
  X1         1.000      0.000     999.000     999.000
  X2         0.976      0.067      14.473       0.000
  X3         0.761      0.076      10.070       0.000
  X4         1.013      0.076      13.284       0.000

Variances
F1           0.095      0.013      7.391        0.000

Residual Variances
  X1         0.056      0.009      6.550        0.000
  X2         0.032      0.005      6.166        0.000
  X3         0.048      0.006      7.490        0.000
  X4         0.101      0.010      9.992        0.000
```

図 1.6　測定モデルのパラメータ推定値

[20] 実際には，この情報はソフトウェアの出力として表示されるため，計算を行う必要はありませんが，ここでは解説のために計算を行っています。

表 1.8 測定モデルに基づく分散・共分散行列

	X_1	X_2	X_3	X_4
X_1	$0.095+0.056=0.151$			
X_2	$0.976\times0.095=0.093$	$0.976^2\times$ $0.095+0.032=0.122$		
X_3	$0.761\times0.095=0.072$	$0.976\times$ $0.761\times0.095=0.071$	$0.761^2\times$ $0.095+0.048=0.103$	
X_4	$1.013\times0.095=0.096$	$0.976\times$ $1.013\times0.095=0.094$	$0.761\times$ $1.013\times0.095=0.073$	$1.013^2\times$ $0.095+0.101=0.198$

表 1.9 測定モデルの残差行列

	X_1	X_2	X_3	X_4
X_1	0.000			
X_2	0.002	0.000		
X_3	−0.004	−0.002	0.000	
X_4	−0.003	−0.004	0.010	0.000

ォルトである後者の方法を使用しました。「F1 BY」の下には，各指標の負荷量が示されています。X1 の負荷量は 1 に固定されており，他の指標の負荷量は自由推定されています。「Variances」の下には因子 F1 の分散，「Residual Variances」の下には各指標の誤差分散が示されています。

これらの値を表 1.6 の共分散構造に代入すると，表 1.8 の結果が得られます。この測定モデルは過剰識別モデルであり，すべての連立方程式を満たす一意の解は得られないため，データと完全には適合しません。そこで，サンプルの分散・共分散行列（表 1.4）とのズレを確認するために，表 1.4 から表 1.8 を引くと，表 1.9 のような行列が得られます。このような行列は，一般に**残差行列**と呼ばれ，モデルの仮定のもとに推定されたパラメータが，どの程度忠実に，サンプルの分散・共分散行列を再現できているかを表しています。実際に，残差行列は，1.3 節で述べる一部の適合度指標の計算に利用されており，それ自体も，モデルの部分的な適合を評価する際に利用されます。

表 1.9 を見る限り，全体的に残差は小さい値を示しているため，パラメータの推定は正しく行われたことが推察されます。また，この結果から，測定モデルはおおむねデータに適合していると考えられますが，X_3 と X_4 の共分散については，他に比べ，やや大きい残差 (0.010) が見られます。このことから，指標 X_3 と X_4 の関連は，因子 F_1 によって完全には説明されていない（別の共通要因が関与している）ことがうかがわれます。ただし，残差の値は，当然，変数のスケールにも依存するため，何らかの形で標準化を行わなければ，厳密な解釈を行うことはできません。この点については 1.3 節でより詳細に述べます。

以上のような結果から，M*plus* において，最適化に基づくパラメータ推定が正しく行われている（であろう）ことが確認できました。ここまでの解説で，SEM という解析手法の全体像について，大まかな概念的イメージを持つことができたと思います。実際にソフトウェアの中で行われている計算は非常に複雑なものですが，概念的なレベルにおいて全体のプロセスを理解することは，それほど難しくなかったのではないかと思います。本章の冒頭にも述べたように，SEM のような高度な解析手法をユーザーという立場で利用するうえでは，個々の処理の詳細な計算の手続きを知ることよりも，それぞれの処理がどのような目的のために行われているかということを理解することの方が重要であると思われます。その意味で，ここまでの解説を十分に理解していれば，ひとまずパラメータ推定に関して，SEM のユーザーとして必要最低限の知識は得られたと考えてよいと思います。

次項以降では，パラメータ推定においてしばしば遭遇するいくつかの問題について概説していきます。

1.2.8 局所解・非収束・不適解

SEM による解析においては，様々な種類のトラブルが生じますが，代表的なものは，1.2.3 項に述べた識別の問題と，ここで紹介する**局所解**，**非収束**，**不適解**という 3 つの問題です。識別の問題は，純粋にモデルの指定に関する問題でしたが，ここで取り上げる3つの問題は，推定の過程において生じる問題であり，原因が複雑化する分，対処もより難しいものです。これらの問題に対する具体的な対処の方法は第8章で述べますが，ここではそれぞれの問題の基本的な仕組みについて概説したいと思います。

局所解は，最適化に関する問題です。実は，1.2.6項に述べた最適化という手続きは，目的関数の最小値を得るうえで完全な方法ではありません。と言うのも，最適化は，初期値の付近にある目的関数の**極小値**を見出すだけであり，それが目的関数の最小値であるとは限らないためです。高校数学で習ったように，極小値というのは，関数の値が局所的に最も小さくなる（導関数が0になる）ポイントであり，関数の形状が複雑で，複数の極小値が存在する場合，必ずしも極小値＝最小値とはなりません。この問題は，初期値の設定に依存する部分が大きいため，より適切な初期値を設定することで回避できる可能性があります。理想的には，いくつかの初期値のセットで解析を繰り返したときに同じ結果が得られるかを確認すれば，局所解の疑いを限りなく小さくすることができます。しかし，実際には，混合分布モデルなどの複雑なモデルを除いては，局所解の問題が発生することは比較的まれであるとも言われています。

非収束も，やはり最適化における問題です。最小値でない極小値につかまってしまう局所解とは異なり，非収束は，そもそも極小値に到達しないという問題です。非収束には複数の原因が関与していますが，最も単純な原因は，最大反復数が不足しているということです。比較的複雑なモデルでは，収束までに多くの反復を必要とするため，収束に至る前に最大反復数に達してしまい，計算が打ち切られてしまうことがあります。したがって，非収束の問題が生じたときにはまず最大反復数を上げてみることが有効です。よりやっかいな原因としては，目的関数が非収束を生じさせやすい形状をしているということがあります。この場合には，局所解の問題と同様に，初期値を変更することで解決できる可能性があります。もし最大反復数や初期値を変更しても問題が解決しない場合，モデルがデータに適合していない可能性が高いため，モデルを再構成することが必要になります。

局所解や非収束が最適化の問題であるのに対し，不適解は，最適化そのものは正常に終了したものの，その解が不適切であるという状況を指します。具体的には，分散，誤差分散が負の値を取る，もしくは，相関係数が $-1\sim+1$ の範囲を超えるという状況を指し，**ヘイウッドケース**とも呼ばれます[21]。不適解は，本節で扱った3つの問題の中でも最も発生頻度が高く，対処も難しい問題です。不適解への対処の難しさを生み出しているのは，その原因の多様さであり，モデルが原因となる場合もあれば，データが原因となる場合もあり，その組み合わせによって生じることもあります。また，モデルやデータには大きな問題がないのに，推定のブレによって不適解が生じてしまうということもあります。しかし，不適解は，SEMの短所であると同時に，モデルやデータの潜在的な問題の可能性を指摘してくれるという長所でもあります。したがって，不適解が生じたときには，その原因を丁寧に探索し，適切に対処することが重要です。

比較的発生頻度の高い非収束と不適解への具体的な対処の方法については，第10章でまとめて解説します。

1.2.9　多変量正規性とロバスト推定法

1.2.5項で述べたように，SEMの枠組みで最も多く利用される最尤法は，多変量正規性を前提とした推定法です。多変量正規性が満たされない場合も，パラメータの推定値そのものは影響を受けませんが，その標準誤差は過小推定され，モデルの適合（の悪さ）を示すカイ二乗値も拡大する傾向があることが知られています。1.2.5項に述べたように，多変量正規性とは，(1) 個々の変数が正規分布に従うこと，(2) すべての変数のペアが二変量正規分布に従うことを意味します。多変量正規性を確認するには統計的検定に基づく方法と記述統計量に基づく方法がありますが，前者はサンプルサイズが大きくなると，結果にほとんど影響しない程度のわずかな非正規性でも検定結果が有意になってしまうというデメリットがあります[22]。したがって，実際の研究では，サンプルサイズに依存しない後者の方法が有用です。

(1) の個々の変数の分布の非正規性を表す記述統計量として，**歪度**と**尖度**があります。歪度と尖度に関

[21] 単方向のパス係数については，原理的に，標準化係数が $-1\sim+1$ の範囲を超えることもありうるため，その範囲を超えても直ちに不適解とは見なされません。

しては，様々な基準が提唱されていますが，シミュレーションに基づく研究では，歪度は絶対値で2，尖度は絶対値で7を超えると，推定結果に実質的な影響をもたらすようになるという知見が報告されています（West, Finch, & Curran, 1995）。この基準を越える水準の非正規性が見られる場合には，何らかの対処を行う必要があります。

分布の非正規性への対処の方策としては大きく2つの選択肢があります。1つは，分布の正規性を乱している外れ値を削除したり，分布全体に何らかの非線形変換（対数変換など）をかけるなどして，変数の分布を正規分布に近づけるという方法です。外れ値の削除は，非収束や不適解の問題への対処としても有効な手段です。M*plus* を用いた外れ値の検出の方法については，10章で解説します。分布の変換に関しては，様々な種類の方法が存在するため，母集団の分布に関する知識がなければ，適切な方法を選択することができません。また，変換をほどこした場合，変換の影響を考慮した結果の解釈を行う必要が生じることもあり，やや上級者向けのオプションと言えます。

もう1つの方法として近年広く利用されるようになっているのが，**ロバスト推定法**と呼ばれる方法です。ロバスト推定法では，通常の最尤法（や最小二乗法）で得られたカイ二乗値や標準誤差を，分布の非正規性の程度に応じて，再スケーリングという方法を用いて調整します。ロバスト推定法にはいくつかの種類がありますが，Satorra & Bentler（1988）の方法と Yuan & Bentler（2000）の方法が広く利用されており，M*plus* では，前者を MLM，後者を MLR と呼んでいます[23]。MLM は，EQS（Bentler, 2005）の Satorra-Bentler カイ二乗値・標準誤差と同一のものですが，現在の M*plus* のバージョンでは欠測値（次項で解説します）をともなうデータを扱うことができません。一方，MLR は，MLM とほぼ同様の結果をもたらしますが，欠測値を含むデータを扱うことができるため[24]，より利用範囲が広いと言えます。また，MLR は，小〜中程度のサンプルにおいても正確な推定を行うことができます（Muthén & Asparouhov, 2002）。

ロバスト推定法は，通常の推定法の拡張であり，容易に利用できることに加え，多変量正規性が成立しているか否かにかかわらず正確な推定結果をもたらします。前述のような歪度や尖度の経験的基準は1つの目安であり，これを下回っていたとしても分布の正規性が完全に保たれているということを意味するわけではありませんので，こうした基準を超えているか否かにかかわらずロバスト推定法を用いるのが望ましいと考えられます。ただし，ロバスト推定法を用いた場合，モデルの適合を示すカイ二乗値を他のモデルとの比較に直接用いることができないため，手計算による調整が必要となるという点に注意が必要です（調整の方法については，7.2.2項で解説します）。

また，ロバスト推定法によって非正規性の問題が解決できるのは，モデル内の変数が連続変量である場合のみに限られます。もしモデルに連続変量とは見なせない変数が含まれる場合，安易にロバスト推定法で解決を図るのではなく，その変数の特徴を適切に考慮した解析方法を用いる必要があります。例えば，量的変数であってもフロア効果や天井効果が特に顕著な変数は，打ち切り変数（censored variable）として扱う必要があります。また，順序変数や名義変数などの質的変数についても，通常の線形回帰モデルではなく，ロジスティック回帰やプロビット回帰などのモデルを使用する必要があります。こうした質的変数の解析については，第6章で詳細に扱います。

一方，(2) の二変量正規性を確認するには，モデルに含まれるすべての変数のペアの散布図を描き，非線形的な関係が見られないか否かを視覚的に確認します。通常，心理尺度の得点の間で非線形の関係が見られることは稀ですが，年齢，体重，年収，時間など，明確な単位を持った変数の場合，他の変数との間

[22] M*plus* 上で多変量正規性の検定結果を出力するには，ANALYSIS コマンドで「TYPE = MIXTURE;」を指定したうえで，OUTPUT コマンドで「TECH13;」を指定します。これにより，単変量，二変量，多変量の尖度と歪度に関する検定結果が得られます。

[23] MLM の「ML」は最尤法，末尾の「M」は平均（mean）を調整したカイ二乗値を推定することを意味します。MLR の末尾の「R」は，ロバスト（robust）な標準誤差とカイ二乗値を推定することに由来します。

[24] ただし，欠損値の処理においては分布の正規性が仮定されるため，欠損値を含むデータでは，MLR を用いてもバイアスを完全に回避することはできません。しかし，Yuan et al.（2012）のシミュレーションでは，非正規性と欠損値の両方を含むデータにおいても，MLR の推定値が比較的バイアスを受けにくいことが報告されています。

で非線形の関係が見られることも決して珍しくありません。SEMでは通常，外生変数は推定の対象に含まれない（つまり多変量正規性の仮定に含まれない）ため，こうした変数を外生変数として扱うのであれば，正規性の問題自体は考慮する必要がなく，いわゆる多項回帰分析と同様に，当該変数の2乗，3乗などの積項を同時に投入するなどして非線形の関係を適切にモデリングできれば，問題は解決します。しかし，こうした変数を内生変数として扱う場合は，多変量正規性の問題そのものをクリアする必要があるため，何らかの非線形変換を施すなどして対処する必要があります。

1.2.10　欠測値と完全情報最尤法

欠測値とは，データの中で，何らかの理由により観測されていない値を意味します。調査研究などにおいて，欠測値を全く含まないデータが得られることはまれです。この問題に対して，古典的には，**リストワイズ法**や**ペアワイズ法**など，欠測値を含むデータを削除するという対処方法が用いられてきましたが，この方法は，多くの場合，推定値にバイアスを生じさせることが知られています（Little & Rubin, 1987）。また，縦断研究など，欠測値の生じやすい研究デザインでは，データを削除することによりサンプルサイズが大幅に縮小してしまうという問題もあります。そこで近年では，こうした方法の代わりに，**完全情報最尤法**（FIML: full information maximum likelihood method）と**多重代入法**という2つの方法が広く用いられるようになってきています。M*plus*では，これら2つの方法のいずれも利用可能ですが，最尤法を基本とするSEMの枠組みではFIMLの利便性が高く[25]，シミュレーション研究においても，多重代入法よりFIMLの方が偏りの少ない推定値をもたらすことが報告されているため（Yuan et al., 2012），ここではFIMLを中心に解説していきます。

欠測値への対処について知るには，まず欠測値そのものの種類について理解する必要があります。欠測値は，大きく，**MCAR**（Missing Completely At Random），**MAR**（Missing At Random），**MNAR**[26]（Missing Not At Random）の3種類に分けられています。MCARとは，欠測値が完全にランダムに生じている状況，より正確には，欠測値の有無が他の変数や当該変数の値と無関係である状況を示しています。MARは，欠測値の有無が，当該変数の値とは直接の関係がないが，他の変数の値とは関連を持つという状況を指します。MAR（ランダムな欠損）という名称のもたらすイメージとは一致せず，欠測値の有無が他の変数と関連することを許容しています。MNARは，欠測値の有無が当該変数の値と直接の関連を持つ状況を意味し，例えば，年収に関する項目で，年収の低い参加者ほど回答を拒む傾向があった場合，それはMNARということになります。

リストワイズ法など，欠測値を含むデータを削除する方法は，MCARが成立するときにのみ利用できます。MARやMNARでは，欠測値の有無が他の変数や当該変数の値と関連を持つため，欠測値を含むケースを単純に削除してしまうと，欠測値の有無と関連する変数の値が高いケースまたは低いケースばかりが偏って削除される形になり，結果的に推定値にバイアスが生じてしまいます。

一方，FIMLは，MCARだけでなく，MARのときにも利用することができます。FIMLというのは，通常の最尤法と基本的に同一のものですが，欠測値を含むデータをリストワイズ法などによって削除せずに解析に用いるとき，利用できるすべての情報を用いて推定を行うため「完全情報」が頭に付きます。FIMLでは，MARのとき，欠測値の有無と関連を持つ他の変数の情報を，欠測値を持つ変数に関するパラメータの推定に利用することができるため，バイアスのない推定値を得ることができます。また，MCARのときにも，リストワイズ法のように欠測値を含むケース全体を削除しないため，より利用できる情報量が多くなり，推定の誤差が小さくなります。しかし，MNARのときには，欠測値を持つ変数自身の影響によって欠測値が発生しており，その影響の程度を実証的に知ることができません。したがって，MNARのときには，FIMLだけでなく，いかなる実証的方法によっても，欠測値を持つ変数に関するパラメータについて偏りのない推定値を得ることができません[27]。

このようにFIMLはMCARとMARのときに利用可能ですが，この3種類の欠測値の分類はあくまで

[25] M*plus*では，欠損値の処理について特に指定しなくても，デフォルトでFIMLが用いられます。

[26] NMARという表記を用いる文献もあります。

概念的なものであり，実際のデータでは，これらの状況を明確に区別することはできません。と言うのも，この分類では，欠測値が他の変数や当該変数と関連を持つか否かによって欠測値の種類を区分していますが，その「関連」というのは本来，連続的な性質を持つものであり，あるかないかという二分法的な議論にはそぐわないものです。また，欠測値の有無が他の変数と関連することは実証的に確認できますが，欠測値を持つ変数そのものの値と関連するか否かは実証的に確認することができません。その意味で，MCARとMARを（程度問題として）区別することは可能ですが，MARとMNARを区別するための実証的な手段はないことになります。これはFIMLの前提条件を確認する実証的な手段がないことを意味するため，困った問題です。

そこで，現実的には，MCARやMARであること（MNARでないこと）を確認するのではなく，MCARやMARであることの蓋然性（もっともらしさ）をできるだけ高めるという戦略を取ることになります。そのための1つの方法は，既存の情報から欠測値が生じた原因を考察し，MNARでないことを論証するというものです。例えば，項目の内容がMNARを生じさせるような性質のものではないことを説明するなどの理論的根拠に基づく方法や，欠測値の有無を他の変数によって大部分説明できているという結果を提示するなどの実証的根拠に基づく方法が考えられます。なぜ他の変数によって欠測値の有無を説明できるということがMARの蓋然性を高めるのかと言えば，MNARとは，欠測値の有無と当該変数の値が「直接」関連を持つ状況を指すため，他の変数によって欠測値の有無が十分に説明されれば，その「直接」の関連はなくなるか，弱まる（MARに近づく）と考えられるためです。これは，重回帰分析やパス解析において，交絡因子をモデルに含めることで疑似相関が消失すること（詳細は第3章を参照）と同様の原理です。

もう1つの方法は，この原理をより積極的に利用したもので，欠測値の発生を説明しうる変数を，モデルに含めない**補助変数**という形で解析に使用するという方法です（Collins, Schafer, & Kam, 2001; Graham, 2003; Enders, 2010）。もともと欠測値がMNARであっても，その欠測値の発生を十分に予測できる補助変数を解析に組み込めば，それは限りなくMARに近づいていきます。補助変数は，モデルの中に組み込む必要はなく，モデルのパラメータ推定値や適合度にも影響を与えないことが知られています（Enders, 2008）。ただし，この方法を効果的に用いるためには，欠測値の発生を予測できるような変数をあらかじめ研究デザインに組み込んでおくことが重要です。

以上のように，欠測値の問題はやや複雑ですが，実際にはMARを顕著に逸脱するような欠測値のパターンはまれであることも指摘されており（Schafer & Graham, 2002），全データに占める欠測値の割合があまり大きくない場合には，FIMLなどMARに対応可能な手法を使用している限り，それほど神経質になる必要もないと思われます。逆に，欠損の割合が5割を超えるような状況では，FIMLなどの方法を用いても推定が不安定になる可能性があるため，データ収集の段階で欠損が生じないような工夫をする必要があります。

1.2.11 サンプルサイズ

実際にSEMを利用するうえで，**サンプルサイズ**の問題は研究者にとって最も重要な関心事の1つです。もしサンプルサイズが十分でなければ，推定値が不安定になったり，検定力（統計的有意性の検出しやすさ）が低下するだけでなく，非収束や不適解などの解析上のトラブルも発生しやすくなることが知られています。しかし，どの程度のサンプルサイズを確保すれば十分なのかという問いに関して，明確なコンセンサスは得られていません。と言うのも，必要となるサンプルサイズは，観測変数の数（Bentler & Chou, 1987），自由推定されるパラメータの数（Bentler, 1995），推定法の種類（Fan, Thompson, & Wang, 1999），データの多変量正規性（West, Finch, & Curran, 1995），欠測値の量（Brown, 1994）など，多くの要因に依存するためです。

しかし，最低限の基準として，$n = 100$-150 程度という目安を提示している文献が複数あります

[27] 何らかの理論的仮定に基づいてMNARに対処する手法は存在しますが，まだ確立された方法として広く認められているものはないため，本書では扱いません。

(Tinsley & Tinsley, 1987; Ding, Velicer, & Harlow, 1995)。一方，$n = 200$ という基準を提示している文献もあります（Hoogland & Boomsma, 1998; Kline, 2005)。確認的因子分析モデルに関しては，観測変数の正規性が保たれ，欠測値もないという条件におけるシミュレーションで，$n = 150$ のサンプルサイズが合理的であると報告されています（Muthén & Muthén, 2002)。多集団分析においては，各集団につき $n =$ 100 のケースが必要であるとされています（Kline, 2005)。

観測変数との比という形でサンプルサイズの基準を提唱している文献もあります。Bentler & Chou (1987) は，潜在変数が十分な数の指標を持ち，観測変数が正規分布をなしている場合，観測変数の 5 倍の数のサンプルサイズがあれば十分であると述べています。一方，Nunnally（1967）は観測変数の 10 倍の数のデータが最低限必要であるとしており，この基準は比較的広く受け入れられています。

サンプルサイズを考えるうえで最も重要な要因は，自由推定されるパラメータの数であり，Bentler (1995) は，自由パラメータの 5 倍の数のデータが最低限必要であるとしています。分布の正規性が保たれない場合には，自由パラメータの 10 倍の数のデータが必要であるとする文献もあります（Hoogland & Boomsma, 1998)。一方，Tanaka (1987) は，自由パラメータの 20 倍という基準を提唱しています。一般的には，自由パラメータの 10〜20 倍という基準（Kline, 1998）が採用されることが多いようです。

これらの基準から，実際に扱うデータの多くが多変量正規性を満たさず，欠測値も多く含むことを考慮すると，最低でも 150，できれば 200 以上，パラメータの多い複雑なモデルでは，自由パラメータ数の 10 倍以上のデータを集めるというのが基本的な目安になると思われます。観測変数だけで構成されるモデルの場合，自由パラメータの数はそれほど多くならないため，比較的小さいサンプルサイズでも事足りますが，潜在変数を含むモデルでは，推定されるパラメータの数も増える傾向があるため，必然的に多くのデータを用意する必要が生じます。ただし，これらはあくまでも目安にすぎず，冒頭にも述べたように，様々な要因によって，必要となるサンプルサイズは異なることに注意が必要です。また，一般的な統計的検定と同じく，関心の対象となる効果（パラメータ）が比較的弱いことが予測される場合（例えば縦断データでの測定時点をまたいだ効果など）や複数の効果の差を検討したい場合などは，十分な検定力を確保するために，通常よりも多くのデータが必要となります。必要となるサンプルサイズについて，より厳密に検討したい場合には，Sattora & Saris (1985) の方法などを用いた検定力分析を行うこともできますが，やや内容が高度となるため本書では扱いません。

1.3　適合度の評価

続いて，モデルの**適合度**について解説していきます。1.2 節で述べたように，SEM では，サンプルから得られた実際の分散・共分散行列と，指定されたモデルの制約のもとで得られる推定の分散・共分散行列のズレを最小化するようなパラメータの組み合わせを推定しようとします。しかし，観測変数間にあらゆる関連のあり方を許容する飽和モデルを除き，サンプルの分散・共分散行列とモデルに基づく分散・共分散行列は完全には一致しません。そこで，この一致の程度，つまりデータとモデルの適合を評価するために，様々な適合度指標が開発され，利用されています。ここでは，SEM で利用される代表的ないくつかの適合度指標について解説した後，適合度の解釈において留意すべき事項について解説していきます。

1.3.1　カイ二乗検定

カイ二乗値は，Jöreskog（1969）によって，最初に開発された適合度指標で，以下のように定義されます。

$$\chi^2 = f_{\mathrm{ML}}(\theta)(n-1)$$

ここで，$f_{\mathrm{ML}}(\theta)$ は，1.2.5 項で取り上げた最尤法の目的関数，n はサンプルサイズです。式の形からわかるように，目的関数の値が大きいほど，カイ二乗値は大きくなります。1.2.4 項で述べたように，目的関数は，サンプルの分散・共分散行列とモデルに基づく分散・共分散行列のズレが大きいほど，値が大きくなる性質を持っていたので，カイ二乗値もモデルとデータのズレに応じて大きくなると言うことができます。このカイ二乗値は，サンプルサイズが十分に大きいとき，観測変数の数 p と自由パラメータ数 q によって表される自由度 $p(p+1)/2-q$ のカイ二乗分布に近似的に従うことがわかっています。したがって，このカイ二乗値を使って，モデルとデータのズレが有意であるかどうかの検定（**カイ二乗検定**）を行うことができます。一般的なクロス集計表におけるカイ二乗検定では，検定の結果が有意であることが望まれますが，この場合のカイ二乗検定では，検定結果が有意でない方がモデルとデータのズレが小さいことになるため，より望ましいことになります。

カイ二乗検定は，統計的有意性という明確な基準でモデルの適合を評価できるメリットがありますが，上の式から明らかなように，カイ二乗値は，サンプルサイズにともなって直線的に上昇していきます。したがって，モデルとデータのズレが一定であっても，サンプルサイズが大きいほど，モデルは棄却されやすくなります。一般に，安定したパラメータ推定値を得るには，サンプルサイズは大きいほど望ましいため，サンプルサイズが大きいほどモデルが棄却されやすくなるというのは，あまり使い勝手の良くない性質と言えます。実際，比較的適合が低く出やすい測定モデル（因子分析モデル）では，数百程度のサンプルサイズでも，モデルとデータのごくわずかなズレによってモデルが棄却されてしまいます。このような問題から，カイ二乗検定の結果は測定モデルの適合を評価するうえではあまり重要視されなくなってきており，代わりにサンプルサイズや変数の数などの影響を受けにくい複数の適合度指標が用いられるようになっています（1.3.3 項以降を参照）。

しかし，わずかなモデル適合の悪化がパラメータ推定値に大きな影響をもたらしうる構造モデルの検証や複数のモデルの相対的な適合の比較においては，今でもカイ二乗値が最も信頼できる指標として利用されています。次項では，相対的なモデル比較のためにカイ二乗値を用いる方法について解説します。

1.3.2 対数尤度比検定

カイ二乗値は，あるモデルと**ネストされたモデル**との適合の比較にも用いることができます。ネストされたモデルとは，直訳すれば「入れ子状のモデル」であり，あるモデルに対して（1）1つ以上の制約が加わっている，（2）新しいパラメータが加わっていない，という2つの条件を満たすモデルを指します[28]。制約というのは，モデル内のパラメータを特定の値に固定したり[29]，複数のパラメータが等しいという仮定を置くことを意味し，制約を課すことにより，そのパラメータを自由推定する必要がなくなるため，モデルの自由度が上昇します。あるモデルとネストされたモデルのカイ二乗値の差は，2つのモデルの自由度の差を自由度とするカイ二乗分布に近似的に従うことがわかっています。この原理を利用して，ネストされたモデルとの適合度の比較にカイ二乗検定を用いることができます。より厳密な表現をすれば，ネストされたモデルを**帰無仮説** H_0，もとのモデルを**対立仮説** H_1 としたカイ二乗検定を行うことになります。このような形でカイ二乗検定を用いる場合，前節で述べた通常のカイ二乗検定と区別するために，**カイ二乗差異検定**あるいは**対数尤度比検定**と呼ばれることがあります。

具体的な例で考えると，あるモデルのカイ二乗値が 10.25，自由度が 3 であり，そのモデルのパラメータの1つを 0 に固定したモデルのカイ二乗値が 15.45，自由度が 4 であったとき，2つのモデルのカイ二乗値の差は 5.20，自由度の差は 1 です。自由度 1 のカイ二乗分布において，5.20 以上のカイ二乗値が得られる確率は .023 なので[30]，ネストされたモデルはもとのモデルよりも 5 %水準で有意に適合が悪化していることが示されます。この場合，帰無仮説であるネストされたモデルが棄却されることになります。また，この結果は，0 に固定されたパラメータが，固定されなければ 5 %水準で有意に 0 と異なっていたことを

[28]「ネストされたモデル」という用語には若干の用法の混乱が見られ，このような条件を満たす1つのモデル（より制約の多い方のモデル）を指す場合もあれば，このような関係にある2つのモデルを指すこともあります。ここでは前者の用法を採用しています。

[29] モデル内のパスを削除することも，パラメータを 0 に固定することと同義なので，一種の制約になります。

[30] ある自由度における特定のカイ二乗値の p 値を算出するには，Microsoft Excel の CHISQ.DIST.RT 関数を使用するのが便利です。具体的には「= CHISQ.DIST.RT（カイ二乗値，自由度）」という形式で，p 値を得ることができます。

意味します。したがって，対数尤度比検定は，モデルの比較の手法としてだけでなく，パラメータの比較（検定）の手法としても広く用いられています。

前節で扱ったカイ二乗検定は，「絶対的な適合」の評価方法であると述べましたが，見方を変えれば，研究者が指定したモデルを帰無仮説 H_0，適合度が完全である飽和モデルを対立モデル H_1 としたときの相対的な適合の差を検定していると捉えることもできます。なぜなら，すべてのモデルは飽和モデルに対してネストされたモデルの関係にあり，飽和モデルのカイ二乗値と自由度は常に0となるためです。このように考えれば，前項のカイ二乗検定は，ここで解説した対数尤度比検定の1つの特殊形であると言うことができます。

なお，1.2.9 項でも述べたように，MLR などのロバスト推定法を使用した場合，出力されるカイ二乗値は分布の非正規性を考慮して調整されているため，ネストされたモデルとの対数尤度比検定にそのまま用いることができません。この問題への対処の方法については，3.5.3 項で解説します。

1.3.3　CFI と TLI

CFI（Comparative Fit Index）は Bentler（1990）によって開発された指標で，**独立モデル**を基準とした場合のモデルの適合を評価する指標です。独立モデルとは，すべての観測変数が無関連であることを仮定したモデルで，**ヌルモデル**とも呼ばれます。前節で述べたように，カイ二乗検定は適合が完全である飽和モデルを基準とした場合の適合（の悪さ）を評価する方法ですが，CFI は適合が最も悪い独立モデルを基準とした場合の適合（の良さ）を評価します。具体的には，以下のような式で定義されます。

$$\mathrm{CFI} = \frac{d_{null} - d_{specified}}{d_{null}}$$

ここで，d_{null} は独立モデルの**非心度パラメータ**，$d_{specified}$ は研究者が指定したモデルの非心度パラメータを意味します。非心度パラメータというのは，$d = (\chi^2 - df)$ で表される数値で（df は自由度），適合が完全なモデルでは0になり，適合が悪いほど値が大きくなる性質があり，モデルとデータの乖離を示すパラメータとして用いられます。つまり，CFI は，独立モデルの非心度に対して，指定したモデルの非心度がどの程度の割合で改善しているかを表していることになります。

CFI は0から1の値を取り（この範囲を越える場合，0または1に再設定される），値が高いほどモデルの適合が良いことを意味します。経験的基準として，CFI は .90 以上であることが望ましいとされてきましたが（Bentler & Bonnet, 1980），近年では，.95 以上という，より厳しい基準も提案されています（Hu & Bentler, 1998）。しかし，CFI は観測変数間の相関の平均的水準に依存することが知られています。と言うのも，CFI は独立モデルからの適合の改善を示す指標ですが，観測変数間の相関がもともと低い場合，観測変数間に無相関を仮定する独立モデルの適合がそれほど悪くならないため，CFI の数値も必然的に低く出やすくなります。この問題に関し，Kenny（2013）は，独立モデルにおける RMSEA（後述）が 0.158 より小さい場合，CFI は低く出る傾向があると述べています。

TLI（Tucker-Lewis Index）は，Tucker & Lewis（1973）によって開発された指標で，NNFI（Non-Normed Fit Index）とも呼ばれます。TLI は CFI と同様に，独立モデルからの適合の改善の程度を定量化した指標で，以下のような式で表されます。

$$\mathrm{TLI} = \frac{\left(\dfrac{\chi^2_{null}}{df_{null}} - \dfrac{\chi^2_{specified}}{df_{specified}}\right)}{\left(\dfrac{\chi^2_{null}}{df_{null}} - 1\right)}$$

ここで，χ^2/df は，自由度に対するカイ二乗値の比であり，指定されたモデルにおいてこの値が小さいほど，TLIの値は大きくなります。カイ二乗値と自由度の比を考えるということは，モデルの複雑さ（倹約性の低さ）へのペナルティを課しているということを意味します。1.2.4項に述べたように，モデルを複雑にしていけば（多くの自由パラメータを設定すれば），どこまでもモデルの適合を改善することができます。したがって，複雑なモデルが高い適合を示すということは，ある意味では当たり前の結果であり，モデルの検証という点では，あまり意味がありません。このような問題に対処するため，TLIを含むいくつかの適合度指標では，モデルの適合度だけではなく，倹約性が同時に考慮されています。CFIでも，カイ二乗値から自由度を引いていたため，ある程度，複雑さへのペナルティが課されていましたが，TLIではカイ二乗値を自由度で割っているため，ペナルティがより強くなっていると見ることができます。

TLIもCFIと同じく，以前は.90以上という基準が利用されていましたが（Bentler & Bonnet, 1980），最近では.95以上という基準も用いられるようになってきています（Hu & Bentler, 1998）。また，やはりCFIと同様に，観測変数間の相関の平均的水準によって影響を受けるため，独立モデルのRMSEAが0.158を下回る場合には解釈の必要がありません（Kenny, 2015）。

1.3.4　PCFI

前項で紹介したCFIやTLIは，倹約性をある程度考慮した指標でしたが，倹約性をより積極的な形で評価するためのPCFIという指標も開発されています。PCFIは以下の式によって定義されます。

$$\mathrm{PCFI} = \mathrm{CFI} \times \frac{df_{specified}}{df_{null}}$$

この式の形からわかるように，PCFIは，最も自由度が大きい独立モデルに対する，指定されたモデルの自由度の割合をCFIに掛け合わせることで算出されます。したがって，CFIが同程度であれば，倹約性の高い（自由度の大きい）モデルほどPCFIの数値は高くなります。PCFIに関して絶対的な経験的基準は設定されていませんが，複数のモデルを相対的に比較するために利用することができます。

例えば，因子数を段階的に変化させた複数の測定モデルを比較する際など，他の適合度指標では，理論的に解釈がしやすい因子数よりも過度に多くの因子数を持つモデルが採用されることがしばしばありますが，PCFIではかなり積極的な形で倹約性を考慮しているため，比較的合理的な因子数のモデルが採用される傾向があります。ただし，M*plus*ではPCFIを出力しないため，独立モデルの自由度と指定されたモデルの自由度，および，出力されたCFIをもとに手計算でPCFIを算出する必要があります。

1.3.5　RMSEA

RMSEA（Root Mean Square Error of Approximation）は，Browne & Cudeck（1993）によって体系化された指標で，近年，最もよく利用されている適合度指標です。

$$\mathrm{RMSEA} = \sqrt{\frac{(\chi^2 - df)/n}{df}}$$

ここで$(\chi^2 - df)/n$は，1.3.3項で紹介した非心度パラメータをサンプルサイズによって調整した値です。1.3.1項で述べたようにカイ二乗値はサンプルサイズにともなって直線的に上昇するため，その影響を統制するためにサンプルサイズで割るという処理をしています。その値を，さらに自由度で割ることによって，1自由度あたりのモデルの乖離を表しています。カイ二乗値から自由度を引き，さらにそれを自由度で割ることで，モデルの複雑さへのペナルティを二重に課していると言えます。

経験的基準として，RMSEAは，.05以下が良い適合（close-fit），.05～.10が中程度の適合，.10以上が悪い適合を示すとされています（Browne & Cudeck, 1993）。一方，Hu & Bentler（1998）は，.06以下が良い適合を示すという基準を提案しています。RMSEAについては，信頼区間を算出することができ，多くの場合，90%信頼区間がRMSEAの推定値と一緒に報告されます。90%信頼区間の下限値が0か0付近であり，上限値が.08程度を下回ることが最も望ましい状態です。また，信頼区間を利用して，(何度もデータの収集と分析を繰り返したときに) RMSEAの推定値が.05を下回る確率を算出することもできます。

RMSEAは，他の適合度指標に比べ優れた性能を持っていることが複数のシミュレーション研究によって示されています (Browne & Cudeck, 1993; Sugawara & MaCallum, 1993)。しかし，RMSEAは，モデルの自由度やサンプルサイズが小さいとき (特に自由度)，推定の誤差が拡大し，過度に高い値を示すことが知られています。例えば，自由度が1，サンプルサイズが70で，カイ二乗値が2.098のとき，カイ二乗検定においてモデルは棄却されないにもかかわらず，RMSEAは0.126という高い値を示します (Kenny, 2013)。このような理由から，Kenny, Kaniskan, & McCoach (2011) は，モデルの自由度が小さいとき，RMSEAは解釈すべきでないと述べています。

1.3.6　SRMRとWRMR

SRMR (Standardized Root Mean Square Residual) は，サンプルの分散・共分散行列と，モデルの制約のもとで得られた分散・共分散行列の間の残差を定量化する指標で，以下のように定義されます。

$$\mathrm{SRMR}=\sqrt{\left(\sum_{i\leq j}\left(\frac{s_{ij}}{\sqrt{s_{ii}}\sqrt{s_{jj}}}-\frac{\sigma_{ij}}{\sqrt{\sigma_{ii}}\sqrt{\sigma_{jj}}}\right)^2\right)\Big/\frac{p(p+1)}{2}}$$

ここでs_{ij}はサンプルにおける各変数間の共分散，s_{ii}とs_{jj}はサンプルにおける各変数の分散，σ_{ij}はモデルに基づいて推定された各変数間の共分散，σ_{ii}とσ_{jj}はモデルに基づいて推定された各変数の分散を意味します。つまり，右辺の前半部分では，サンプルの分散・共分散行列とモデルの分散・共分散行列の各要素を，それぞれ各変数の標準偏差によって割ることで標準化し，相関行列を導いたうえで，その相関行列における残差の二乗和を算出しています。1.2.7項で実際の推定結果に基づいて分散・共分散行列における残差を算出しましたが，ここでは，その各要素を各変数の標準偏差で割ることで標準化した相関行列における残差を扱っています。これによって，変数によるスケールの違いを統制して残差を評価することが可能になります。後半に登場するpは，観測変数の数を意味します。$p(p+1)/2$という式は1.2.2項でも登場しましたが，観測変数の分散・共分散 (相関) の数 (相関行列の独立した要素の数) を表しています。つまり，この式は，相関行列における残差の二乗和について要素ごとの平均を取っているということを意味します。1.2節で述べたように，SEMでは，モデルの制約のもとで，サンプルの分散・共分散行列をできる限り再現するようなパラメータの組み合わせを探索しますが，SRMRは，実際にそれがどの程度忠実に再現されているかを直接評価する指標であると言えます。

SRMRに関する経験的基準としては，.08以下がよい適合 (Hu & Bentler, 1998)，.10以下が許容できる適合 (Kline, 2005) を示すとされています。つまり，相関行列の各要素の残差が平均して.08程度までの範囲に収まれば，適合が良好であると判断することになります。シミュレーション研究では，前項で述べたRMSEAが観測変数と因子の関連における適合の問題に敏感であるのに対し，SRMRは因子間の関連における適合の問題に最も敏感な指標であることが報告されています (Hu & Bentler, 1998)。その意味で，RMSEAと相補的な関係にある指標と言えます。しかし，SRMRはサンプルサイズが大きくなるほど，値が小さくなる傾向があることが指摘されています (Kenny, 2013)。Hu & Bentler (1998) は，最尤法を用いる場合，サンプルサイズが250以下のときに，SRMRは望ましい指標として機能すると述べています。また，SRMRは，モデルの倹約性を考慮していないことにも注意が必要です。

WRMR (Weighted Root Mean Square Residual) も，SRMRと同様の発想に基づく指標であり，以下のような式で定義されます。

$$\mathrm{WRMR} = \sqrt{\left(\sum_{i \le j} \frac{(s_{ij} - \sigma_{ij})^2}{\upsilon_{ij}}\right) \Big/ \frac{p(p+1)}{2}}$$

ここで，υ_{ij} は，s_{ij} の漸近分散[31] の推定値を意味します。WRMR は，観測変数が著しく異なるスケールを持っている場合や，多変量正規性を満たさない場合に適しているとされています（Muthén, 1998-2004）。通常の最尤法を用いた分析では出力されませんが，第7章で扱うカテゴリカル変数に対する因子分析で利用するロバストな重みづけ最小二乗法（WLSM または WLSMV）では，SRMR の代わりに WRMR が出力されます。経験的基準としては，1.00 以下の値を示すことが望ましいとされています（Yu, 2002）。ただし，WRMR は状況によって異常な数値を示すことが知られており，他の指標が良好な適合を示しているのに，WRMR だけが異常な値を示した場合，WRMR を参考にすべきでないとされています。

1.3.7　AIC・BIC・ABIC

AIC（Akaike, 1973），**BIC**（Schwarz, 1978），**ABIC**（Sclove, 1987）は情報量基準に基づく適合度指標であり，複数のモデルの相対的な適合の評価に用いられます。

$$\mathrm{AIC} = -2\log(L) + 2m$$
$$\mathrm{BIC} = -2\log(L) + \log(n)m$$
$$\mathrm{ABIC} = -2\log(L) + \log(n^*)m$$

ここで，L はモデルの尤度を意味します。1.2.5 項で述べたように，最尤法では，モデルの制約のもとで，サンプルの分散・共分散行列が得られる確率（尤度）が最も高くなるようなパラメータの組み合わせを探索します。この尤度の自然対数を取った log（L）は**対数尤度**と呼ばれ，それに -2 を掛けた -2log（L）は，対数尤度の低さ，つまり，モデルとデータの適合の悪さを表します。さらに，モデルの複雑さに対するペナルティを課すために，自由パラメータの数 m やサンプルサイズ n が加えられています。AIC では自由パラメータ数に 2 を掛けた数値が加えられていますが，BIC では自由パラメータ数にサンプルサイズの自然対数を掛けた値が加えられています。サンプルサイズが 8 以上のとき，その自然対数は 2 を越えるため，通常の解析では BIC は AIC よりも，複雑さに関して強いペナルティを課すということがわかります。ABIC の n^* は $(n+2)/24$ を意味し，サンプルサイズが大きいとき，複雑さへのペナルティが大きくなりすぎないように調整されています。つまり，3 つの指標の複雑さへのペナルティの強さは，AIC < ABIC < BIC という関係にあります。近年では，BIC が用いられることが多くなってきています。

前述のように，情報量基準に基づく適合度指標は，複数のモデルの相対的な比較に用いられるため，絶対的な経験的基準は存在しません。複数のモデルのうち，値が小さいモデルほど，（倹約性の割に）適合が良好であることを意味します。ただし，BIC に関しては，2 つのモデルの差が 0 〜 2 のときは，モデルの適合の違いを示す弱い証拠，2 〜 6 のときはポジティブな証拠，6 〜10 のときは強い証拠，10 以上のときはかなり強い証拠となるという基準が提案されています（Raftery, 1996）。

これらの指標は，カイ二乗差異検定とは異なり，ネストされたモデルだけでなく，それ以外のモデルとの比較も可能である点が優れています。ただし，使用される観測変数そのものが異なるモデルとの比較やサンプルが異なる場合の比較は意味を持ちません。いかなる指標を用いるにしても，モデルの直接的な比較が可能なのは，観測変数のセットとサンプルが同一である場合のみです。

1.3.8　残差行列

残差行列は，サンプルの分散・共分散行列とモデルに基づく分散・共分散行列の差です。これまでに取り上げた適合度指標は，いずれもモデルの全体的な適合を評価するための指標でしたが，残差行列はモデ

[31] 漸近分散というのは，パラメータの推定のブレを示す数値で，その平方根が標準誤差になります。

ルの**部分的適合**を評価するために使用します。つまり，サンプルとモデルの分散・共分散行列の各要素を比べることで，どの部分にズレが生じているのかを明らかにすることができます。

1.2.7 項で，実際に推定されたパラメータをモデルの共分散構造に代入して残差行列の算出を行いましたが，残差行列は変数のスケールによって様々な値を取るため，そのままでは解釈が難しいと述べました。そこで，M*plus* では，通常の非標準化残差に加え，**標準化残差**および**正規化残差**という 2 種類の残差を出力します。標準化残差は，非標準化残差を，サンプルとモデル推定値の差の標準偏差によって割った値を示し，近似 z 値と見なすことが可能です[32]。つまり，絶対値が 1.96 を上回れば 5 %水準，2.58 を上回れば 1 %水準で有意な残差があると判断することができます。ただし，観測変数の数が多い場合，検定の回数が増えることになるため，5 %水準であれば 20 回に 1 回は偶然でも有意差が得られるということを念頭に置いて解釈する必要があります。正規化残差は，非標準化残差をサンプルの標準偏差で割った値であり，常に標準化残差よりも小さい値を示します。したがって，正規化残差に基づく検定は，標準化残差に基づく検定よりも，保守的な（有意差が出にくい）ものになります。

基本的には解釈の容易な標準化残差を用いて評価を行う方針で問題ありませんが，計算上のエラーでしばしば標準化残差が部分的に出力されない場合があるため，その場合には正規化残差を利用します。カイ二乗検定と同様，サンプルサイズが大きい場合には，それほど大きな残差でなくても有意になることがあるため，残差が有意であるからと言って，直ちにモデルの修正が必要であることにはなりません。むしろ，行列全体の中で，一部にだけ異常に大きい残差が見られることはないかという視点で評価していくことが重要です。

このような部分的評価は，特にモデルの修正を行ううえで重要な情報となりますが，モデルの修正を考えていない場合でも，部分的適合を評価することで，全体的適合には表れない局所的な不適合が見出されることもあるため，必ず残差行列を確認しておくことが必要です。全体の適合度が良好であっても，残差行列の一部に極端な数値が見られる場合，モデルがデータに適合しているという結論を下すことはできません。

1.3.9　修正指標

修正指標は，残差行列と同じく，モデルの部分的適合を評価するための指標で，**ラグランジュ乗数検定**とも呼ばれます。修正指標は，指定されたモデルの中で特定の値に固定されたり，他のパラメータと等値制約が置かれているパラメータを自由推定した場合（制約を解いた場合）に，どの程度，モデルのカイ二乗値が低下するか（適合度が改善するか）の期待値を示します。特定の値に固定されているパラメータというのは，現在のモデルで引かれていないパスも含みます。なぜなら，変数間にパスが引かれていないということは，そのパスが 0 に固定されていることと同義であるためです。前節の残差行列と組み合わせて考察することで，モデルの適合を悪化させている原因について，より明確な理解が得られます。また，M*plus* では修正指標と合わせて，EPC.（Expected Parameter Change；パラメータ変化の期待値）や標準化 EPC. を出力します。EPC. は，そのパラメータが自由推定されたときのパラメータ推定値の期待値を表し，標準化 EPC. は標準化推定値の期待値を表します。これらの情報もモデルの部分的適合について考察するうえで有益な情報となります。

上述のように，修正指標は，そのパラメータを自由推定した場合のカイ二乗値の改善の程度を意味しますので，1.3.2 項で述べたカイ二乗値の原理により，自由度 1 のカイ二乗分布にしたがいます。したがって，修正指標が 3.84 以上のとき 5 %水準，6.63 以上のとき 1 %水準，10.83 以上のとき 0.1%水準で，モデルが有意に改善することを意味します。

しかし，前項の残差行列と同様，検定の結果が有意になったからと言って，直ちにモデルの修正の必要があることを意味するわけではありません。原則的に，SEM は，研究者の理論を検証するための手段で

[32] 分散・共分散行列の各要素を，各変数の標準偏差で割って標準化した相関行列における残差を標準化残差と呼ぶこともあります。1.3.5 節の SRMR はこの「相関の差」という意味での標準化残差を評価していましたが，ここでは異なる方法で標準化残差を定義していることに注意が必要です。

あり，データからモデルを探索する手段としての有用性は必ずしも高くありません。このことについて豊田（1998）は以下のような言葉で説明しています。

> 意味のあるモデルの数に比べて意味のないモデルの数の比は天文学的な値である。このためモデル探索は，砂浜にうめられた1粒のゴマを拾うような作業となり，探し当てた物はゴマではなく，ゴマに似た砂粒といってほぼ間違いなくなる。

したがって，SEMによる解析の結果に基づいてモデルを修正することは，本来はあまり望ましくありません。また，この問題とは別に，モデルを設定するためのデータとモデルを検証するためのデータが重複している場合，それは**循環論の誤謬**（証明されるべきことが，証明の根拠として用いられるという誤り）を犯しており，科学的な証明としては不十分であると見なされます。そのため，いったん解析した結果に基づいてモデルを修正してしまえば，たとえモデルの適合度が改善したとしても，同じデータによってモデルの妥当性が確認されたという主張はしにくくなります。

しかし，次のようなルールの範囲内でモデルを修正することは，学術的に，ある程度許容されています。第1に，加えられる修正は，理論的に正当化しうるものであること，第2に，加えられる修正は，比較的軽微な範囲に留まるものであること，第3に，可能な限り，修正されたモデルの検証には異なるデータセットを用いることの3点です。

1点目は，しばしば軽視されていますが，最も重要なポイントです。モデルの修正にあたり，後述の修正指標などを統計的な基準として用いることが一般的ですが，このような統計的基準はあくまで参考資料として用いるべきもので，モデルの修正には必ず何らかの理論的根拠が必要となります。明確な理論的根拠がないのに，修正指標の数値が大きいというだけでモデルの修正をすることは厳に慎むべきです。SEMはモデル探索のための道具としては不完全であることを常に頭に留めておく必要があります。また，加えられた修正については，論文の中で理論的根拠を明示することが必要です。修正指標の値は修正を正当化する根拠にはなりません。

2点目は，一点目とも関連する問題ですが，大規模な修正を行わなければモデルの適合が改善しないような場合には，もはやモデルは棄却されたと判断すべきです。実際，そのような大規模な修正を行うことは，もとのモデルの理論的根拠の薄弱さを認めるようなもので，まず正当化しえません。誤差変数間の相関の仮定，少数のパスの追加や削除など，比較的軽微な修正でモデルの適合が改善されるときにのみ，モデルの修正は許容されます。

3点目は，知見の信憑性を左右する重要なポイントです。循環論の誤謬を避けるために，できればモデルの修正に使用するデータとは別に，新たなデータを用意して，あらためて修正モデルの検証を行うことが望ましいと言えます。もし現実的にそれが難しい場合には，修正モデルが検証されたということを強く主張することは難しくなりますので，追試的な検証が必要な知見として，トーンを弱めた報告を行う必要があります。

しかし，構造モデル（パス解析）の文脈においては，わずかなモデル適合の問題がパラメータ推定値に大きな影響を及ぼすことがあります（3.4節と3.5節を参照）。したがって，構造モデルにおいてカイ二乗検定が有意になる程度のモデル適合の問題があれば，それを放置してパラメータの解釈を行うよりも，適切な理論的根拠に基づいてモデルの修正を施した方が，より妥当な結論にたどり着ける可能性が高いでしょう。修正の結果，モデルが飽和モデルになってしまったとしても，不適合なモデルをそのまま用いるよりは望ましい選択です。今でも基礎的な統計手法として広く用いられている重回帰分析の枠組みでは，すべての変数間に関連を仮定した飽和モデルが設定されるため，モデル適合の問題は起こりえず，パラメータ推定値や説明率にのみ基づいてモデルの良し悪しが評価されます。SEMの枠組みで飽和モデルを設定した場合，モデル適合を評価できるというSEMのメリットの1つは活かせなくなりますが，完全情報最尤法を利用できる，間接効果の検定がより正確に行える，潜在変数を導入できるなど，他のSEMのメリットは依然として享受できます。したがって，構造モデルの文脈では，無理に倹約性の高いモデルにこだわるよりも，モデルの不適合によるパラメータの歪みを避けることを優先することが望ましい態度であると考えられます。

1.3.10　適合度指標に関するまとめ

ここでは，M*plus*で利用可能な適合度指標を中心に解説を行ってきましたが，いずれの指標にも，それぞれ長所と短所があり，いかなる状況でも常に正しい判断を導くような理想的な適合度指標は存在しないことを理解されたことと思います。したがって，実際の解析においては，それぞれの指標の長所，短所をよく踏まえたうえで，複数の指標を組み合わせて総合的に解釈を行うことが必要になります。わずかなモデル適合の問題がパラメータ推定値に大きな影響を及ぼしうる構造モデルにおいては，通常，最も厳しい基準であるカイ二乗検定が中心的な指標となります。一方，カイ二乗検定では評価が厳しくなりすぎる測定モデルにおいては，RMSEA（90%信頼区間も併せて）とSRMR（利用可能な場合）を中心的な指標としつつ，CFI，TLIも参考とします。また，複数のモデルを比較する場合には，ネストされたモデルとの比較ではカイ二乗差異検定，その他のモデルとの比較ではAIC，BIC，ABICのいずれか1つ，倹約性をより積極的に評価したい場合にはPCFIを利用します。また，残差行列は論文で報告する必要はありませんが，解析の段階では必ず確認して，モデルの部分的適合を評価します。その際，修正指標を組み合わせて考察すると，部分的な不適合の原因がより明確になります。

1.3.11　適合度の解釈における注意事項

適合度はモデルの妥当性を検証するための重要な情報となりますが，その解釈に際しては，いくつかの注意が必要です。

第1に，CFI，TLI，RMSEA，SRMRなどの適合度指標には，一定の経験的基準が提案されていますが，こうした基準はどのような文脈でも等しく機能するものではありません。特に注意しなければいけないことは，これらの基準が潜在変数を含むモデルを用いたシミュレーションに基づいて決定されたものであるという点です。したがって，これらの基準は潜在変数と観測変数の関係を表す測定モデルの検証においてはある程度有効ですが，構成概念間の関係を表す構造モデルの検証には必ずしも適していません。構造モデルの検証においては，こうした適合度指標よりも，カイ二乗値や個々のパラメータ推定値を中心的な判断材料とすることが望ましいでしょう。実際，3.4節や3.5節で見るように，構造モデルにおいては，CFI，TLIなどの適合度指標が良好な適合を示していたとしても，カイ二乗値が有意になる程度の不適合があれば，パラメータ推定値は大きく歪み，結論にも実質的な影響を及ぼす危険性があります。

第2に，適合度は，与えられたモデルの制約のもとで，どの程度正確にサンプルの分散・共分散行列を「再現」できるかを定量化した数値です。ここで重要なことは，ある分散・共分散行列を高い精度で再現できるモデルは無数に存在しうるということです。つまり，指定したモデルの適合度が十分に満足できるものであったとしても，同程度かそれ以上の正確さでサンプルの分散・共分散行列を再現できるモデルは，他にも多数存在する可能性があります。実際，パスの引き方が全く異なるモデルでも同一の分散・共分散行列（と適合度）を与えるモデルが存在することが知られており，**同値モデル**と呼ばれています。したがって，適合度の高いモデルは，多数存在する「ありうるモデル」の中の1つにすぎないという認識を持っておくことが必要です。

この問題について統計的な方法で対処することは不可能なので，理論的な根拠に基づいて，自らのモデルが他の同値モデルよりも優れていることを論証する必要があります。しかし，同程度の適合度を持つモデルが無数に存在するとは言っても，理論的に荒唐無稽なモデルまでをすべて取り上げて反駁する必要はありません。最も説得力のある方法は，あらかじめ自らのモデルと同程度に理論的蓋然性の高いいくつかのモデルを**対立モデル**として設定しておき，自らのモデルがそれらのモデルより優れた適合度を示すことを確認するという方法です。この方法であれば，無数の荒唐無稽なモデルを相手にせずとも，十分な説得力で自らのモデルの妥当性を示すことができます。ただし，対立モデルの設定が恣意的になってしまっては説得力を持ちませんので，一般的に広く信じられているモデルや先行研究で有力視されているモデルなど,「強いライバル」を対立モデルとして設定することが重要です。また,自らのモデルと対立モデルが同値モデルになりそうな場合には,それを防ぐために研究のデザインを工夫する必要があります(詳細については8.1節を参照)。

第3に,モデルの妥当性を評価するための情報は,適合度の他にも存在します。1つは,パス係数の値が理論的な想定に一致しているか否かという観点です。例えば,モデルにおいて重要な役割を持つパスの係数が有意になっていないとか,想定と逆の符号の係数が得られたという場合には,適合度が高いとしても,モデルが支持されたとは言えません。また,内生変数の説明率を示すR^2値が許容しうる水準にあるか否かも重要な基準となります。その他に,負の分散や絶対値が1を超す相関などの不適解の存在も,モデルの問題を示唆する1つの材料となります。

第4に,適合度には,当然のことながら,観測されなかった変数の情報は反映されません。因果関係を検証する手法であるパス解析やSEMでは,モデルに組み込まれている原因変数と相関を持ち,結果変数に影響を及ぼす第3の変数(交絡因子)がモデルに組み込まれていない場合,その原因変数から結果変数へのパス係数は,因果的効果を適切に反映しなくなります(詳細は3.1.5項を参照)。極端な話,その原因変数が結果変数に何の影響も与えておらず,交絡因子によって両者の疑似相関が生じているだけという場合でも,交絡因子がモデルに組み込まれなければ,高いパス係数が見出されるということがありえます。この場合,そのモデルは明らかに誤ったモデルですが,この誤りは適合度には反映されません。

第五に,適合度は,サンプルの分散・共分散行列を「目標状態」と見なして,それと推定値の一致の程度を定量化した値です。したがって,サンプルそのものに歪みがある場合,モデルが妥当であっても適合度は完全にはなりません。実際には,測定データには多かれ少なかれ,歪みが混入することが知られています。項目や尺度の測定誤差,外れ値,サンプル抽出の偏りなど,多くの要因がデータの歪みを引き起こします。そのため,必ずしも適合度が高いほど,モデルの妥当性が高いとは限りません。実際,ワルド検定などの自動修正機能を使ってモデル探索を行うと,実質科学的には無意味なモデルが最終的に残ることが多いと言われています(豊田,1998)。また,原理的に,推定するパラメータの数を増やしていけば,モデルの適合度はどこまでも向上させることができます。したがって,適合度が上昇するからといって,理論的に正当化できない修正をモデルに加えることがあってはいけません。むしろ,理論的に妥当な制約を保持した,倹約性の高いモデルにおいてこそ,適合度は本来の説得力を発揮します。

以上のことからわかるように,あるモデルの適合度が高いという事実は,そのモデルが証明されたということではなく,(少なくとも解析に使用されたデータでは)反証されなかったということを意味するにすぎません。これらの問題から共通して示唆されることは,慎重かつ十分な理論的検討に基づいて研究のデザインやモデルを設定することの重要さです。SEMは研究者の仮説に基づいて自由なモデリングができる長所がありますが,研究者が明確な理論的根拠のある仮説を持たない場合,それがむしろ短所にもなるということを,よく認識しておく必要があります。

文　献

Akaike, H. (1973). Information theory and an extension of the maximum likelihood principle. In B. N. Petrov, & F. Csaki (Eds.), 2nd International Symposium on Information Theory (Akademia Kiado, Budapest), pp. 267-281.

Bentler, P. M. (2005). *EQS 6.1: Structural equations program manual.* Encino, CA: Multivariate Software.

Bentler, P. M., & Bonnet, D. C. (1980). Significance tests and goodness of fit in the analysis of covariance structures. *Psychological Bulletin, 88*(3), 588-606.

Bentler, P. M., & Chou, C. P. (1987). Practical issues in structural modeling. *Sociological Methods & Research, 16,* 78-117.

Brown, R. L. (1994). Efficacy of the indirect approach for estimating structural equation models with missing data: A comparison of five methods. *Structural Equation Modeling, 1,* 287-316.

Browne, M. W., & Cudeck, R. (1993). Alternative ways of assessing model fit. *Sage focus editions, 154,* 136-136.

Collins, L. M, Schafer, J. L., & Kam, C.-H. (2001). A comparison of inclusive and restrictive strategies in modern missing data procedures. *Psychological Methods, 6,* 330-351.

Ding, L., Velicer, W. F., & Harlow, L. L. (1995). Effects of estimation methods, number of indicators per factor, and improper solutions on structural equation modeling fit indices. *Structural Equation Modeling: A Multidisciplinary Journal, 2,* 119-143.

Enders, C. K. (2008). A note on the use of missing auxiliary variables in FIML-based structural equation models. *Structural*

Equation Modeling: A Multidisciplinary Journal, 15, 434-448.

Enders, C. K. (2010). *Applied missing data analysis.* New York, NY: Guilford Press.

Fan, X., Thompson, B., & Wang, L. (1999). Effects of sample size, estimation methods, and model specification on structural equation modeling fit indexes. *Structural Equation Modeling: A Multidisciplinary Journal, 6*, 56-83.

Graham, J. W. (2003). Adding missing-data relevant variables to FIML-based structural equation models. *Structural Equation Modeling: A Multidisciplinary Journal, 10*, 80-100.

Hoogland, J. J., & Boomsma, A. (1998). Robustness studies in covariance structure modeling: An overview and a meta-analysis. *Sociological Methods & Research, 26*, 329-367.

Jöreskog, K. (1967). Some contributions to maximum likelihood factor analysis. *Psychometrika, 32*, 443-482.

Kenny, D. A., Kaniskan, B., & McCoach, D. B. (2011). The performance of RMSEA in models with small degrees of freedom. Unpublished paper, University of Connecticut.

Kenny, D. A. (2015). Measuring model fit. Retrieved from http://davidakenny.net/cm/fit.htm (August 27, 2017.)

Kline, R. B. (2005). *Principles and practice of structural equation modeling* (2nd ed.). New York, NY: Guilford Press.

Little, R. J. A., & Rubin, D. B. (1987). *Statistical analysis with missing data.* New York: Wiley.

Muthén, B. O. (1998-2004). Mplus technical appendices. Los Angeles, CA: Muthén & Muthén.

Muthén, B. O, & Asparouhov, T. (2002). Using M*plus* Monte Carlo simulations in practice: A note on non-normal missing data in Latent Variable Models. *Mplus Web Notes*: No. 2.

Muthén, L. K., & Muthén, B. O. (2002). How to use a Monte Carlo study to decide on sample size and determine power. *Structural Equation Modeling, 9*, 599-620.

Nunnally, J. C. (1967). *Psychometric theory* (1st ed.). New York, NY: McGraw-Hill.

Satorra, A., & Bentler, P. M. (1988). Scaling corrections for statistics in covariance structure analysis. UCLA Statistics Series #2. Los Angeles, CA: University of California.

Satorra, A., & Saris, W. E. (1985). Power of the likelihood ratio test in covariance structure analysis. *Psychometrika, 50*, 83-90.

Schafer, J. L., & Graham, J. W. (2002). Missing data: Our view of the state of the art. *Psychological Methods, 7*, 147-177.

Schwarz, G. (1978). Estimating the dimension of a model. *The Annals of Statistics, 6*, 461-464.

Sclove, S. L. (1987). Application of model-selection criteria to some problems in multivariate analysis. *Psychometrika, 52*, 333-343.

Spearman, C. (1904). General intelligence, objectively determined and measured. *American Journal of Psychology, 15*, 201-293.

Sugawara, H. M., & MacCallum, R. C. (1993). Effect of estimation method on incremental fit indexes for covariance structure models. *Applied Psychological Measurement, 17*, 365-377.

Tanaka, J. S. (1987). "How big is big enough?": Sample size and goodness of fit in structural equation models with latent variables. *Child Development, 58*, 134-146.

Tinsley, H. E., & Tinsley, D. J. (1987). Uses of factor analysis in counseling psychology research. *Journal of Counseling Psychology, 34*, 414-424.

豊田 秀樹 (1998). 共分散構造分析――構造方程式モデリング［入門編］ 朝倉書店

Tucker, L. R., & Lewis, C. (1973). A reliability coefficient for maximum likelihood factor analysis. *Psychometrika, 38*, 1-10.

Wang, J., & Wang, X. (2012). *Structural equation modeling: Applications using Mplus.* Chichester, UK: John Wiley & Sons.

West, S. G., Finch, J. F., & Curran, P. J. (1995). Structural equation models with nonnormal variables: Problems and remedies. In R. H. Hoyle (Ed.), *Structural equation modeling: Concepts, issues, and applications* (pp. 56-75). Thousand Oaks, CA: Sage Publications.

Wiley, D. E. (1973). The identification problem for structural equation models with unmeasured variables. In A. S. Goldberg, & O. D. Duncan (Eds.), *Structural equation models in the social sciences* (pp. 69-83). New York, NY: Seminar Press.

Williams, D. (2006). On and off the'Net: Scales for social capital in an online era. *Journal of Computer-Mediated Communication, 11*, 593-628.

Wright, S. (1934). The method of path coefficients. *Annals of Mathematical Statistics, 5*, 161-215.

Yu, C. Y. (2002). *Evaluating cutoff criteria of model fit indices for latent variable models with binary and continuous outcomes.* (Unpublished doctoral dissertation), University of California, Los Angeles.

Yuan, K. H., & Bentler, P. M. (2000). Three likelihood-based methods for mean and covariance structure analysis with non-normal missing data. In M. E. Sobel, & M. P. Becker (Eds.), *Sociological methodology 2000* (pp. 165-200). Washington, DC: The American Sociological Association.

Yuan, K. H., Yang-Wallentin, F., & Bentler, P. M. (2012). ML versus MI for missing data with violation of distribution conditions. *Sociological Methods & Research, 41*, 598-629.

第2章 M*plus* の基本的な利用方法

M*plus* はSPSSやAMOSのようなクリック操作によるプログラムではなく，R，SAS，CALISなどと同じく，シンタックスに基づくプログラムです[1]。AMOSのように，クリック操作でパス図を描くことによってモデル指定を行うという仕様は，初学者には便利なように思えますが，シンタックスベースのプログラムに比べ，ほとんどの場合，モデル指定に多くの時間を要します。特に多くの指標をともなう測定モデルなどでは，非常に手間がかかり，パス図が複雑になる分，ミスも多くなります。いったんシンタックスによるモデル指定を習得してしまうと，パス図による指定を行うメリットはほとんどなくなります。

シンタックスベースのプログラムは，一見，シンタックスのルールやコマンドを覚えるのが難しいように感じられますが，M*plus* の場合は，よく使用される解析が最低限の命令で実行できるように簡略化されており，他のプログラムに比べ，非常にシンプルなシンタックスで解析を実行することができます。したがって，基本的な解析を行ううえで覚えるべきルールやコマンドはそれほど多くなく，いったん覚えてしまえば，きわめて効率的に解析を行うことができます。また，解析を実行した後に，指定されたモデルをパス図として確認することができるため，モデルが正しく指定されたかどうか，視覚的にチェックすることもできます。特に重要なことに，M*plus* では，初学者が犯しやすいモデル指定上のミス（例えば識別の問題）が極力起こらないよう，様々な仕様上の工夫がなされているため，SEMでありがちな「解析を実行しても動かない」という問題は，他のプログラムに比べ，非常に起こりにくくなっています[2]。

本章では，データセットの準備，シンタックスのルール，よく使用されるコマンドやオプションの使い方など，M*plus* の基本的な利用方法について解説していきます。この解説を通して，M*plus* がいかに手軽に利用可能なソフトウェアであるかを実感されることと思います。

2.1 データセットの準備

ここでは，M*plus* での解析に使用するデータセットを準備する方法について解説します。おそらく最も多くの読者が利用できると考えられるMicrosoft Excelを使用した方法について述べますが，特に複雑な手順が必要となるわけではありませんので，他のソフトウェア（例えばSPSS）を使用しても同様の処理を行うことができます。

まず，一般的なデータセットの例を図2.1に示します。通常，調査などのデータは，この図のような形で入力されると思います。横に変数，縦に個人が並ぶという形式です。多くの場合，最初の列（縦の並び）には個人を識別するためのID，次の何列かには個人の基本的な属性を示す情報（ここでは性別と学年），それ以降の列に，調査で得られた各項目の評定値やそれを合計した尺度得点などが並びます。

このような形でデータセットが整理されていれば，ここからM*plus* 用のデータセットを作成するために必要な処理は，基本的に3つしかありません。1つめは，数字以外の形で入力されているデータを，すべて数字に置換することです。例えば，ここでは性別（gender）が「男」，「女」という形で入力されている

---

[1] M*plus* にもLanguage GeneratorやDiagrammerというクリック操作に基づくインターフェイスがありますが，多くの場合，シンタックスを直接入力する方が早いため，本書では扱いません。

[2] もちろんコマンドのタイプミスなどがあれば動きませんが，その場合も，的確なエラーメッセージが表示されるため，修正は容易です。

	A	B	C	D	E	F	G
1	ID	gender	grade	a1	a2	a3	a4
2	40001	男	1	3	1	4	2
3	40002	男	1	2	2	2	3
4	40003	男	1	3	1	2	2
5	40004	男	1		2	3	1
6	40005	男	1	2	2	2	2
7	40006	男	1	3	1	2	3
8	40007	男	1	2	2	3	3
9	40008	男	1	3	2	3	2
10	40009	女	1	3	1	3	2
11	40010	女	1	3	2		2
12	40011	女	1	1	3	3	3

図2.1　一般的なデータセットの例

検索と置換
検索(D)　置換(P)
検索する文字列(N):　男
置換後の文字列(E):　1
オプション(T) >>
すべて置換(A)　置換(R)　すべて検索(I)　次を検索(F)　閉じる

図2.2　Excelの置換機能

ため，「男」を「1」，「女」を「2」といった形で数字に置換します。これは該当の列（この例ではB列）を選択して，Excelの置換機能により「すべて置換」を行えば，簡単に処理できます（図2.2）。IDについても，アルファベットなどが含まれる場合は，すべて数字のIDに置き換えておきます。この際，IDの桁数が8桁を超えないようにします。M*plus*は8桁を超えるデータを処理することができません。

2つめは，変数のラベルを入力している最初の行を削除することです。M*plus*では，各変数の名称はシンタックス上で指定するため，データセットにはラベル行が含まれないようにします。これは，単純に1行目全体を選択して，行ごと削除するだけでかまいません。ただし，シンタックス上で変数の名称を指定する際には，このラベル行をそのままシンタックスに貼りつけるのが便利なので，ラベル行を含んだ元のデータファイルは残しておいて，M*plus*用のデータセットは別ファイルとして保存するようにします。

3つめは，欠測値を共通のコード（数字）に置換することです。1.2.10節で述べたようにM*plus*では基本的に欠測値を含むデータも解析に使用されるので，欠測値を含むケースをあらかじめ削除する必要はなく，欠測値であることを示す特定のコードを割り当てておけば十分です。データを入力する段階で，欠測値に共通のコード（例えば999）が割り当てられていれば，この手順は不要です。もし変数ごとに欠測値を示すコードが異なっている場合は，すべて共通のコードにしておいた方が，M*plus*上での処理がしやすくなります。この際，欠測値コードには，必ず実データには含まれない値を使用するという点にだけ注意が必要です。例えば，ある変数が0～100の値を取るときに，「99」を欠測値コードとして割り当ててしまうと，実際には欠測値ではないデータが欠測値として扱われてしまうことになりますので，「999」など，実データの範囲を超える値を欠測値コードとして割り当てるようにします。

図2.1のように欠測値が空欄となっている場合（例えばID40004のa1），以下の手順で空欄を欠測値コードに置換します。欠測値を持つすべての変数（列）を選択した状態で，「検索と選択→置換」をクリックし，「検索する文字列」を空欄のままにした状態で，「置換後の文字列」に特定の欠測値コード（999など）を入力し，「すべて置換」のボタンを押すと，すべての空白セルに欠測値コードが入力されます（図2.3）。

以上の手順により，図2.4のようなM*plus*用のデータセットが作成されました。このような形のデータセットが作成できたら，ファイルを「テキスト（タブ区切り）」または「csv」という形式で保存します。M*plus*では，日本語の文字を扱うことができないため，ファイル名には半角のアルファベット，数字，記号のみを使用する点に気をつけてください。また，ファイルを保存するフォルダ名やそのパス（コンピュ

図 2.3 欠損値のコード化

	A	B	C	D	E	F	G
1	40001	1	1	3	1	4	2
2	40002	1	1	2	2	2	3
3	40003	1	1	3	1	2	2
4	40004	1	1	999	2	3	1
5	40005	1	1	2	2	2	2
6	40006	1	1	3	1	2	3
7	40007	1	1	2	2	3	3
8	40008	1	1	3	2	3	2
9	40009	2	1	3	1	3	2
10	40010	2	1	3	2	999	2
11	40011	2	1	1	3	3	3

図 2.4 M*plus* 用のデータセット

ータ上の位置）にも日本語が使用されていてはいけません。例えば，Windows の「マイドキュメント」は，フォルダ名にもパスにも日本語が含まれるので，M*plus* のデータファイルの保存場所には適しません。M*plus* のファイルを保存するために，日本語の文字が入らない位置にフォルダを作成しておく必要があります。

2.2 シンタックスのルールと仕様

次に，解析の内容を指定するシンタックスの基本的なルールや仕組みについて，図 2.5 の簡単なシンタックスを例に解説していきます。

M*plus*（M*plus* Editor）を起動すると，図 2.5 のようなウィンドウが開きます（実際には真っ白の状態です)。この画面に，シンタックスを入力していくことになります。M*plus* のシンタックスは，複数のコマ

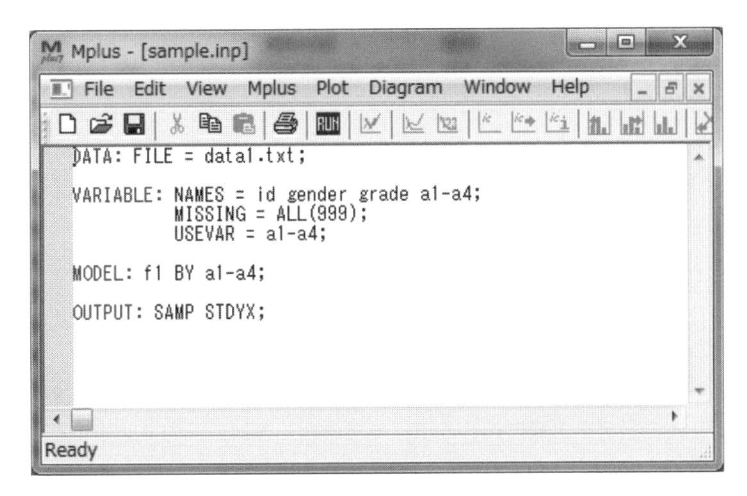

図 2.5 シンタックスの例

ンドと，その下位要素である複数のオプションによって構成されます。コマンドは命令の種類を表すもので，オプションは個々の命令の内容を表すものです。この例では，DATA，VARIABLE，MODEL，OUTPUTという4つのコマンドが使用されています。また，DATAコマンドの下位要素としてFILEオプション，VARIABLEコマンドの下位要素としてNAMESオプション，MISSINGオプションなどが使用されています。個々のコマンドやオプションについては次節で詳細に解説します。

M*plus*のシンタックスを作成するうえで，覚えておく必要のあるルールはごくわずかです。1点目に，すべてのコマンドはコロン（:）で終わり（例えば，DATA:），個々のオプションの命令はセミコロン（;）で終わる必要があります（例えば，FILE = data.txt;）。ただし，オプションによっては「SAMP STDYX;」のように複数のオプションを一行にまとめることも可能です。2点目に，それぞれの行の命令は90字（古いバージョンでは80字）を超えてはいけません。もし1つのオプションの命令が90字を超えるときには，途中でEnterキーによって改行して行を分ければ大丈夫です。3点目に，個々の変数に与える名称は8字を超えてはいけません。4点目に，M*plus*は日本語を処理することができません。したがって，ファイル名，変数名など，すべて半角のアルファベット，数字，記号のみを使用します。実質，シンタックスの基本ルールは以上の4点だけです。この4点と次節で述べるような個々のコマンドやオプションの用法だけを把握しておけば，M*plus*のシンタックスを正しく記述することができます。

しかし，M*plus*を利用するうえでは，以下のような性質も理解しておくと便利です。1点目に，M*plus*は大文字と小文字を区別しません。したがって，シンタックスは大文字で書いても小文字で書いても問題ありません。ただし，シンタックスを見やすくするために，M*plus*に実装されているコマンドやオプションは大文字で入力し，研究者が独自に割り当てる変数の名称やラベルなどは小文字で入力することをお薦めします。2点目に，一部のコマンドやオプションは短く省略することができます。例えば，図2.5の「USEVAR」は，正式には「USEVARIABLES」というオプションですが，「USEVAR」と短く省略することができます。3点目に，一連の変数や数字を表すためにハイフン（-）を使用することができます。例えば，図2.5の「a1-a4」は，a1，a2，a3，a4という4つの変数を表しています。また，特定のオプションでは，すべての変数を表す「ALL」というキーワードを使用することもできます。4点目に，コマンドの順序は，ほとんどの場合，任意です。つまり，基本的に，どのコマンドからシンタックスを書き始めてもかまいません。5点目に，シンタックスの見やすさを高めるために，任意の位置にコメントを挿入することができます。コメントを挿入したい位置に「!」という記号を入力すると，その行の「!」以降の記述がコメントと判断され，解析に使用されなくなります。

2.3　基本的なコマンドとオプション

ここでは，図2.6に示す仮説モデル（図1.1の再掲）を想定して，M*plus*の基本的なコマンドとオプションの使い方について解説していきます。図2.7に，この仮説モデルを解析するためのシンタックスを示します。実は，このシンタックスの中に，M*plus*で頻繁に使用される基本的なコマンドとオプションはすべて含まれています。

最初の「TITLE」というコマンドは，分析のタイトルを指定するコマンドです。「!」で指定するコメントと同様に，解析には使用されませんが，シンタックスの内容をわかりやすくするために使用します。必須のコマンドではありませんので，特に必要なければ使用しなくてもかまいません。

次の「DATA」は，解析に使用されるデータに関する指定を行うコマンドです。いくつかのオプションがありますが，ここではファイルの位置（コンピュータ上のパス）と名称を指定する「FILE」というオプションだけを使用しています。シンタックスのファイル（**入力ファイル**と呼ばれます）と同じフォルダにデータファイルを保存している場合は，ファイルのパスを指定する必要はなく，図2.7のようにファイル名だけを指定します。パスの指定を面倒に感じるようであれば，毎回，入力ファイルとデータファイルを同じフォルダに保存するようにしておきます。その他，リストワイズ削除を実行するか否か（デフォルトでは実行されない），どのようなタイプのデータを使用するか（個別データか要約データか；詳細は次節を参

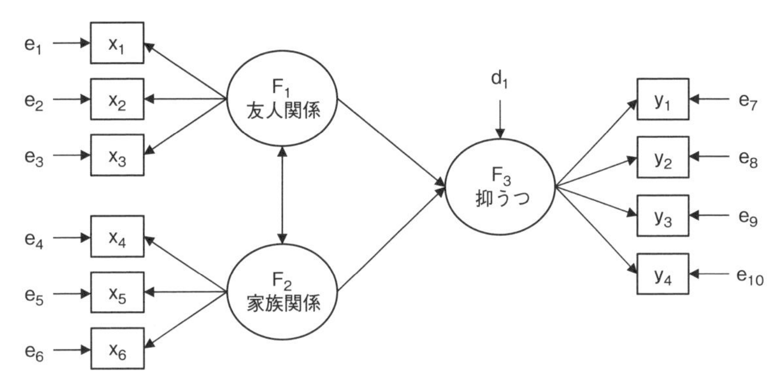

図 2.6　仮説モデル

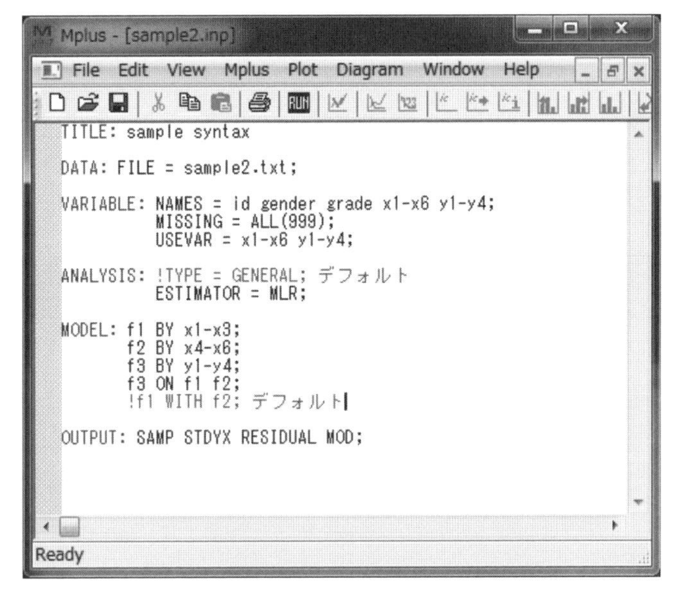


```
TITLE: sample syntax

DATA: FILE = sample2.txt;

VARIABLE: NAMES = id gender grade x1-x6 y1-y4;
          MISSING = ALL(999);
          USEVAR = x1-x6 y1-y4;

ANALYSIS: !TYPE = GENERAL; デフォルト
          ESTIMATOR = MLR;

MODEL: f1 BY x1-x3;
       f2 BY x4-x6;
       f3 BY y1-y4;
       f3 ON f1 f2;
       !f1 WITH f2; デフォルト

OUTPUT: SAMP STDYX RESIDUAL MOD;
```

図 2.7　仮説モデルのシンタックス

照）といった情報も `DATA` コマンドで指定できます。

「**`VARIABLE`**」は，変数に関する指定を行うコマンドです。「**`NAMES`**」というオプションは，観測変数の名称を指定するもので，ここではデータファイルの一番左の変数から順番に，「`id`」，「`gender`」，「`grade`」，「`x1`」～「`x6`」，「`y1`」～「`y4`」という名称をつけていることになります。個々の名称の間は半角スペースで区切ります（他のオプションでも複数の要素があるときは半角スペースで区切ります）。ここで，2.1 節で述べたように，元のデータセットのラベル行をコピーして貼り付けると効率的で，ミスも少なくなります[3]。特に変数が多いときには，この方法が有効です。「**`MISSING`**」は，欠測値コードを指定するためのオプションで，ここではすべての変数について，「`999`」という共通の欠測値コードを指定するため，「`MISSING = ALL(999);`」という形になっています。なお，1.2.10 節にも述べたように，M*plus* では特に指定しなければ，デフォルトで完全情報最尤法によって欠測値を処理します。「**`USEVAR`**」は，モデルに含める観測変数を指定するオプションで，ここでは図 2.6 のモデルに含まれる 10 個の観測変数を指定しています。もしモデル内で使用しない変数を `USEVAR` に含めてしまうと，その変数は他のどの変数とも相関を持たないものとしてモデルに含まれてしまうため，モデル適合度が大幅に低下します。`USEVAR` オプションを書き忘れた場合にも，ファイル内のすべての変数がモデルに含まれてしまうので，同様の結果が生

---

[3] ただし，ラベル行を貼りつけると変数がタブで区切られた状態になるため，タブを半角スペースに置き換えた方が，シンタックスが見やすくなります。また，連番となっている変数は「`x1-x6`」などの形にまとめた方が見やすくなります。

じます。必ず USEVAR オプションで分析に使用する変数のみを宣言するようにしましょう。

「**ANALYSIS**」は，分析の詳細について指定するためのコマンドです。「**TYPE**」オプションは，分析のタイプを指定するもので，通常のパス解析や確認的因子分析は「GENERAL」というタイプに含まれますが，特に指定しなければデフォルトで「GENERAL」が選択されるため，今回の分析では指定しなくても問題ありません（そのことを表すために，図 2.7 では「!」を使用して，コメントにしてあります）。探索的因子分析（第 4 章）では「**EFA**」，混合分布モデル（発展編で紹介）では「**MIXTURE**」，マルチレベルモデル（発展編で紹介）では「**TWOLEVEL**」というタイプを指定します。「**ESTIMATOR**」オプションは，推定法を指定するもので，ここでは「MLR」（ロバスト最尤法；1.2.9 節参照）を指定しています。

「**MODEL**」は，モデルに関する指定を行うコマンドで，シンタックスの中で最も重要な部分です。「measured by」を意味する「**BY**」オプションは，測定方程式（因子分析）の指定を行うためのもので，「因子 BY 指標」という形式を取ります。したがって，「f1 BY x1-x3;」というのは，x1～x3 という指標が f1 という因子に負荷するという仮定を意味しています。「regressed on」を意味する「**ON**」オプションは，構造方程式（回帰分析，パス解析）の指定を行うためのもので，「結果変数 ON 原因変数」という形式を取ります。ここでは「f3 ON f1 f2;」となっているため，f1 と f2 が f3 に影響を及ぼしていると仮定していることになります。「BY」オプションや「ON」オプションでは，誤差変数（図 2.6 の d1 や e1～e10）を明示しませんが，すべての従属変数（指標含む）に誤差変数が自動的に仮定されます。

注意しなければいけないのは，「BY」オプションでは原因変数（因子）が先で結果変数（指標）が後という形式を取るのに対し，「ON」オプションでは結果変数が先で原因変数が後という形式を取る点です。慣れないうちは，この順序をよく間違えるので，「BY は因子が先，ON は結果変数が先」と覚えておきましょう。「correlated with」を意味する「**WITH**」オプションは，変数間の相関（共分散）を指定するためのもので，ここでは独立変数である f1 と f2 の相関を仮定しています。ただし，M*plus* では，独立変数間の相関はデフォルトで自動的に仮定されるため，この場合は特に指定しなくても問題ありません（そのためコメントにしてあります）。

「**OUTPUT**」コマンドは，出力に関する指定を行うためのものです。「**SAMP**」は，「**SAMPSTAT**」というオプションの略で，観測変数の記述統計を出力します。データが正しく読み込まれているかを確認するためにも，いつも記述統計は出力しておくことをお薦めします。「**STDYX**」は，パラメータの標準化推定値を出力するためのオプションで，これも基本的には毎回出力するようにします。「**RESIDUAL**」は，モデルの部分的適合を評価するための残差行列（1.3.7 節参照）を出力するオプションです。「**MOD**」は「**MODINDICES**」オプションの略で，修正指標（1.3.8 節参照）を出力するためのものです。モデルの全体的適合に関する指標（CFI，RMSEA など）はデフォルトで自動的に出力されますが，部分的適合を評価するための残差行列や修正指標は，明確に指定しなければ出力されないため注意が必要です。

本節の冒頭に述べたように，基本的な構造モデルや測定モデルの解析を行うには，ここで解説したコマンドやオプションの範囲で対応できます。この短いシンタックスの中に，第 1 章で解説した要素の大部分（構造モデル・測定モデルの指定，推定法の選択，分布の非正規性への対処，欠測値への対処，適合度指標など）が含まれています。このことから，M*plus* のシンタックスがいかに簡単に記述できるものであるかが実感できると思います。表 2.1 は，本書で扱うすべてのコマンドとオプションをまとめたものです。M*plus* には，この表に含まれないオプションもありますが，特に高度な解析を行うのでなければ，これらのオプションで十分に事足ります。この表にある 54 のコマンド・オプションのうち，本節だけで 19 のコマンド・オプションを解説したため，すでに 3 分の 1 以上は習得したことになります（！）。

なお，プログラミングの業界では「習うより慣れろ」という言葉があり，本などを読んでプログラムの書き方を概念的に理解していたとしても，いざ自分でプログラムを書くとなると，なかなか思うように手が動かないということがあります。なので，最初のうちは，意味が理解できていたとしても，自分で同じシンタックスを入力してみて，きちんと動作するかどうかを確かめるという練習を積むことが重要です。そうすれば，そう遠くない未来に，手足のごとく M*plus* を使いこなせるようになるでしょう。

表 2.1　主要なコマンド・オプション（特に使用頻度の高いものを太字で表示）

コマンド・オプション・記号	説明	使用例
TITLE	分析のタイトルの指定	TITLE: CFA with cohort data
DATA	データに関する指定	DATA:
FILE	データファイルの位置と名前の指定	FILE = data.txt;
LISTWISE	リストワイズ削除を行うか否か	LISTWISE = ON;
TYPE	データのタイプ（分散・共分散行列等）	TYPE = COVARIANCES;
NOBSERVATIONS	データ数（行列形式のファイルを使用する場合）	NOBSERVATIONS = 154;
VARIABLE	変数に関する指定	VARIABLE:
NAMES	変数名の指定	NAMES = a1-a4 b1-b6;
USEVARIABLES	モデルに含める変数の指定	USEVARIABLES = a1-a4;
MISSING	欠損値コードの指定	MISSING = ALL(999);
CATEGORICAL	順序変数の指定	CATEGORICAL = a1-a4;
NOMINAL	名義変数の指定	NOMINAL = a1-a4;
USEOBSERVATIONS	使用するデータの指定	USEOBSERVATIONS = a1 eq 1;
AUXILIARY	補助変数の指定（ID や欠損予測変数など）	AUXILIARY = id;
DEFINE	変数の定義・変換	DEFINE:
変数名 = 数式・関数	変数を数式・関数によって定義・変換	atotal = SUM(a1-a4);
CENTER	中心化（平均 0 に変換）	CENTER a1 (GRANDMEAN);
STANDARDIZE	標準化（平均 0，標準偏差 1 に変換）	STANDARDIZE a1-a4;
ANALYSIS	分析の詳細に関する指定	ANALYSIS:
TYPE	分析の種類	TYPE = EFA;
ESTIMATOR	推定法（ML，MLR，WLS，WLSMV など）	ESTIMATOR = MLR;
ROTATION	探索的因子分析の回転	ROTATION = PROMAX;
PARALLEL	探索的因子分析の平行分析の反復数	PARALLEL = 50;
INTEGRATION	数値積分における積分点の数	INTEGRATION = 12;
ITERATIONS	最大反復数	ITERATIONS = 2000;
CONVERGENCE	収束基準	CONVERGENCE = .00001;
MODEL	モデルに関する指定	MODEL:
ON	構造モデル（回帰分析）の指定	a1 ON a2-a4;
BY	測定モデル（因子分析）の指定	f1 BY a1-a4;
WITH	相関の指定	a1 WITH a2;
パラメータ @ 数字	パラメータの固定	a1 ON a2@0;
パラメータ*	パラメータの制約を解く，または初期値の設定	f1 BY a1* a2-a4;
パラメータ（ラベル）	パラメータのラベルの指定・等値制約	f1 BY a1-a4 (p1);
変数名	分散（独立変数），誤差分散（従属変数）	a1@0;
[変数名]	平均（独立変数），切片（従属変数）	[a1]@0;
変数名 $ 数字	カテゴリカル変数の閾値	[u1$1 u2$2] (1);
MODEL INDIRECT	間接効果に関する指定	MODEL INDIRECT:
IND	特定の変数間の間接効果の検定	a1 IND a2;
MODEL CONSTRAINT	制約に関する指定	MODEL CONSTRAINT:
数式	制約を数式によって定義	a1 > 0;
MODEL TEST	パラメータに関するワルド検定	MODEL TEST:
数式	ワルド検定の帰無仮説を数式によって定義	p1 = p2;
OUTPUT	出力に関する指定	OUTPUT:
SAMPSTAT	サンプルの記述統計の出力	SAMPSTAT;
STDYX	標準化推定値の出力	STDYX;
RESIDUAL	残差行列の出力	RESIDUAL;
MOD	修正指標の出力	MOD (ALL);
TECH1～TECH16	技術的情報の出力	TECH3 TECH4;
SAVEDATA	出力ファイルの保存に関する指定	SAVEDATA:
FILE	出力ファイル名の指定	FILE = output.dat;
SAVE	出力ファイルに含める情報の指定	SAVE = FSCORES;
PLOT	プロット（グラフ）に関する指定	PLOT:
TYPE	作成されるプロットの種類の指定	TYPE = PLOT3;
SERIES	プロットの x 軸の指定	SERIES a1(0) a2(1) a3(2);
OUTLIERS	外れ値に関する統計量の選択	OUTLIERS = MAHALANOBIS;

2.4　要約データに基づく解析

前節までは，各個人の**個別データ**（ローデータ）に基づく分析の方法を解説してきましたが，第1章で述べたように，SEMは基本的にサンプルの分散・共分散行列（や平均値）に基づいて行われる分析であるため，個別データがなくても，分散・共分散行列や相関行列などの**要約データ**があれば，分析を行うことができます。したがって，先行研究などで各変数の記述統計（平均，標準偏差など）と相関行列などが報告されていれば，それをもとに分析をすることができます。

要約データは図2.8のような形式で作成します。ここでは4つの観測変数のデータを示していますが，1行目が各変数の平均値，2行目が各変数の標準偏差，4～7行目が相関行列となっています[4]。SEMによる解析は，本来，相関行列ではなく分散・共分散行列に基づいて行われますが，各変数の標準偏差と相関行列があれば，それをもとにM*plus*によって分散・共分散行列が導出されるため，各変数の標準偏差についての情報がある場合は，相関行列を使用しても問題ありません。

	A	B	C	D
1	0.138	0.110	0.088	0.186
2	0.389	0.349	0.321	0.445
3				
4	1.000			
5	0.704	1.000		
6	0.551	0.617	1.000	
7	0.536	0.580	0.580	1.000
8				

図2.8　要約データ

要約データに基づく解析のためのシンタックスを図2.9に示します。`DATA`コマンドの「`TYPE`」というオプションは，データのタイプを指定するためのもので，ここでは，平均値，標準偏差，相関行列からなる要約データを使用するため，「`TYPE = MEANS STD CORR;`」と指定しています[5]。この要素の順番は，データファイル内の情報の順番と一致している必要があります。「`NOBSERVATIONS`」は要約データのサンプルサイズを指定するオプションで，ここでは1,229名から得られたデータを使用しているため，「1229」と指定しています。`ANALYSIS`コマンドでは，推定法として「`ML`」（通常の最尤法）が選択されています。要約

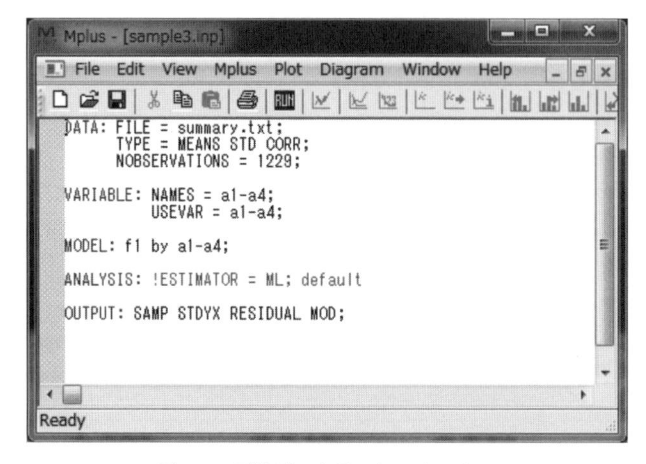

図2.9　要約データ用のシンタックス

---

[4] 標準偏差と相関行列の間を空ける必要は必ずしもありませんが，ここでは見やすさのために3行目を空けています。

[5] 相関行列でなく分散・共分散行列を使用する場合は，「`TYPE = COVA;`」とします。

データを用いた場合，ロバスト推定法を使用することはできないため，通常の最尤法を指定しています。ただし，通常の最尤法は M*plus* のデフォルトの設定であるため，ここではコメントとしています。また，要約データの場合，当然のことではありますが，完全情報最尤法による欠測値の処理も行うことができません。

第3章
回帰分析とパス解析

回帰分析とは，単一または複数の独立変数（説明変数）と単一の従属変数（目的変数）の間に回帰式と呼ばれる式をあてはめ，独立変数によって従属変数の変動をどの程度説明しうるかを分析するための手法です。**パス解析**は，回帰分析を拡張したもので，複数の従属変数を設定して変数間の因果関係を分析する手法を指します。いずれの手法においても，独立変数と従属変数の関係を表す式として，多くの場合は一次式（直線）が用いられますが，非線形の関係が想定される場合には二次式や三次式が用いられる場合もあります。また，従属変数がカテゴリカルな変数（順序尺度または名義尺度）の場合には，ロジット関数やプロビット関数が用いられます。この章では，構造方程式モデリングの基礎を理解するために，最も基本的な線形（一次式）の回帰分析・パス解析について述べていきます。なお本章では，観測変数間の因果関係を検証する分析を指してパス解析という用語を使います。潜在変数を用いたパス解析に関しては，第6章・第7章において解説します。

3.1　回帰分析・パス解析の原理

構造方程式モデリング（SEM）の枠組みの中で，回帰分析やパス解析は，変数間の因果関係を検証するための方法として用いられます。この「因果関係」という問題を扱うためには，M*plus* などのソフトウェアの利用法を表面的に理解するだけではなく，パス解析の原理に関する深い概念的理解が必要となります。また，回帰分析・パス解析は，因子分析と並んで，SEM の根幹をなす解析手法であり，M*plus* で利用できる多くの解析の基盤となります。

そこでここでは，できる限り数式を使わない形でパス解析の基本的原理について詳細に解説していきます。解説の中で，データ解析だけでなく，研究デザインやモデル設定の問題についても多くのスペースを割くことになりますが，読み進めるうちに，パス解析による因果関係の検証においては，解析よりもむしろ研究デザインやモデル設定が中心的な問題となることを理解されると思います。

3.1.1　予測と因果

もともと回帰分析の目的は，独立変数と従属変数の間の「**因果関係**」を解明することではなく，独立変数によって従属変数を「**予測**」することにありました。この「予測」と「因果関係の解明」は，混同しやすいのですが全く異なる概念です。例えば，室内にいて外で雨が降っているかを知りたい時，道を歩く人が傘をさしているかどうかを見て判断することがあります。このとき，傘をさしている人の割合を独立変数，雨が降っているかどうかを従属変数とすれば，確かに独立変数によって従属変数を「予測」することができていると言えます。しかし，「因果関係」について考えてみると，人が傘をさすから雨が降るというよりは，雨が降っているから傘をさしていると考えるのが合理的です。このように，独立変数によって従属変数を予測できるからと言って，必ずしも独立変数から従属変数への因果関係があるとは限りません。

この話は，統計学の教科書には必ず書かれている「相関と因果は別物である」という話ともつながっています。基本的に，変数の間に相関があれば，一方の変数によって他方の変数を予測することができます。実際，単一の独立変数のみを設定する単回帰分析の結果（標準化回帰係数）は，相関係数と一致します。しかし，変数間の因果関係を知るためには，当該変数間の相関関係が明らかになるだけでは十分でありま

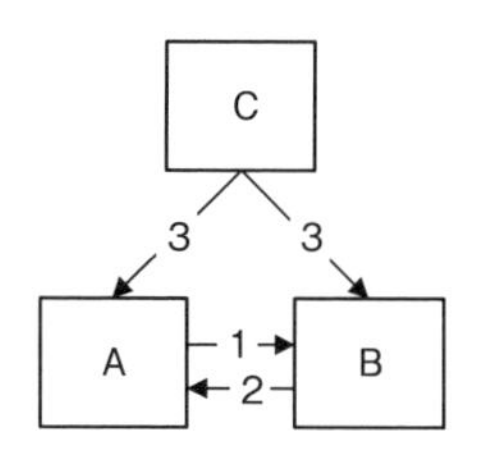

図 3.1　A と B の相関関係の背景に想定されうる因果的メカニズム

せん。図 3.1 に示したように，A と B という二変数間に相関関係があるとき，その背後にある因果的メカニズムについて大きく３通りの可能性がありえます。１つめは A から B への因果関係があるという可能性（図の１），２つめは逆に B から A への因果関係があるという可能性（図の２），３つめは共通の要因 C によって見かけ上の相関（疑似相関と呼びます）が生じているという可能性（図の３）です[1]。この３つの可能性のどれが正しいのかを判断するには，後で詳しく述べるように，理論的知識の導入や研究デザイン上の工夫が必要になってきます。なので，因果関係を明らかにするということは，単に相関関係を明らかにすることよりも一段（多くの場合は十段くらい）難しい課題だと言えます。一方で，上に述べたように「予測」をするには相関関係がわかるだけで十分です。つまり，相関関係にのみ基づいて行われる予測という営みは，単にある変数から他の変数の値を知るためのものであり，相関の背後にある因果的なメカニズムを一切考慮しなくても成立しうるということです。

研究の成果を現実場面に応用することを考える場合，「予測」と「因果関係の解明」は異なるインパクトをもたらします。例えば，ある変数によって，生徒の翌年の問題行動の生起が「予測」できるという知見は，教師が「誰」に対して予防的働きかけを行うべきかを判断することに貢献します。これ自体，きわめて有用な知見ではありますが，実際の教育現場では，もう一歩先にある，「どのような」働きかけを行うべきかという問いへの答えが求められています。この問いに答えるためには，その問題行動がどのような原因によって生じるかという「因果関係」に関する知見が重要な役割を果たします。なぜなら，問題行動の原因が明らかになることによって，その原因に対して直接的に働きかけを行い，問題行動の生起を抑制することが可能になると考えられるためです。このような例に限らず，科学研究の大部分の領域[2]では，現象の背後にある因果関係を明らかにすることで，その現象のコントロール（促進，抑制，維持）を可能にすることが最終的な目的とされています。

この節の冒頭で述べたように，回帰分析とは本来「予測」のための分析手法であり，「因果関係」を解明するための手法として開発されたものではありません。したがって，回帰分析によって得られた結果を，そのまま因果関係として解釈することは，回帰分析の誤用であり（Box, 1966），誤った解釈をもたらしかねません。しかし，上記のように，科学研究の中核的な目的は因果関係の解明にあり，何とか回帰分析の手法を因果関係の解明に利用することができないか，統計学者たちは長い時間をかけて検討を重ねてきました。そのような努力の中で，主に社会科学の分野で発展してきたのが，パス解析や，それを包含する SEM という枠組みであり，その内容は，(1) パス図による定性的因果仮説（変数間の因果関係の有無や方向についての仮説）の表現，(2) 相関係数のパス係数への分解，(3) 直接効果，間接効果，総合効果の峻別，から構成されると言われます（宮川，2004)。以下，これらの点について順に解説していきます。

3.1.2　パス図による仮説モデルの表現

パス図については 1.1.1 節で詳細に説明しましたが，パス解析の文脈では，図 3.2 のように複数の構成概念間の因果関係に関する仮説（構造モデル）をパス図で表します。このモデルでは，X_1 と X_2 という変数が X_3 に影響し，さらに X_3 が X_4 に影響することを仮定しています。前節で，相関関係の背後にある因

[1] 実際にはこれらの可能性は排他的ではなく，同時に成立しえます。

[2] 気象学など，研究対象となる現象のコントロールが基本的に不可能である領域を除きます。

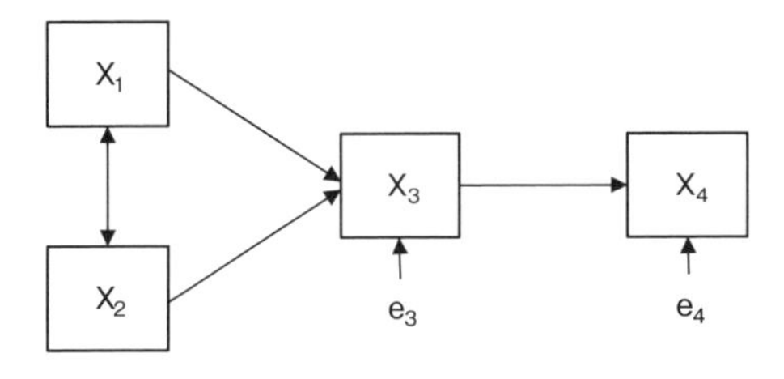

図 3.2 パス図の例

果関係を明らかにするには，理論的知識の導入や研究デザイン上の工夫が必要だと述べましたが，パス図はその前者の役割を果たしています。つまり，変数間の因果的メカニズムをあらかじめ理論的知識に基づいて仮定しておくことで，相関関係から因果関係を推測することを可能にしているのです。このように，解析に先立って理論的なモデルの設定が不可欠になるのが，パス解析や SEM という解析手法の最大の特徴であり，モデルを設定するのに十分な理論的知識があれば非常に有用な手法となる一方，理論的知識が不十分な状況での使用には適していません。

なお，構造モデルの設定において見落としがちな点は，パスが引かれていない変数間には，暗黙のうちに，直接の関連がないと仮定されているという点です。SEM においては，このように暗黙裡に仮定される事柄がいくつもあるので，注意が必要です。このモデルの場合，X_1 や X_2 は X_4 に直接の影響を及ぼさない（X_3 を介した間接的な影響のみを持つ）と仮定されていることになります。1.3 節で述べた適合度指標は，パス解析の文脈においては，こうした「モデルに含まれないパス」に関する仮定が，データと適合している程度を表しています。言い換えれば，「直接の関連が 0 である」という一種の制約がモデル適合に及ぼす影響を評価しているのです。一方，「モデルに含まれるパス」は，解析に際して自由推定されることになるので，モデル上の制約にはならず，モデル適合には影響しません[3]。したがって，パス解析におけるモデル適合度の高さは，研究者が「ない」と考えている関連が実際にないことを意味するだけで，研究者が「ある」と考えている関連が実際にあることを意味するのではありません。通常，前者より後者の仮説の方が研究者にとって関心の中心になることが多いので，積極的なモデル比較を行わない限り，パス解析におけるモデル適合度の価値は限定的であることも少なくありません。後者の仮説の根拠となりうるのは，モデル適合度ではなく，個々のパス係数の推定値と有意性です。

3.1.3 相関係数のパス係数への分解

パス解析では，変数間の**相関係数**を，因果関係を表す**パス係数**に分解します（パス係数は，数理的には回帰分析の回帰係数と同じものですが，パス係数という場合には，単なる予測力という意味ではなく，因果的効果の程度という意味合いを含みます）。このようなことが可能なのは，3.1.1 節で述べたように，もともと相関関係というものが，いくつかの因果関係の組み合わせによって生じているためです。では，実際にいくつかのパターンを例に，相関係数の分解について述べていきます。ただし，話を単純化するため，ここではすべての変数の平均が 0，分散が 1 に標準化されていることとします。

図 3.3 にいくつかの基本的な因果モデルの例を示しました。左側にはモデルに含まれる変数間の相関係数を示しています。最上段のパス図は，最も単純な因果関係のパターンで，X_1 という変数が X_2 に直接影響することを表しています。この場合，$X_1 \rightarrow X_2$ の標準化パス係数（.30）は，X_1 と X_2 の相関係数（.30）に一致します。これは，単回帰分析の標準化回帰係数が相関係数に一致するのと同じ仕組みです。このことは，このモデルの仮定が正しい限り，X_1 と X_2 の相関係数がそのまま X_1 から X_2 への因果的効果の強さを表すことを意味します。上述のように，相関係数は，変数間の因果関係の組み合わせによって生じていると考えられるので，独立変数から従属変数への直接の因果関係しかないと仮定するならば，相関係数は

[3] ただし，適合度指標の一部はモデルの適合と同時に倹約性を反映するので，実際には効果がないパスをモデルに含めると，そうした適合度指標の数値はわずかに悪化します。ただし，多くの場合，こうした倹約性の問題による適合度指標の変化は，適合そのものの問題による変化に比べて非常に小さいものです。

そのまま，直接の因果関係の強さを表す数値になります。ただし，パス解析やSEMの基本的な前提として，独立変数と誤差変数の間には相関がないことが仮定されます。実際，パス図上で，独立変数 X_1 と誤差変数 e_2 の間には矢印が引かれていません。誤差変数とは，モデルには含まれていないが，従属変数に影響を与えている未観測の要因を意味しますので，独立変数がこれと相関を持たないということは，言い換えれば，独立変数と相関を持つ未観測の変数が従属変数に影響することはないという暗黙の仮定を含意していることに注意が必要です。この暗黙の仮定が意味することについては，また3.1.6節で詳しく述べます。

次に，図3.3の2段目のパス図を見てみましょう。これは先ほどのパス図に，新しい X_3 という変数が加わった形になっています。X_2 は X_1 によって，また，X_3 は X_2 によって直接的に規定され，X_1 から X_3 に直接の因果関係はないと仮定されています。これらの仮定が正しい場合，$X_1 \rightarrow X_2$ のパス係数（.30）は，X_1 と X_2 の相関係数（.30）に一致し，$X_2 \rightarrow X_3$ のパス係数（.50）は，X_2 と X_3 の相関係数（.50）に一致します。また，重要なことに，$X_1 \rightarrow X_2$ のパス係数（.30）と $X_2 \rightarrow X_3$ のパス係数（.50）の積（$.30 \times .50 = .15$）が，X_1 と X_3 の相関（.15）に一致します。これは，**相関の乗法則**と呼ばれる重要な性質です。この法則は，見方を変えれば，X_1 と X_3 の相関を，$X_1 \rightarrow X_2$ と $X_2 \rightarrow X_3$ という2つのパス係数に分解可能であることを意味します[4]。

今度は，図3.3の3段目のパス図を見てみると，X_1 が X_2 と X_3 の両方に影響を及ぼしている一方，X_2 と X_3 の間には直接の関連はないという状況が仮定されています。しかし，このような状況でも，相関の乗法則が成り立つことがわかっています。つまり，直接の関連がない X_2 と X_3 の間に，$X_1 \rightarrow X_2$ のパス係数（.30）と $X_1 \rightarrow X_3$ のパス係数（.40）の積に等しい相関（.12）が生じます。このように，2変数の間に

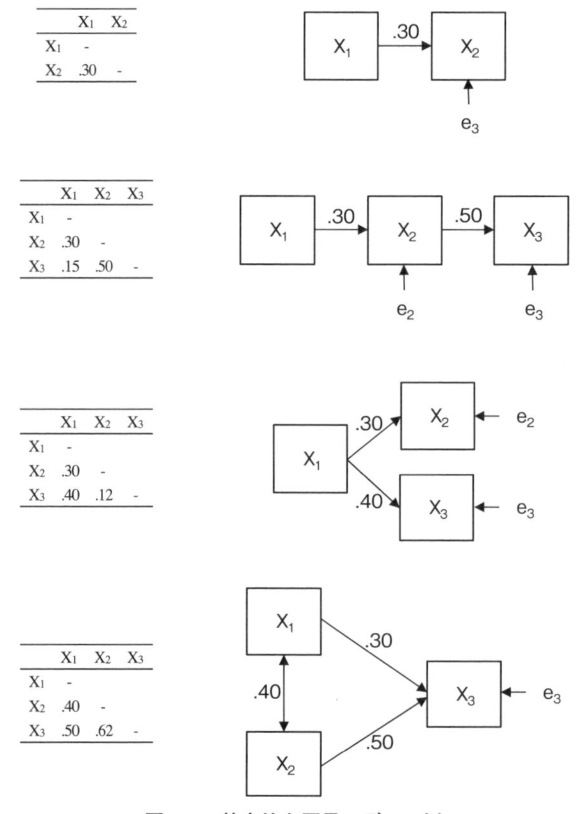

	X1	X2
X1	-	
X2	.30	-

	X1	X2	X3
X1	-		
X2	.30	-	
X3	.15	.50	-

	X1	X2	X3
X1	-		
X2	.30	-	
X3	.40	.12	-

	X1	X2	X3
X1	-		
X2	.40	-	
X3	.50	.62	-

図3.3　基本的な因果モデルの例

[4] ただし，このモデルの仮定が誤っており，$X_1 \rightarrow X_3$ に直接の因果関係が存在する場合，$X_1 \rightarrow X_2$ のパス係数（相関）と $X_2 \rightarrow X_3$ のパス係数（相関）の積は，X_1 と X_3 の相関と一致しません。この場合，モデルとデータの間に乖離が生じることになるため，モデルの適合度が低下します。

直接の因果関係がなくても，両者が共通の原因変数を持つことで生じる相関を**疑似相関**と呼びます[5]。

最後に，図3.3の最下段の図を見てみます。ここでは，X_1とX_2という2つの独立変数によってX_3という従属変数が規定されており，X_1とX_2の間にも相関が想定されています。これまでのパス図とは異なり，単一の従属変数に対して複数の独立変数が想定されているため，単回帰分析ではなく重回帰分析の枠組みになります。この場合，X_1とX_3は，$X_1 \rightarrow X_3$という直接のルートと，$X_1 \Leftrightarrow X_2 \rightarrow X_3$という間接的なルートの2つによってつながれています。このとき，X_1とX_3の相関は，2つのルートのパス係数の積和に一致します。つまり，X_1とX_3の相関（.50）は，$X_1 \rightarrow X_3$のパス係数（.30）に，$X_1 \Leftrightarrow X_2$のパス係数（.40）と$X_2 \rightarrow X_3$のパス係数（.50）の積を加えた値（.30 + .40 × .50 = .50）に一致しています。ただし，少し紛らわしいのですが，2変数の共通の結果変数を経由したルートは，2変数の相関を生じさせません。例えば，この図で，X_1とX_2の相関係数は，X_1とX_2を直接つなぐ双方向のパスの係数（.40）にそのまま一致し，$X_1 \rightarrow X_3$と$X_2 \rightarrow X_3$のパス係数とは無関係です。

加えて，重回帰分析の重要な性質として，それぞれの独立変数から従属変数へのパス係数は，相関を持つ他の独立変数の影響を取り除いた（＝他の独立変数の値を一定とした）場合の効果の強さを表します。したがって，仮にある独立変数と従属変数の間に，他の独立変数との相関を介した疑似相関しか存在しない場合，その独立変数から従属変数へのパス係数は0になります。また，仮にある独立変数が他のすべての独立変数と全く相関を持たない場合，その独立変数から従属変数へのパス係数は，単回帰分析と同様，相関係数に一致します。

このように相関係数を複数のパス係数に分解できる（＝複数のパス係数の積和によって表せる）というパス図の明快な性質は，変数間の因果関係の検証において非常に重要な意味を持っています。なぜなら，特定の因果的モデルを仮定することによって，本来，方向性を持たない相関係数という概念を，方向性を持った複数の因果関係に読み替えることができるようになるためです。

3.1.4 直接効果・間接効果・総合効果と決定係数

パス解析では，変数が他の変数に与える効果を，**直接効果**，**間接効果**，およびそれらを合計した**総合効果**に峻別します。直接効果とは，原因変数が結果変数に直接与える因果的効果を意味し，原因変数から結果変数に直接向かう矢印のパス係数に対応します。それに対し，間接効果とは，他の変数（媒介変数）を介して間接的に及ぼす因果的効果を指します。例えば，図3.3の2段目のパス図において，X_1がX_2を介してX_3に与える効果が間接効果にあたります。前節で見たように，媒介変数を介して与える効果の大きさは，因果連鎖をなすパス係数の積で表されます（この例の場合，.30 × .50 = .15）。また，変数間の因果連鎖が複数存在する場合，間接効果の大きさは，それらの和，つまりパス係数の積和で表されます。また，総合効果とは，原因変数が結果変数に与える総体的な因果的効果を意味し，直接効果と間接効果の和として表されます。

総合効果　＝　直接効果＋間接効果

例えば，図3.4のモデルで，X_3からX_4への効果について考えてみると，X_3はX_4に対して$X_3 \rightarrow X_4$（.50）という直接効果に加えて，$X_3 \rightarrow X_1 \rightarrow X_4$（.30 × .30 = .09）および$X_3 \rightarrow X_1 \rightarrow X_2 \rightarrow X_4$（.30 × .50 × .20 = .03）という2つの間接効果を持っています。これらの直接効果と間接効果の和（.50 + .09 + .03 = .62）が，X_3からX_4への総合効果ということになります。

しかし，前節で述べたように，変数間の相関係数には，当該変数間の因果関係だけでなく，関連する原因変数による疑似相関が含まれることがあります。例えば，図3.4のX_1とX_4は，3つのルートによってつながっています。ここで，$X_1 \rightarrow X_4$の直接の矢印のパス係数が直接効果（.30），$X_1 \rightarrow X_2$と$X_2 \rightarrow X_4$のパス係数の積が間接効果（.50 × .20 = .10），$X_3 \rightarrow X_1$と$X_3 \rightarrow X_4$のパス係数の積が疑似相関（.30 × .50

[5] この場合にも，モデルの仮定と異なり$X_2 \rightarrow X_3$に直接の因果関係や誤差相関が存在する場合，$X_1 \rightarrow X_2$のパス係数（相関）と$X_1 \rightarrow X_3$のパス係数（相関）の積はX_2とX_3の相関係数に一致しません。

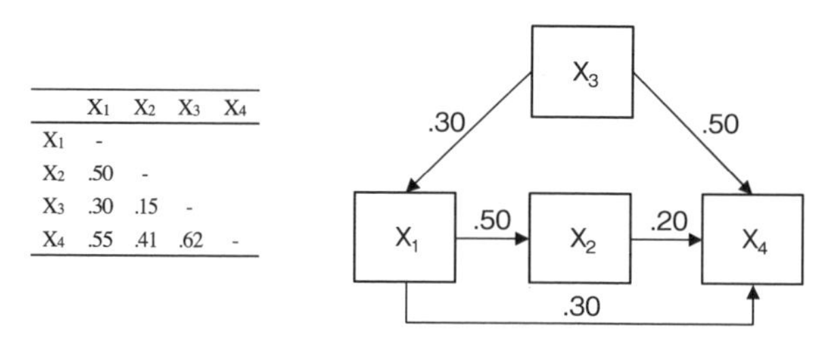

	X1	X2	X3	X4
X1	-			
X2	.50	-		
X3	.30	.15	-	
X4	.55	.41	.62	-

図 3.4　基本的な因果モデルの例（誤差変数は省略）

＝ .15）となります。このモデルが正しい場合，これら 3 つのルートのパス係数の積和（.30 ＋ .10 ＋ .15 ＝ .55）が X_1 と X_4 の相関に一致します。つまり，以下の分解式が成立することになります。

単相関　＝　直接効果＋間接効果＋疑似相関　＝　総合効果＋疑似相関

この分解式は，この例だけでなく，あらゆるモデルにおいて成立します。なぜなら，任意の 2 つの変数を結ぶルートは必ず，直接の順方向のルート，媒介変数を介した順方向のルート，それ以外のルート（双方向の矢印や逆方向の矢印を含むルート）の 3 種類のいずれかに分類され，それらのルートによって生じる相関が，それぞれ直接効果，間接効果，疑似相関に対応するためです。

以上に述べた直接効果・間接効果・総合効果は，特定の原因変数と結果変数の間の因果的効果に関する数値ですが，重回帰分析やパス解析では，ある結果変数がすべての原因変数から全体としてどの程度の効果を受けているかということも関心の対象となります。この全体としての効果は，**説明率**または**決定係数**（R^2）という数値で表され，以下のように，結果変数の全分散に占める誤差変数の分散（原因変数によって説明されない分散）を除いた分散の割合として定義されます。

$$
説明率 = \frac{結果変数の全分散 - 結果変数の誤差分散}{結果変数の全分散}
$$

ここまで，パス解析の 3 つの基本的な特徴，つまり，(1) パス図による仮説モデルの表現，(2) 相関係数のパス係数への分解，(3) 直接効果，間接効果，総合効果の峻別，について解説してきました。ここからは，こうした基本的特徴を踏まえて，実際の研究におけるパス解析の利用において留意すべき事柄について述べていきます。

3.1.5　因果関係の条件と時間的先行性

すでに述べてきたように，パス解析は変数間の因果関係を分析するための手法です。ここで改めて，この「**因果関係**」というものを証明するためにはどのような条件が必要になるのかについて考えてみましょう。この問題については，いくつかの考え方がありますが，最も基本的で広く受け入れられているものは，Lazarsfeld（1955）が示した以下の基準です。すなわち，(a) 原因が時間的に先行すること，(b) 相関関係が存在すること，(c) b が第 3 の変数による疑似相関でないこと，という 3 つの基準です。このうち，(b) は，純粋に実証的な問題であり，実際にデータを収集することによって明らかにできるという意味で，比較的解決が容易なものです。(c) の問題については，次の 3.1.6 節において詳細に議論することにして，ここではまず (a) の問題について考えてみます。

(a) の問題をクリアするには，いくつかの方法があります。最も有力な方法は，独立変数を人為的に操作して，その前後での従属変数の変化を測定するという実験的方法です。この方法は強力ですが，現実的あるいは倫理的な観点から実験的操作にそぐわない変数は扱うことができません。そこで，実験的操作をともなわない観察研究の中で因果関係を検証するための方法としてしばしば用いられるのが縦断研究です（医学領域ではコホート研究，社会学領域ではパネル研究とも呼ばれます)。縦断研究では，例えば 1 時点目の独立変数の値が，1時点目から2時点目にかけての従属変数の変化を予測するか否かを検証します。これにより，独立変数の時間的先行性が保証されます。しかし，縦断研究も，実施に多くのコストを要すること，匿名性が完全には担保されないため協力者を集めにくいことなど，現実的な制約が多く，実際には1時点の横断データにパス解析やSEMを適用している研究も少なくありません。

こうした横断研究では，何らかの理論的または実証的根拠によって独立変数の時間的先行性を裏づける必要があります。比較的有力な根拠となりうるのは，変数の継時的安定性です。例えば，性別，年齢，出生地，人種などの変数は，時間が経っても変動することがないため，原因側の変数であることが明らかです[6]。また，主に先天的要因によって規定される障害（身体障害，発達障害など）や特性（気質，知的能力など）も，継時的な変化が小さいため，基本的に原因側に位置づけられます[7]。一方で，比較的変動性が大きいと考えられている気分や感情などの心理状態は結果側の変数として想定されることが多いようです。

また，先行研究の知見も有力な根拠になりえます。過去の実験研究や縦断研究で因果関係の方向が明らかになっている場合には，その知見を取り入れてモデルを構成することで，モデルの蓋然性を高めることができます。ただし，すでに実験研究や縦断研究で因果関係が明らかにされているのであれば，よりエビデンスレベルの低い横断研究で改めて因果関係を定量化することの意義はあまり大きくないとも言えます。

研究領域の特定の理論に基づいて因果関係の方向性が仮定されることもあります。しかし，この方法はしばしば荒唐無稽な結論に陥りがちなので，細心の注意が必要です。例えば，自尊心が対人関係のあり方を規定し，それが間接的に学業成績を左右するという理論があったとします。この理論にしたがって，「自尊心→対人関係→学業成績」というモデルを立ててパス解析をした結果，モデル適合が良好であり，「自尊心→対人関係」と「対人関係→学業成績」のパスも両方有意であったとします。しかし，この結果によって，当初の理論が検証されたと主張するのは，相当無理があります。「自尊心→対人関係→学業成績」というのは1つのモデルであって，他に同等の蓋然性があるモデルはいくらでも思いつきます。例えば，学業成績が悪いことで自尊心が低下して対人関係に影響する，というのもありそうですし，対人関係と学業成績が自尊心を規定するとか，自尊心が対人関係と学業成績の両方を規定するとかいうモデルも十分ありえます。

このように，ある理論が存在するということは，他の理論が存在しないということの理由にはなりません。そして重要なことに，モデル適合度はこうしたモデルの優劣を比較するうえではほとんど有効に機能しません。なぜなら，比較すべきモデルの多くが完全に等しい適合度を持つ同値モデル（この例の場合はすべての変数間に関連を想定した飽和モデル）になってしまうからです（同値モデルについての詳細は第10章を参照）。したがって，パス解析でモデルを立てる際に論証しておくべきことは，こういう仮説がありうる，ということではなく，他の仮説はありえない，あるいは少なくとも考えにくい，ということです。変数間の時間的先行性が自明でない横断データにおいては，因果関係の方向性について他の仮説が立てられる限り，パス解析で何かを明らかにすることはできないと考えなければいけません。しかし，残念なことに，社会科学領域，とりわけ心理学領域では，上のような恣意的なモデル設定でパス解析を利用している例を非常に多く目にします。繰り返すようですが，モデルを論証するということは，ありうる1つのストーリーを披露することではなく，別の可能性を排除することです。それができない場合には，実験研究や縦断研究など，時間的先行性を担保した手法によって因果関係の方向性を実証的に明らかにしなければいけません。

3.1.6 交絡因子の影響

変数間の因果関係を証明するためのもう1つの条件として，それらの変数間の相関が疑似相関によるものではないことを保証する必要があります。3.1.3節において，パス解析やSEMでは，「独立変数と相関を持つ未観測の変数が従属変数に影響することはないという暗黙の仮定」が置かれていると述べました。

---

6 厳密に言えば，年齢は時間とともに変化しますが，参加者の集団の中での相対的な位置関係が変化することはありません。

7 ただし，そうした障害や特性の原因メカニズム（遺伝子，胎児期の要因，出生前後の要因など）を探究する研究では結果側に位置づけられます。

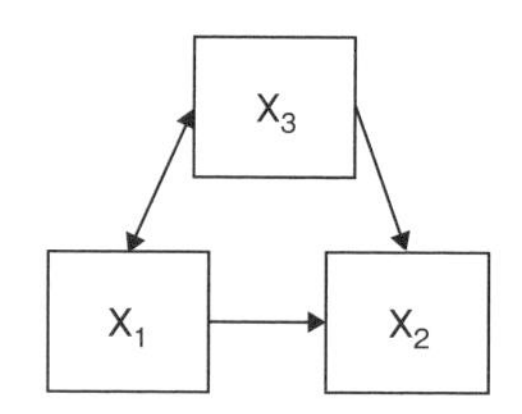

図 3.5　交絡因子の影響（X_3が交絡因子）

もしこの仮定が誤りであり，独立変数と相関を持つ未観測の変数が従属変数に影響を及ぼしている場合，どのようなことが起こるでしょうか。この状況をパス図に表すと，図3.5のようになります。この場合，X_1とX_2の相関を，そのままX_1からX_2への効果として解釈することはできなくなります。なぜなら，X_1とX_2の相関には，X_1からX_2への効果に加えて，X_3によって生じる疑似相関が含まれることになるためです。もしデータ収集においてX_3を測定していた場合，この疑似相関の程度を定量化し，X_1からX_2への効果を正しく評価することができます。しかし，X_3を測定していなかった場合，X_1からX_2への因果的効果を正確に定量化することは不可能になります。

このX$_3$のような変数を**交絡因子**（または**共変量**）と呼び，たとえその因子の効果自体に関心がないとしても，必ず測定に含めることが必要となります。交絡因子とは，以下の要件をすべて満たす変数を指します。

(1) 交絡因子は従属変数に影響する
(2) 交絡因子は独立変数と相関する
(3) 交絡因子は独立変数に影響されない（独立変数によって一方的に規定されない）

もし（1）が満たされない場合，この例では$X_3 \rightarrow X_2$のパス係数が0となり，X_3を介した疑似相関（$X_1 \Leftrightarrow X_3 \rightarrow X_2$）は0になるため，$X_3$を無視しても$X_1$から$X_2$への因果的効果を正しく評価できることになります。また，(2) が満たされない場合も，$X_1 \Leftrightarrow X_3$が0となり，やはり疑似相関（$X_1 \Leftrightarrow X_3 \rightarrow X_2$）が0になるため，$X_3$は無視できることになります。(3) が満たされない場合は，$X_1 \Leftrightarrow X_3$の矢印が，$X_1 \rightarrow X_3$という矢印に変化します。このとき，X_3を介した関連は，X_1からX_2への間接効果となり，総合効果の一部と見なせるため，X_1からX_2への因果的効果（＝総合効果）の評価には影響を及ぼさないことになります。調査計画を立てる際には，必ずこのような要件を満たす交絡因子が存在しないか否かを慎重に検討し，存在する（と考えられる）場合には，その効果に関心がなくても測定に含める必要があります。

重要なことに，上の要件を満たすような交絡因子が適切にモデルに組み込まれているか否かは，データとモデルの適合を示す各種の適合度指標（1.3節を参照）には一切反映されません。例えば，モデルで想定される原因変数と結果変数の間の因果関係が，実際には交絡因子によって生じている疑似相関に過ぎないとしても，その交絡因子がモデルに含まれなければ，2変数の間に因果的効果が認められてしまうことになります。このようなモデルは明らかに誤ったモデルですが，この誤りによって適合度が低下することはありません。なぜなら，モデルの適合度は，モデルに組み込まれている変数の情報にのみ基づいて算出され，モデルに含まれない変数の情報が反映されることはないためです。原理的に，交絡因子が適切にモデルに組み込まれているか否かを，適合度のような統計的基準によって事後的に評価することは不可能であるため，あらかじめ十分な理論的検討のもとに，測定に含める交絡因子の選定を行っておくことが必要になります。もし適切な交絡因子の選定が行われていない場合，モデルの適合度が高いからといって，推定されたパス係数を因果的効果の指標と見なすことはできなくなります。

しかし，実際に何らかの対象について研究を行う際に，すべての交絡因子を測定に含めることは，現実的に不可能なようにも思えます。実は，この問題こそが，調査法のような観察研究によって因果関係を検証する際の最大のネックとなります。実験研究では，通常，独立変数となる実験条件を，参加者に対して無作為に割り付けます。この**無作為割り付け**によって，独立変数は（少なくとも理論的には）他のいかなる変数とも相関を持たなくなります。したがって，独立変数の操作によって従属変数の変化が見られた場合，その変化を独立変数による因果的効果と一意に解釈することができます。しかし，観察研究では，無作為割り付けのような手続きで，独立変数と交絡因子の相関を人為的に0にすることは基本的にできません[8]。したがって，交絡因子となりそうな変数を理論的に検討して測定に含めるという穴埋め的な対処が必要になります。時間的先行性の問題がクリアされた縦断研究においても，交絡因子の問題は避けて通れません。観察研究は因果関係の検証に弱い，と言われる所以がここにあります。

しかし，系統的に交絡因子の検討を行うことで，実験研究には及ばないまでも，エビデンスのレベルを高めることはできます。図3.6に，モデルに含める交絡因子を決定する際の基本的な手順について示しました。まず先行研究において，従属変数に影響を及ぼすこと（(1) の要件）が確認されている要因を網羅的に探索します（①)。それらの要因のうち，他の要因によってほぼ完全に説明されると考えられる要因（例えば，年齢と学年のように相互に非常に相関が高い変数）や，従属変数に対して，研究で扱う独立変数を媒介した間接効果（当該要因→独立変数→従属変数）しか持たない（直接効果を持たない）と考えられる要因は，冗長な因子として測定の候補から除外します（②)。また，残った要因の中で，先行研究の知見などから，モデル内の独立変数との相関（(2) の要件）がないと考えられるものも候補から除外します

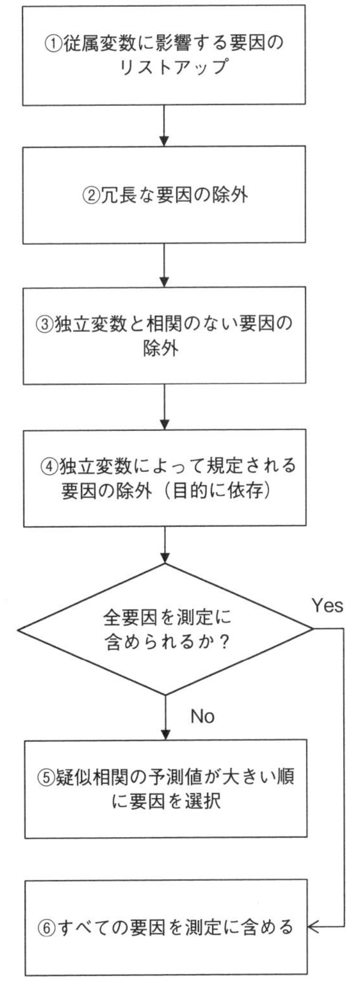

図3.6 交絡因子選択のフローチャート

[8] ただし，実験デザイン上の工夫により，独立変数と他の変数の相関を事実上0に近づける準実験や自然実験と呼ばれる方法があります。

(③)。独立変数によって規定される要因（(3) の要件）についての扱いは，研究の目的に依存しますが，その要因による媒介プロセスに特に関心がない場合は除外します (④)。この点は，3.1.7 節で詳しく述べます。

こうして残った要因をすべて測定に含めることが可能であればそうすべきですが (⑥)，それが現実的に難しい場合，疑似相関を生じさせる程度が大きい要因から優先的に測定に含めていきます (⑤)。疑似相関は，当該要因⇔独立変数の相関と当該要因→従属変数の効果の積によって求められます。先行研究でこれらの値が報告されている場合はそれを参考にし，報告されていない場合は，理論的に判断します。現実的な基準として，ある交絡因子によって生じる疑似相関が .20 程度か，それを超えるようであれば，その交絡因子は確実に測定に含めた方がいいと考えられます。例えば，交絡因子と独立変数の相関が .50，交絡因子から従属変数への効果が .40 である場合，独立変数から従属変数への真の効果が .10 であったとしても，この交絡因子をモデルに組み込まなければ，その効果は .30 に上昇してしまいます。真の効果 .10 に，疑似相関の .20 (.50 × .40) が加わってしまうためです。パス係数を効果量（効果の大きさを表す指標）として評価する場合，.10 程度で小さい効果，.30 程度で中程度の効果，.50 程度で大きい効果を表すという相関係数の評価基準 (Cohen, 1988) がしばしば援用されます。この基準に照らして考えれば，パス係数の推定値が疑似相関によって .20 も過大に推定されるとすれば，小さい効果は中程度の効果，中程度の効果は大きい効果に変わってしまうことになりますので，結果の妥当性は大きく損なわれます。このような場合，他の調査項目を多少削ってでも，当該交絡因子を測定に含める必要があります。

交絡因子による疑似相関が .10 前後と考えられる場合も，現実的な制約（項目数の限界など）との兼ね合いで，可能な限り，測定に含めることを推奨します。予想される疑似相関が .05 を下回る場合，結果の解釈に際して疑似相関の可能性を考慮する必要はあるものの，その交絡因子を測定に含める必要性は小さくなります。

もし以上のようなプロセスの中で，交絡因子として特定できていたにもかかわらず，現実的な制約により測定に含められなかった変数があった場合は，その旨を研究の限界として論文に記述する必要があります。すべての実証的研究には一定の限界があるものですから，このような記述をすることを恥じる必要はありません。むしろそのような要因の影響を，理論的には考慮に入れているが，今回の研究では（他のより重要な交絡因子を含めるため）戦略的に除外したという姿勢を示すことの方が重要だと思われます。また，そうした記述を行うことにより，他の研究者もそうした潜在的な要因の影響を認識し，今後の研究の発展につながっていくことが期待されます。

3.1.7　単回帰係数・偏回帰係数とパス係数

3.1.4 節において，2 変数を直接つなぐ単方向のパスの係数が直接効果に対応するということを述べました。従来の回帰分析の枠組みでは，単回帰分析によって得られる「(単) 回帰係数」と重回帰分析によって得られる「**偏回帰係数**」が明確に区別されてきました。と言うのも，3.1.3 節で述べたように，単回帰分析における単回帰係数（標準化）はそのまま相関係数に一致しますが，重回帰分析における偏回帰係数は，同時に投入された他の独立変数の影響を統制した場合の (他の独立変数の値が一定であるときの)，各独立変数の効果を意味するためです。したがって，どのような変数が同時に独立変数に含められるかによって，偏回帰係数の値は変化します。そのため，常に相関と一致する単回帰係数とは区別すべきであると考えられてきました。

しかし，パス解析の枠組みでは，ある従属変数が1つのパスしか受けていない場合も，複数のパスを受けている場合も，それぞれのパスの係数は，等しく「**パス係数**」と呼ばれ，「偏パス係数」などという言い方はしません。回帰係数もパス係数も数学的には同じものなのに，どうしてこのような扱いの違いが生じるのでしょうか。これは，3.1.6 節に述べた交絡因子の問題と関連しています。すでに解説したように，パス解析は，パス図によって仮定した因果関係の定性的なモデルが正しく，かつ，すべての交絡因子が適切にモデルに組み込まれているということを前提として，変数間の因果関係の強さを定量化する手法です。これらの前提が満たされている限り，ある従属変数がパスを1つしか受けていない場合も，複数のパスを受けている場合も，そのパス係数は，独立変数からの真の因果的効果を表しているということになります。1つしかパスを受けていないのであれば，交絡因子は存在しないと仮定されているため，相関係数がそのまま真の因果的効果として解釈されることになり，複数のパスを受けているのであれば，仮定される交絡因子の影響が適切に調整され，やはり真の因果的効果が推定されていると考えることになります。どちらにしても，パス係数は常に因果的効果として解釈されます。それだけに，前節で述べたような周到なデザイン設定が不可欠となるわけです。以上のような理由から，パス解析の文脈では，単回帰係数と偏回帰係数という区別は，本質的に不要であることになります。

さて，パス係数が因果的効果を表すとして，その数値にはどのような意味があるのでしょうか。回帰分析の枠組みにおいて，（偏）回帰係数は「(同時に投入された他の独立変数の値が一定のとき）当該独立変数が1単位分，変化した場合の従属変数の変化の期待値」として定義されます。一方，パス係数は，「すべての交絡因子の値が一定のとき，当該独立変数を1単位分，変化させた場合の従属変数の変化の期待値」を意味します。回帰係数はあくまで予測の精度を表す指標であるため，解釈としては，独立変数が自然に変化したときの従属変数の変化量という意味合いになりますが，パス係数は因果的効果を表す指標であるため，独立変数を（人為的に操作することが可能であったとして），実際に操作したときの従属変数の変化量という意味合いを含みます。直接効果（単一のパス係数）だけでなく，間接効果や総合効果においても同様の解釈が成り立ちます。なお，繰り返しますが，パス係数が因果的効果を表すのは，あくまでパス図で仮定した因果関係の方向性が正しく，かつ，適切なデザイン設計に基づき交絡因子の影響を調整できているという前提が満たされる場合に限ったことです。単に「相関係数や（重）回帰分析ではなくパス解析を用いて分析した」というだけで，因果関係を検証できるわけではないことには注意が必要です。

3.1.8 多重共線性

3.1.5節で述べた交絡因子の問題と，しばしばセットで議論される問題に**多重共線性**があります。多重共線性とは，重回帰分析やパス解析において，独立変数間の相関がきわめて高い場合に，偏回帰係数（パス係数）の推定値が不安定になったり，推定できなくなる現象を指します。3.1.5節において，測定に含める交絡因子を選定する際，他の要因によって（ほぼ）完全に説明される要因は除外すると述べたのは，単に測定に含める項目の数を最小限に抑えるためというだけでなく，実は，この多重共線性の問題を回避するためという理由もありました。もし独立変数間の相関を考慮せず，無制限に独立変数（交絡因子）を増やしていけば，多重共線性によって，それぞれの独立変数の正しい効果を推定することは難しくなってしまいます。しかし，3.1.5節では同時に，モデルで想定される独立変数と相関のある要因だけが，交絡因子としてモデルに含める必要性を持つということも述べました。つまり，一方では独立変数間の相関が高すぎてはいけないと述べ，他方では，独立変数と相関がなければ交絡因子として含める意味がないと述べているわけで，このあたりが矛盾しているのではないかと感じる方も多いと思われます。この問題を議論するには，まず多重共線性という現象の数理的な仕組みについて考えることが必要です。

多重共線性というのは，独立変数間の相関が非常に高いことによって，パス係数の推定における**標準誤差**が拡大する現象です。標準誤差は，平たく言えば，推定の粗さ（精度の低さ）を表す数値であり，もう少し厳密に言えば，パラメータ（パス係数や誤差分散など）の推定値の標準偏差です。最尤法によるパス解析において，パラメータ推定値は，パラメータの真の値（母集団における値）を平均，標準誤差を標準偏差とする正規分布（重回帰分析では t 分布）に近似的にしたがいます[9]。したがって，多重共線性によって標準誤差が拡大するということは，パラメータ推定値のブレが大きくなり，信頼できないものになることを意味します。

パス係数の標準誤差は，基本的に3つの要素によって決まります。1つめは，従属変数の残差の分散の大きさです。独立変数によって従属変数の大部分を説明できていれば，残差の分散は小さくなり，標準誤

[9] この性質を利用して，パラメータの有意性（有意に0と異なるかどうか）の検定には標準誤差が用いられています。具体的には，標準誤差に基づいて推定値の95%信頼区間を算出し，その範囲に0が含まれるか否かによって，推定値が5％水準で有意か否かを判断します。

差も小さくなります。2つめは，サンプルのサイズです。一般的な統計的検定と同様に，大きなサンプルほど標準誤差は小さくなります。そして，3つめが，「他の独立変数によって，その独立変数を説明する（重）回帰分析を行った時の説明率（R^2）」であり，これが多重共線性の問題に関わる部分です。この説明率を1から引き，その逆数を取ったものは（$1/(1-R^2)$），**分散拡大要因**（Variance Inflation Factor: **VIF**）と呼ばれます。重回帰分析の場合，偏回帰係数の標準誤差は，VIF の平方根に比例して増大します。最尤法によるパス解析では，最小二乗法による重回帰分析とは異なる方法で標準誤差を求めますが，上のような標準誤差の基本的な性質はほぼ共通しています。

もし他の独立変数によって当該独立変数が全く説明されない場合（R^2 が0の場合），VIF は $1/(1-0)=1$ となり，多重共線性による標準誤差の拡大は生じません。一方，他の独立変数によって当該独立変数の90%が説明されてしまう場合，VIF は $1/(1-0.9)=10$ となり，標準誤差は$\sqrt{10}\approx 3.16$倍に拡大します[10]。また，他の独立変数によって当該独立変数の100%が説明される場合，$1/(1-1)$ と分母が0になってしまうため，VIF は計算できなくなります。多重共線性によって解が求められなくなるのは，このような場合です。慣習的な基準として，VIF が10を超える場合，多重共線性の影響が強いと見なして，当該変数を削除するか，因子分析や主成分分析で複数の独立変数をまとめるなどの対処が取られます[11]。ただし，「VIF $>$ 10」というのは1つの目安にすぎず，例えば，多重共線性による標準誤差の拡大を2倍までに抑えたい場合には，「VIF $>$ 4」（$R^2>.75$）という基準を設定することもありえます[12]。

多重共線性の数理的な仕組みは上に解説した通りですが，小島（2003）が指摘するように，しばしば多重共線性の問題は交絡因子の問題と混同されることが多く，必ずしも正しい理解が普及していない現状が見受けられます。例えば，教科書的な書籍の中でも，ある独立変数を追加して回帰係数やパス係数の符号が逆転した場合，直ちに多重共線性が生じていると見なし，その結果を解釈しないという方針が推奨されているものがありますが，これは多重共線性による影響と交絡因子を調整することによる影響を混同した議論と言えます。上に解説したように，多重共線性は，ある独立変数の大部分（例えば75%や90%）が他の独立変数によって説明されるという，比較的特異な状況において深刻化する現象であり，実際には，よほど概念的な重複の大きい独立変数を同時に投入するとか，無計画に膨大な数の独立変数を設定するということがなければ，それほど深刻な事態は生じません。少なくとも心理学領域を専門とする筆者の経験では，合理的なモデル指定を行っている限り，VIF が4を超えるような事態に遭遇することはほとんどなく，まして10を超えるような状況は何らかの人為的なミス（例えば，ある尺度の総得点と下位尺度得点を両方独立変数に含めてしまうなど）がなければまず生じません。

3.1.5節で述べたように，基本的には，交絡因子を独立変数に含めれば，その交絡因子によって生じていた疑似相関が取り除かれて，より真の因果的効果に近いパス係数や偏回帰係数が得られるようになります。その際に，パス係数や偏回帰係数の符号が，（多重共線性の影響ではなく）合理的な理由によって逆転することもしばしばあります。例えば小島（2003）は，コンパクトカメラの「総合満足度」を従属変数，「小型軽量」と「持ち運びのしやすさ」を独立変数とした重回帰分析において，「持ち運びのしやすさ」→「総合満足度」の偏回帰係数が正である一方，「小型軽量」→「総合満足度」の偏回帰係数が負になるというケースを紹介しています。この結果を正しく解釈するためには，偏回帰係数の定義を振り返る必要があります。前節で述べたように，偏回帰係数とは，他の独立変数の値が一定のとき，当該独立変数が1単位変化した場合の従属変数の平均変化量を意味します。つまり，このケースでは，持ち運びのしやすさが一定である場合，小型軽量であるほど，総合満足度が低いということになります。これは一見不思議な結果に思えますが，通常，コンパクトカメラが小型軽量であることのメリットは，持ち運びの利便性という一点に限られ，カメラの操作性や機能性という別の観点では，むしろ小型軽量でないカメラの方が優れていると考えられます。したがって，持ち運びの利便性が一定であれば，小型軽量でないカメラの方が，（おそらく操作性や機能性などの評価を介して）かえって総合満足度が高くなるというのは，いたって合理的な

[10]「≈」は「ほぼ等しい」という記号です。
[11] 因子分析の方法については，第4章から第6章をご参照ください。
[12] 一例として，独立変数が2つの場合，両者の相関が .949 のとき VIF が10となり，.866 のとき VIF が4となります。

結果と言えます。

このように，交絡因子を追加することでパス係数や偏回帰係数の符号が逆転したり，値が大きく変わるという状況は，多重共線性とは異なる，合理的な理由によっても頻繁に生じます。VIF が 4 を下回る場合，多重共線性による標準誤差の拡大は最大でも 2 倍に留まるため，それによって説明できないほど大きな係数の変化がある場合，それは多重共線性によるものではなく，何か合理的な理由によって生じたものと捉えて，積極的に解釈すべきです。一見不可解な結果であるからといって（VIF などの基準によらず）恣意的に解釈を放棄してしまえば，科学研究において重要な客観性の原則が保たれないばかりでなく，本当に興味深い知見を見落としてしまうことにもつながります。重回帰分析やパス解析の利点は，様々な交絡因子の影響を調整したうえでの独立変数の真の効果を推定しうるという点にあり，それによって単相関と異なる結果が得られた場合は，それが極端な多重共線性の影響によるものでない限り，むしろ興味深い結果として捉える姿勢が重要です。

3.1.9 媒介変数と間接効果

これまでの話の中で，何度か**媒介変数**や**間接効果**に関する話題に触れました。しかし，直接効果と間接効果の区別は必ずしも絶対的なものではありません。例えば，$X_1 \rightarrow X_2 \rightarrow X_3$ という因果的な連鎖があった場合，媒介変数となる X_2 が観測されていれば，X_1 から X_3 への効果は間接効果となりますが，X_2 が観測されていない（あるいはモデルに含まれない）場合，X_1 から X_3 への効果は直接効果として表されます。つまり，ある効果が直接効果となるか間接効果となるかは，研究のデザインやモデルに依存するということになります。このとき，X_1 から X_3 への因果的効果（総合効果）は，X_2 がモデルに含まれるか否かに関わらず一定です。単に総合効果の「内訳」（直接効果か，間接効果か，その両方か）が変化するにすぎません。それならば，媒介変数である X_2 をモデルに組み込むことには，何の意義もないのでしょうか。

この問いへの答えは，研究の目的によって異なります。もし研究者が，X_1 から X_3 への「因果的効果の程度」にのみ関心があるならば，媒介変数をモデルに含める必要性は高くありません。これは例えば，X_1 が X_3 に与える効果そのものが，その研究領域において新規性や重要性の高い知見である場合が該当します。より具体的には，X_1 がこれまで全く検討されてこなかった新しい要因であったり，すでにいくつかの検討はなされてきたが，適切な交絡因子の統制が行われていなかったために正確な因果的効果の程度がわかっていない場合などです。

一方，X_1 から X_3 への因果的効果があることはすでにわかっていて，その効果がどのような「メカニズム」で生じているかに関心がある場合，媒介変数をモデルに含める意義が生じます。例えば，発達障害の一種である自閉症スペクトラム障害（ASD）を持つ人は，抑うつの症状を呈しやすいことが知られていますが，その間にどのような媒介変数が介在しているのかがわかれば，その媒介変数に働きかけることで，抑うつの症状を抑えたり，予防することができるかもしれません。こうした媒介変数の候補として，友人関係における不適応や家族・教師との軋轢などが考えられます。ASD の症状そのものをコントロールすることは難しいですが，こうした媒介変数であれば，周囲の協力によって調整できる可能性が十分にあります。このように，ある因果的効果を介在する媒介変数を明らかにすることは，現象のメカニズムに関する詳細な理解をもたらすという学術的な意義だけでなく，現象への介入やコントロールの可能性を高めるという社会的な意義にもつながります。

こうした媒介変数を介した間接効果の検証において，SEM は重要な貢献を果たしています。と言うのも，従来の回帰分析の枠組みでは，複数の内生変数（媒介変数や結果変数）を設定した解析が不可能でした。そのため，間接効果を検証する際には，内生変数の数だけ解析を繰り返す必要がありました。こうした方法に比べ，SEM によるパス解析は以下のような利点を持っています。

(1) 間接効果の有意性について，より正確な検証が可能
(2) モデル適合が評価できる
(3) 完全情報最尤法による欠測値への対処が可能

このような利点から，媒介変数を含むモデルの検証においては，重回帰分析の繰り返しよりも，SEMによるパス解析を用いることが望ましいと考えられています。媒介変数を含むモデルの解析は，3.4節および3.5節に実例を示しています。

3.1.10　まとめ

以上のように，予測のために開発された回帰分析の手法を，因果関係の検証に応用したパス解析は，研究者の理論モデルを積極的に利用することによって，ある意味では大胆に，変数間の因果関係を定量化します。したがって，パス解析を使用する際には，従来の手法よりも入念な理論モデルと研究デザインの設定が必要になります。パス解析は，特定のモデルを仮定することによって，本来方向を持たない相関係数を，方向を持ったパス係数（因果的効果）に分解します。もし仮定するモデルが荒唐無稽なものであれば，得られる結果もデタラメなものになります。また，独立変数が従属変数の誤差と相関を持たないというパス解析の基本的仮定は，従属変数に影響を与える他の変数が独立変数と相関しないことを暗黙のうちに含意しており，研究デザインを設定する際にきわめて慎重な交絡因子の選定をしておくことが必要です。こうした取扱い上の注意事項をしっかりと守ったうえで使用すれば，パス解析は変数間の因果関係に関する仮説モデルの検証において有用なツールとなりえます。

以降の節では，ここまでに述べた原理を踏まえ，パス解析をM*plus*上で実行する手順と結果の見方について解説していきます。

3.2　独自調査データについて

本書の執筆にあたり，分析の実演のためのデータを収集する目的で独自調査を実施しました。調査は愛知県の5つの大学で行われ，521名の大学生（男子155名，女子366名；平均年齢19.4歳，$SD = 1.9$）から有効回答が得られました。研究目的は，大学生の精神的健康や幸福感に関連する要因を明らかにすることです。要因の候補として，先行研究をもとに7つの構成概念（価値観，パーソナリティ，コーピング，対人関係，社会経済的状態，学業成績，将来の不安）を測定しました。調査に含めた変数の一覧を表3.1に示します。これらの構成概念には，複数の下位概念が含まれるものもあります。本書では，この調査のデータを用いてM*plus*による解析方法を実演していきます。なお，この調査は東海学園大学倫理委員会の承認を得て行われました。

表3.1　独自調査の測定項目

構成概念	項目数	想定される下位因子	原典
精神的健康	12	精神的健康	General Health Questionnaire 12項目版（Goldberg et al., 1978；中川・大坊，1985）
主観的幸福感	4	主観的幸福感	
価値観	30	芸術，道徳，権力，理論，社会，経済	
パーソナリティ	29	外向性，勤勉性，神経症傾向，経験への開放性，協調性	Big Five尺度短縮版（和田，1996；並川他，2012）
コーピング	30	気分転換，回避，問題解決，反すう，認知的再評価	
対人関係	20	結束型，橋渡し型	Williams（2006）
社会経済的状態	6	経済状態，親の学歴	
学業成績	5	客観，主観	
将来の不安	6	目標，生活	

3.3　パス解析の分析例 1：単回帰モデル

まず最も基本的な単回帰モデル（単一の独立変数と単一の従属変数を設定したモデル）から解説を始めます。ここでは，独自調査で測定した変数のうち，図 3.7 に示す 2 変数からなる単回帰モデルを想定してみます。「経験への開放性」（以下，開放性）は，パーソナリティのビッグ・ファイブモデルを構成する因子の 1 つで，新しい経験に触れることへの意欲や関心の高さを意味します。「主観的幸福感」（以下，幸福感）は，自分の今の生活をどの程度幸せに感じるかという主観的な感覚です。パーソナリティは時間的に比較的安定した心理特性である一方，幸福感はその時々の状況によって左右される気分状態です。したがって，幸福感が開放性に影響するというよりは，開放性が幸福感を規定するというモデルの方が，蓋然性（確からしさ）が高いと言えます。こうした理論的な根拠に基づき，ここでは開放性が幸福感に影響するというモデルを想定します。この想定は，理論的に無欠のものではありませんが，ここでは 1 つの実例を示すために，このモデルで分析をしてみます。なお，このモデルは，すべての観測変数間に関連を想定した飽和モデルです。また，各観測変数はそれぞれの尺度を構成する項目（いずれも 4 項目）の得点を単純合計した尺度得点です。

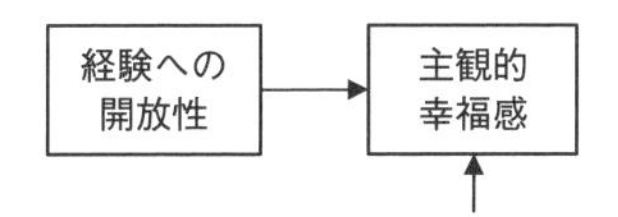

図 3.7　単回帰モデル（誤差変数は変数名の記載を省略）

3.3.1　シンタックス

このモデルを指定するための M*plus* のシンタックスを図 3.8 に示します。DATA コマンドでは，FILE オプションによってデータセットのファイル名を指定しています。ここでは入力ファイル（シンタックスを記述した .inp 形式のファイル）とデータのファイルが同一フォルダに保存されているため，ファイルのパス（コンピュータ上の場所）を指定せずに，ファイル名だけを指定しています。別フォルダに保存している場合は，パスから指定する必要があることに注意が必要です。パスの指定が面倒に感じる人は，入力ファイルとデータファイルを同一フォルダに保存するようにしておきましょう。なお，データファイルの作成の仕方は，2.1 節をご参照ください。

VARIABLE コマンドでは，まず NAMES オプションによって，データセット内の各変数に名前をつけています。id は個人の識別番号，gender は性別，age は年齢，extra cons neuro open agree はパーソナリティの 5 下位尺度の得点，happy は幸福感の尺度得点を指しています。データセットの一番左の列から 1 つずつ順番に名前をつけていきます。USEVAR（USEVARIABLE の略）オプションは，解析に使用する変数を指定します。ここでは，パーソナリティ尺度の下位尺度である「経験への開放性」と，「主観的幸福感尺

```
DATA: FILE = data_3.3.txt;

VARIABLE:  NAMES = id gender age happy extra cons neuro open agree;
           USEVAR = open happy;
           MISSING = ALL(999);

MODEL: happy ON open;

ANALYSIS: ESTIMATOR = MLR;

OUTPUT: SAMP STDYX;
PLOT: TYPE = PLOT3;
```

図 3.8　単回帰モデルのシンタックス

度」の尺度得点を使用するので，open と happy を指定しています。いずれも得点が高いほど，開放性や幸福感の程度が高いことを意味します。データセットのすべての変数を使用する場合，USEVAR オプションは省略することができます。ただし，USEVAR オプションを省略すると，まれに不具合が生じることもあるようなので，面倒でも毎回省略せずに指定することをおすすめします。MISSING オプションは，欠測値のコードを指定しています。このデータセットではすべての変数について 999 という欠測値コードを使用しているため（2.1 節参照），ALL(999) という形で指定しています。

MODEL コマンドは，シンタックスの根幹をなすコマンドで，解析に使用されるモデルを指定します。回帰分析・パス解析では ON オプションが使用されます。ON は regressed on を意味しており，「従属変数 ON 独立変数」の形式で，「従属変数←独立変数」という単方向のパスを指定します。慣れないうちは，誤って「独立変数 ON 従属変数」と入力してしまいがちなので，必ず従属変数が先ということを頭に入れておきましょう。

ANALYSIS コマンドは，解析のタイプや推定の方法など，解析の技術的な詳細を指定します。解析のタイプは，TYPE オプションによって指定しますが，このシンタックスのように，特に指定しない場合は GENERAL というタイプの解析が使用されます。通常の回帰分析・パス解析には GENERAL を使用します。ランダム係数回帰モデル（3.5.2 節）や探索的因子分析（第 4 章）などを使用する際は，別のタイプの解析を指定する必要があります。推定の方法は，ESTIMATOR オプションによって指定します。通常の回帰分析・パス解析では，ESTIMATOR を特に指定しない場合，ML（最尤法）が使用されます。1.2.5 節と 1.2.9 節で述べたように，最尤法は観測変数の**多変量正規性**を前提としますが，実際には観測変数の正規性が厳密に保たれるケースはまれであるため，多くの場合，正確な結果を得るためには，正規性の逸脱を考慮した推定法を用いる必要があります。ここでは，観測変数の非正規性を考慮したロバスト推定法の 1 つである MLR を使用しています。

OUTPUT コマンドは，デフォルトの出力結果の他に，出力してほしい情報を指定します。SAMP は，sample statistics を意味し，観測変数の平均値や分散共分散行列，相関行列などの基本統計量を表示します。データが正しく読み込まれているかを確認したり，結果の解釈に際して観測変数間の相関などを確認する際に必要な情報となりますので，どのような分析をする際も，常に出力しておくようにします。STDYX は，（独立変数と従属変数の双方を標準化した）各種パラメータの標準化推定値や R^2 値を出力します。これも結果の解釈に際して重要な情報となるため，標準化推定値を出力できる解析[13]では基本的に出力するようにしましょう。

最後の PLOT コマンドは，グラフの出力を要求するものです。TYPE オプションで出力するグラフの種類を指定します。PLOT1，PLOT2，PLOT3 という 3 種類の選択肢がありますが，PLOT3 が最も出力されるグラフの種類が多いので，基本的に PLOT3 と指定するようにしておけば問題ありません。

シンタックスの入力を終えたら，適当な名前をつけて入力ファイルを保存します。DATA コマンドの FILE でデータファイルのパスを指定していない場合は，必ずデータファイルと同じフォルダに保存します。保存が完了したら，「RUN」と書かれたアイコンをクリックするか，メニューバーの「M*plus* → Run M*plus*」を選択すると，解析が実行されます。

3.3.2　モデルと分布の確認

入力ファイルを実行すると，入力ファイルと同じ名称で .out という拡張子を持った出力ファイルが作成され，その内容が自動的に画面に表示されます。

分析結果を見る前に，正しくモデル指定ができたか否かを確認するため，解析に使用されたパス図を確認してみます。出力画面のメニューバーの「Diagram → View diagram」を選択すると，図 3.9 のようなパス図が表示されます。表示されたパス図は，図 3.7 のモデルと一致しているため，モデルが正しく指定されたことが確認できます。モデルの確認はテキストの出力を詳細に見ることによっても行えますが，多

[13] ランダム係数を導入した解析など，一部の解析では出力できません。

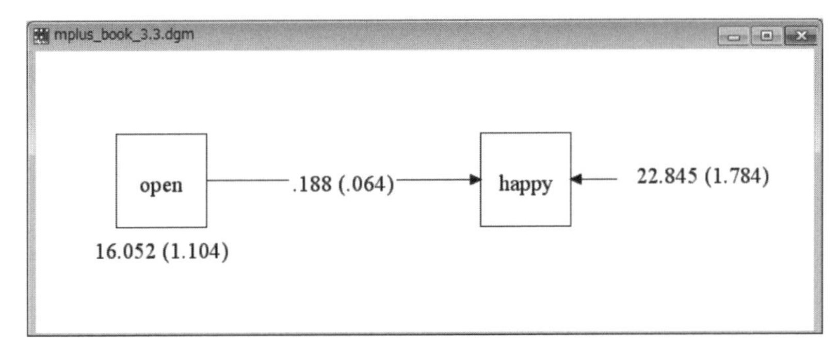

図 3.9　M*plus* によって作成されるパス図

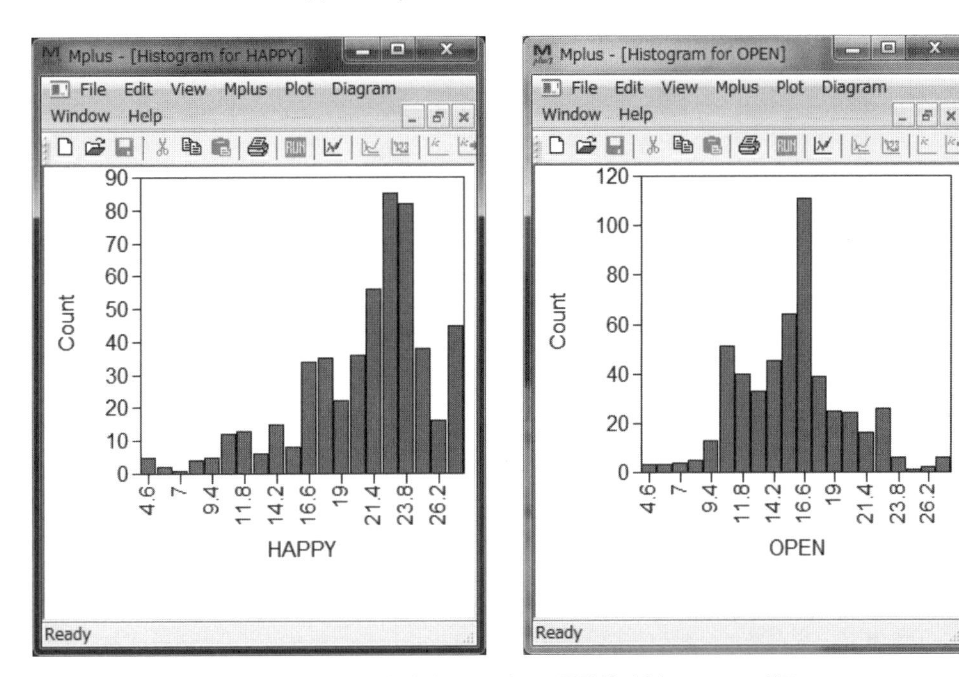

図 3.10　主観的幸福感（左）と経験への開放性（右）のヒストグラム

数の変数が含まれるモデルの場合，このような視覚的方法でモデルの確認を行うのが効率的です。なお，外生変数には分散，内生変数には誤差分散，パスにはパス係数の推定値（括弧内は標準誤差）が併せて表示されます。

今度は各変数の分布や散布図を確認してみます。出力画面のメニューバーの「Plot → View plots」を選択すると，「Histograms」（ヒストグラム）と「Scatterplots」（散布図）を選ぶウィンドウが表示されます。まず Histograms を選択すると，表示する変数名やグラフの種類などを設定するウィンドウが表れます。ここではデフォルトの設定のまま，各変数のヒストグラムを表示してみます（図 3.10）。開放性はおおむね正規分布に従っていると考えてよさそうですが，幸福感は明らかに左の裾が長い分布になっています。単変量の非正規性の指標となる歪度や尖度については，3.3.4 節で確認します。

今度は，Scatterplots を選択すると，やはり変数名などを設定するウィンドウが表れますが，ここではデフォルトの設定のままで開放性と幸福感の散布図を表示してみます（図 3.11）[14]。ぼんやりした散布図で，変数間の関連はあまり強くなさそうですが，特に非線形の関係は見られません。

[14] サンプルサイズが大きい場合，すべてのケースを散布図上に表示すると，図が点で埋め尽くされて関連がわかりづらくなることがあります。その場合，「Individuals」のタブで「Random subset」を選択し，「Number of individuals to select」で表示するケースの数を設定することができます。

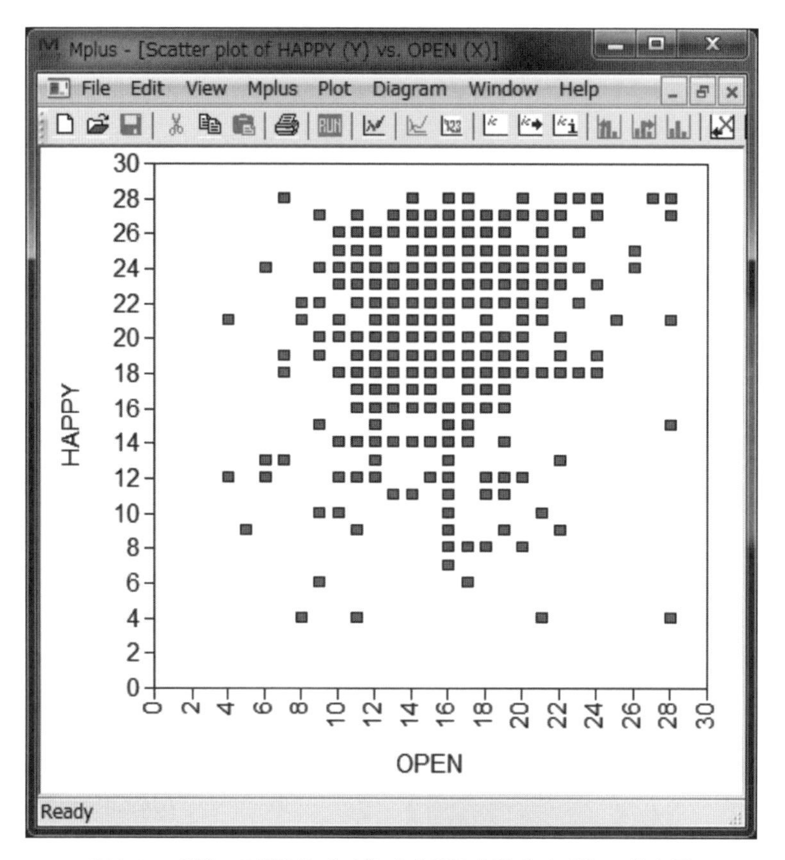

図 3.11　経験への開放性（x 軸）と主観的幸福感（y 軸）の散布図

3.3.3　データセットに関する警告文

出力ファイルには，まず使用された M*plus* プログラムのバージョンや解析を実行した日時などの情報が表示され，その後に，入力ファイルの内容が表示されます。次に，データセットの読み込みが正常に完了したか否かの情報が表示されます。正常に完了している場合，「INPUT READING TERMINATED NORMALLY」というメッセージが表示されますが，ここでは図 3.12 のような 2 つの警告文が表示されました。これらの警告文はいずれも欠測値に関するものです。

1.2.10 節で述べたように，M*plus* では，欠測値への対処として，デフォルトで**完全情報最尤推定**が用いられます。この方法は，**リストワイズ削除**のように，欠測を含むデータを除外するのではなく，観測データのすべての情報を解析に使用します。この方法はいくつかの点でリストワイズ削除などの従来の方法よりも優れていますが，どのような形の欠測でも対処が可能というわけではありません。第 1 に，外生変数における欠測は，M*plus* のデフォルトの設定では，完全情報最尤推定が適用されません。上段の警告文は，このことを知らせています。このデータでは外生変数（開放性）に欠測があったケースが 4 名分あったた

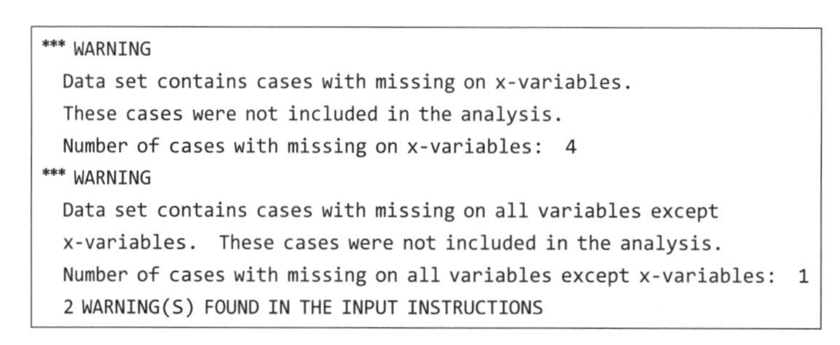

```
*** WARNING
  Data set contains cases with missing on x-variables.
  These cases were not included in the analysis.
  Number of cases with missing on x-variables:  4
*** WARNING
  Data set contains cases with missing on all variables except
  x-variables.  These cases were not included in the analysis.
  Number of cases with missing on all variables except x-variables:  1
  2 WARNING(S) FOUND IN THE INPUT INSTRUCTIONS
```

図 3.12　データセットに関する警告文

```
DATA: FILE = data_3.3.txt;

VARIABLE: NAMES = id gender age happy extra cons neuro open agree;
          USEVAR = open happy;
          MISSING = ALL(999);

MODEL: happy ON open;
       open; ! 開放性を推定の対象に含めるため分散を推定

ANALYSIS: ESTIMATOR = MLR;

OUTPUT: SAMP STDYX;

PLOT: TYPE = PLOT3;
```

図 3.13　修正したシンタックス
（前回のシンタックスからの変更点を太字で示した）

め，これらは分析には含まれない（リストワイズ削除される）ことが記されています。M*plus* では特に指定しない限り，外生変数が推定の対象に含まれないため[15]，完全情報最尤推定も適用されません。その代わり，外生変数には多変量正規性の仮定も適用されないため，従来の回帰分析と同様，正規分布に従わない変数やダミー変数（2 つの値のみを取る変数）も，外生変数としてであれば問題なく分析に使用することができます。第 2 に，推定の対象となるすべての変数が欠測となっているケースは，完全情報最尤推定では扱えません。下段の警告文はこれを知らせています。このデータでは，推定の対象となる唯一の変数である幸福感が 1 名のケースで欠測となっていたため，その個人のデータは分析に含まれないという旨が記されています。

外生変数にも完全情報最尤法を適用したい場合は，`MODEL` コマンド内でその外生変数に関する何らかのパラメータ（分散，平均など）を推定するように指定します。分散の推定を指定する場合，`MODEL` コマンド内に外生変数の名称をそのまま記述するだけで OK です。今回の場合は，「`open;`」という一行を加えるだけです。これによって，外生変数に欠測があるケースもリストワイズ削除されず，分析に使用されることになります。ただし，この場合，外生変数も多変量正規性の仮定に含まれることになるため，著しい非正規性を持つ変数やダミー変数などにこの方法を用いることは望ましくありません。今回の場合，外生変数である開放性は，おおむね正規分布に従うことを事前に確認しているため，「`open;`」の一行を加え，推定の対象に含めることとします（図 3.13）。これにより，開放性が欠測となっている 4 名のデータが分析に使用されることになります。また，幸福感が欠測となっている 1 名のデータも，新たに推定の対象に含まれる開放性は欠測となっていないため，こちらも分析に使用されることになります。以降は，この修正後のシンタックスに基づく結果を表示します。

なお，このような欠測値に関する警告文の他に，様々な種類の警告文やエラーメッセージが表示されることがあります。こうしたメッセージの意味と対処の方法については，第 10 章を参照ください。

3.3.4　分析の概要と基本統計量

次に，図 3.14 のような分析の概要を示す情報（`SUMMARY OF ANALYSIS`）が表示されます。まず，`Number of groups` は，解析をいくつの（既知の）集団に分けて行ったかを示す情報で，複数の母集団を設定する多母集団分析でなければ 1 となります。`Number of observations` はデータ数を表し，ここでは上述のように外生変数にも完全情報最尤法が適用されたため，521 名のデータがすべて使用されていることが確認できます。`Number of dependent variables` は従属変数（内生変数）の数，`Number of independent variables` は独立変数（外生変数）の数を表しており，今回は単回帰モデルなので，いずれも 1 となって

[15] つまり，外生変数の分散や外生変数同士の共分散は，最尤法によって推定されるのではなく，データ上の記述統計量そのものが代入されます。

```
SUMMARY OF ANALYSIS

Number of groups                                 1
Number of observations                           521

Number of dependent variables                    1
Number of independent variables                  1
Number of continuous latent variables            0

Observed dependent variables

  Continuous
  HAPPY

Observed independent variables
  OPEN


Estimator                                        MLR
Information matrix                               OBSERVED
Maximum number of iterations                     1000
Convergence criterion                            0.500D-04
Maximum number of steepest descent iterations    20
Maximum number of iterations for H1              2000
Convergence criterion for H1                     0.100D-03
```

図 3.14　分析の概要に関する出力

います。Number of continuous latent variables は，連続的な潜在変数の数で，今回は顕在変数（観測変数）のみを扱っているため 0 となっています。Observed dependent variables や Observed independent variables は，従属変数や独立変数の一覧です。ここでは前者に HAPPY，後者に OPEN が示されています。Estimator は推定法で，今回は入力ファイルで指定した通り，MLR となっています。Information matrix 以降は，標準誤差の算出に使用される情報行列の種類，反復の最大数，収束の基準など，推定の詳細な設定が表示されます。これらの設定は，すべて入力ファイル上で変更することが可能ですが，今回は特に指定していないため，デフォルトの設定が使用されています。

続いて，図 3.15 のようなデータの欠測に関する出力が表示されます。「Number of missing data patterns」は，欠測のパターンの数を表します。今回の場合，すべてのデータが揃っているパターン，幸福感のみが欠測となっているパターン，開放性のみが欠測となっているパターンの 3 種類があったため，3 となっています。「Covariance Coverage」は，分散共分散行列の各要素において欠測となっていないデータの割合を示します。例えば，HAPPY の分散における Covariance Coverage は .998 となっているため，幸福感は全データのうち 99.8%で欠測になっていない，つまり 0.2%が欠測であることがわかります。同様に，開放性の分散の Covariance Coverage は .992 で，0.8%が欠測となっているとわかります。また，HAPPY と OPEN の共分散における Covariance Coverage は 0.990 なので，幸福感と開放性の両方が揃っているデータの割合は 99.0%（残り 1 %はいずれかが欠測）であることが読み取れます。なお，「Minimum covariance coverage value」は，これらの Covariance Coverage をどこまで許容するかのラインを表しています。デフォルトでは 0.100 となるので，すべての Covariance Coverage が 0.1 を上回っていれば分析が行われます[16]。

次に，図 3.16 のように，入力ファイルの OUTPUT コマンド（SAMP）で要求した，サンプルの基本統計量（SAMPLE STATISTICS）が表示されます。Means には各観測変数の平均値，Covariances には分散共分散

[16] この値は ANALYSIS コマンドの COVERAGE オプションで変更することができます。

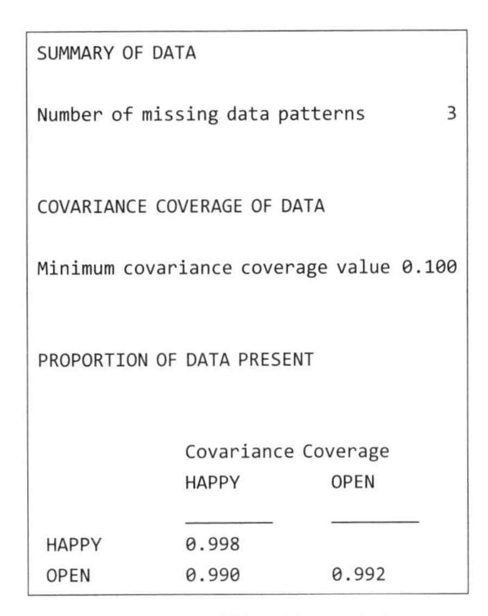

```
SUMMARY OF DATA

Number of missing data patterns          3


COVARIANCE COVERAGE OF DATA

Minimum covariance coverage value 0.100


PROPORTION OF DATA PRESENT


              Covariance Coverage
              HAPPY         OPEN
              ________      ________
 HAPPY        0.998
 OPEN         0.990         0.992
```

図 3.15　欠測値に関する出力

行列，`Correlations` には相関行列が表示されています。開放性（`OPEN`）と幸福感（`HAPPY`）の間には .156 の相関があることが確認できます。ただし，これらの値は，「`ESTIMATED`」（推定された）とあるように，完全情報最尤法によって推定された値であるため，実際の個々の変数の記述統計量とはわずかに値が異なる場合があります。

その下に単変量の記述統計量が表示されます（図 3.17）。これらの値は完全情報最尤法によって欠測が処理されていないローデータ上の記述統計量なので，図 3.15 の値と平均値や分散がわずかに異なっています。例えば，幸福感（`HAPPY`）の平均値は図 3.15 では 20.761，図 3.17 では 20.762 となっています。初めて読み込むデータセットであれば，この単変量の記述統計量が他のソフトウェアで算出した値と一致するか否かを確認して，データが正しく読み込まれているか確認することを推奨します。また，ここには歪

```
SAMPLE STATISTICS

   ESTIMATED SAMPLE STATISTICS

         Means
            HAPPY         OPEN
            ________      ________
      1     20.761        15.553

         Covariances
            HAPPY         OPEN
            ________      ________
 HAPPY      23.412
 OPEN        3.016        16.052


         Correlations
            HAPPY         OPEN
            ________      ________
 HAPPY       1.000
 OPEN        0.156         1.000
```

図 3.16　サンプルの記述統計量に関する出力

```
UNIVARIATE SAMPLE STATISTICS

UNIVARIATE HIGHER-ORDER MOMENT DESCRIPTIVE STATISTICS

 Variable/     Mean/    Skewness/    Minimum/ % with          Percentiles
Sample Size  Variance   Kurtosis     Maximum   Min/Max    20%/60%    40%/80%    Median

HAPPY          20.762    -1.040       4.000     0.96%     17.000     21.000     22.000
    520.000    23.412     0.980      28.000     3.27%     23.000     24.000
OPEN           15.553     0.263       4.000     0.39%     12.000     15.000     15.000
    517.000    16.050     0.444      28.000     0.97%     16.000     19.000
```

図 3.17　単変量の記述統計量に関する出力

度（Skewness），尖度（Kurtosis），最小値・最大値，パーセンタイル値など，分布の形状に関連する情報が表示されるため，SEM において仮定されるデータの正規性が実際に保たれているかどうかを確認するのに便利です。ここでは内生変数の幸福感が −1.040 という歪度を示しており，ヒストグラム（3.3.2 節）でも確認したように，やや左側の裾が長い分布であることがわかります。しかし，この歪度は 1.2.9 節で取り上げた West, Finch, & Curran（1995）の基準（絶対値で 2 以上）には達していません。また，ここでは分布の非正規性を考慮したロバスト推定法（MLR）を使用しているため，この程度の歪度であれば，結果に実質的な影響を及ぼすことはありません。

3.3.5　モデル適合度に関する出力

記述統計の次に，モデル推定が正常に終了したか否かを示すメッセージが表示されます。今回は，「THE MODEL ESTIMATION TERMINATED NORMALLY」というメッセージが表示され，モデル推定が正常に終了したことが確認できました。モデル推定の異常としては，(1) モデルが識別されない，(2) 推定が収束しない，(3) 不適解が生じている，といったパターンがあります。これらの問題に対する対処法は，第 10 章を参照ください。

次に，図 3.18 のようなモデルの適合度に関する情報（MODEL FIT INFORMATION）が表示されます。Number of Free Parameters は，自由推定されたパラメータの数を表します。今回のモデルでは，開放性→幸福感のパス係数，開放性の平均値，幸福感の切片，開放性の分散，幸福感の誤差分散という 5 つのパラメータが推定されているため，5 となっています。第 1 章では説明を省略しましたが，*Mplus* のデフォルトの設定では，パス係数や分散・誤差分散に加えて，平均値や切片が推定されます。パス係数や分散・誤差分散の推定には観測変数間の分散・共分散の情報が用いられますが，平均値・切片の推定には観測変数の平均値の情報が用いられます。また，前節で述べたように，初期設定では外生変数の平均値や分散は推定の対象に含まれませんが，ここでは外生変数を推定の対象に含めているため，開放性の平均値と分散もパラメータ数に含まれています。Loglikelihood には，対数尤度が表示されます。最尤法では，この対数尤度を最大化するパラメータの組み合わせを探索します。対数尤度は，2 つのモデルの適合を比較する**対数尤度比検定**に使用することができますが[17]，単独では解釈しません。Information Criteria には，**情報量基準**と呼ばれる AIC，BIC，サンプルサイズ調整 BIC（Sample-Size Adjusted BIC: aBIC）が表示されます。これらの値も単独では解釈されず，複数のモデルの比較に用いられます。

Chi-Square Test of Model Fit には，「モデルは正しい」という帰無仮説に基づく**カイ二乗検定**の結果が出力されますが，今回のモデルはすべての観測変数間に関連を想定した飽和モデルであり，データとモデルは完全に適合するため，カイ二乗検定は行われません。飽和モデルでは，常に自由度（Degrees of Freedom）が 0 となります。自由度は，推定に用いられる観測変数の情報（分散・共分散と平均値）の数から，推定されるパラメータの数を引いて算出されます。今回の場合，2 つの観測変数がモデルに含まれ

[17] ただし，MLR のようなロバスト推定法を用いた場合，一緒に表示される Scaling Correction Factor を使用して補正を行う必要があります。

```
MODEL FIT INFORMATION

Number of Free Parameters                  5

Loglikelihood

        H0 Value                           -3002.515
        H0 Scaling Correction Factor        1.2554
        for MLR
        H1 Value                           -3002.515
        H1 Scaling Correction Factor        1.2554
        for MLR

Information Criteria

        Akaike (AIC)                        6015.030
        Bayesian (BIC)                      6036.308
        Sample-Size Adjusted BIC            6020.437
        (n* = (n + 2) / 24)

Chi-Square Test of Model Fit

        Value                               0.000*
        Degrees of Freedom                  0
        P-Value                             0.0000
        Scaling Correction Factor           1.0000
        for MLR
```

図 3.18　モデル適合度に関する出力（抜粋）

ているため，推定には各変数の分散，平均値と２変数間の共分散という５つの情報が用いられます。一方，前述のように推定されたパラメータ数も５なので，５－５で自由度は０となります。

適合度に関しては，これらの情報の他に，RMSEA，CFI，TLI，SRMR も出力されますが，これらの指標も，データとモデルが完全に適合する飽和モデルでは値が算出されません。したがって，飽和モデルに関しては，対数尤度や情報量基準（BIC など）など，他のモデルとの比較のための情報のみが利用可能ということになります。

3.3.6　パラメータ推定値に関する出力

適合度に関する情報の次に，図 3.19 のようなパラメータ推定値に関する情報が表示されます。パス解析においては，この部分が最も重要な結果になります。MODEL RESULTS には標準化されていないパラメータ推定値が表示されます。HAPPY ON OPEN は，開放性→幸福感のパス係数に関する情報を示しており，係数の推定値（Estimate）は 0.188 となっています。このことは，開放性の得点が１上昇すると，幸福感が（平均的に）0.188 上昇することを意味します。S. E. は標準誤差，Est./S. E. は係数の推定値を標準誤差で割った値（**z 値**），Two-Tailed P Value は z 値をもとに算出された両側検定の **p 値**（有意確率）です。z 値は標準正規分布に近似的に従うため，1.96 を超えれば５％水準，2.58 を超えれば１％水準で有意ということになります。ここでは p 値が 0.003 となっており，開放性→幸福感のパス係数が１％水準で有意であることが示されています。

Means は外生変数の平均値に関する推定値です。図 3.17 の基本統計量と同じ値になっています。Intercepts は，内生変数の切片の推定値です。先ほどのパス係数とこの切片の推定値から，回帰式を得ることができます。ここでは，「幸福感＝ 0.188 ×開放性＋ 17.839 ＋誤差」という式が得られます。この式は，開放性の得点が０のときには，幸福感の得点の期待値が 17.839 であり，開放性が１上昇するごとに幸福感の期待値が 0.188 上昇することを意味します。なお，パス係数と同じく切片の有意性（０と異なる

```
MODEL RESULTS

                                                    Two-Tailed
                    Estimate       S.E.    Est./S.E.    P-Value

 HAPPY ON
    OPEN               0.188      0.064        2.942      0.003

 Means
    OPEN              15.553      0.176       88.270      0.000

 Intercepts
    HAPPY             17.839      1.007       17.711      0.000

 Variances
    OPEN              16.052      1.104       14.544      0.000

 Residual Variances
    HAPPY             22.845      1.784       12.808      0.000


STANDARDIZED MODEL RESULTS

STDYX Standardization

                                                    Two-Tailed
                    Estimate       S.E.    Est./S.E.    P-Value

 HAPPY ON
    OPEN               0.156      0.053        2.930      0.003

 Means
    OPEN               3.882      0.133       29.121      0.000

 Intercepts
    HAPPY              3.687      0.271       13.581      0.000

 Variances
    OPEN               1.000      0.000      999.000    999.000

 Residual Variances
    HAPPY              0.976      0.017       59.081      0.000


R-SQUARE

    Observed                                        Two-Tailed
    Variable        Estimate       S.E.    Est./S.E.    P-Value

    HAPPY              0.024      0.017        1.465      0.143
```

図 3.19　パラメータ推定値に関する出力

か否か）も p 値に基づいて判定できますが，幸福感は間隔尺度であり「０」という値に特別な意味があるわけではないので，実質的な意味は持ちません。

Residual Variances は，内生変数の誤差分散の推定値に関する情報です。誤差分散は，従属変数の全分散に関する情報と組み合わせたときに重要な意味を持ちます。幸福感の分散は図 3.15 の SAMPLE STATISTICS に表示されており，23.412 となっています。一方，誤差分散は 22.845 となっていますので，分散の 97.6%（22.845 ÷ 23.412 × 100）を誤差分散が占めることになります。逆に言えば，開放性は幸福感の分散の 2.4%（100 − 97.6）しか説明できていないということがわかります。

`STANDARDIZED MODEL RESULTS` には `OUTPUT` コマンド（`STDYX`）で要求した標準化推定値や R^2 値が表示されます。標準化されたパス係数の推定値は，0.156 であり，図 3.15 の `SAMPLE STATISTICS` における幸福感と開放性の相関に一致します。これは，単回帰分析における標準化推定値が相関係数と一致するという一般的な性質を反映しています。標準化された切片は，非標準化切片を従属変数の標準偏差で割って算出されます。標準偏差は M*plus* の出力では表示されませんが，分散の平方根を取ることで簡単に算出できます。ここでは，幸福感の分散が 23.412 なので，標準偏差は 4.839 となります。切片の非標準化推定値 17.839 を 4.839 で割ると 3.687 となり，確かに切片の標準化推定値の出力（3.687）と一致することがわかります。標準化された誤差分散（0.976）は，従属変数の分散のうち，独立変数によって説明されない分散の割合を示し，実際，先ほど非標準化誤差分散から算出した 97.6% という値と一致しています。R-SQUARE には独立変数による従属変数の説明率を意味する R^2 値（0.024）が表示されています。R^2 値は 1 から標準化誤差分散を引いた値で，やはり先ほど非標準化推定値から計算した 2.4% と一致しています。

標準化推定値は，測定の単位に依存しないため，標準化された効果の大きさを表す**効果量**の指標として用いることができます。近年では，多くの学術誌において，検定の結果と合わせて効果量を報告することが義務づけられています。効果量の指標には様々な種類のものがありますが，SEM においては，R^2 やパス係数の標準化推定値が効果量の指標として用いられます。効果量の大きさに関する目安として，Cohen（1988）は R^2 が .02 程度で小さい効果，.13 程度で中程度の効果，.26 程度で大きい効果を表すという基準を示しています。Cohen（1988）はパス係数の標準化推定値については言及していませんが，これと近い性質を持つ相関係数については，.10 程度で小さい効果，.30 程度で中程度の効果，.50 程度で大きい効果を表すという基準を示しており，パス係数にもしばしばこの基準が適用されます。これらの基準をあてはめると，今回のモデルにおける幸福感の R^2（.024）や開放性→幸福感のパス係数（.156）は小さい値に留まっていると言うことができます。

なお，1 つ注意しなければならないことは，非標準化推定値と標準化推定値で，パス係数における z 値（`Est./S.E.`）や p 値（`P-value`）がわずかに異なるという点です。例えば，開放性→幸福感のパス係数の z 値は，非標準化推定値では 2.942，標準化推定値では 2.930 となっています。このケースでは p 値に大きな差は生じていませんが，p 値が有意水準付近の値になるケースでは，非標準化推定値と標準化推定値で判定結果に違いが生じることもありえます。このような結果の違いは，M*plus* において，非標準化推定値と標準化推定値の標準誤差が別々に推定されることによって生じています。論文などでは，非標準化推定値を報告する場合には非標準化推定値の p 値，標準化推定値を報告する場合には標準化推定値の p 値を報告します。研究対象によって，非標準化推定値と標準化推定値のどちらが利用しやすいかは異なりますが，心理尺度の得点のように，測定値そのものが絶対的な意味を持たない測度を使用する場合，変数のスケールに依存しない標準化推定値の方が，解釈が容易であることが多いと思われます。一方で，年収や体重など，実質的な意味を持つ変数の場合，非標準化推定値の方が解釈に適している場合もあります。ただし，スペースが許す限りは，他の研究との比較がしやすいように，非標準化推定値と標準化推定値の両方を報告することが望ましいとされています。

以上の結果をまとめると，開放性は幸福感に有意な効果を持つものの，パス係数や説明率は比較的低い値に留まりました。この結果から言えば，開放性だけで，大学生の幸福感を説明するのは難しいと言えます。そこで，次は開放性以外の要因もモデルに組み込んだ重回帰モデルについて検証を行うことにします。

3.4　パス解析の分析例 2：重回帰モデル

今度は，図 3.20 に示すような重回帰モデルに基づく解析を行います。幸福感を規定する要因として，開放性に加えて，同じくビッグ・ファイブモデルを構成する因子の 1 つである外向性（活動的で対人的に積

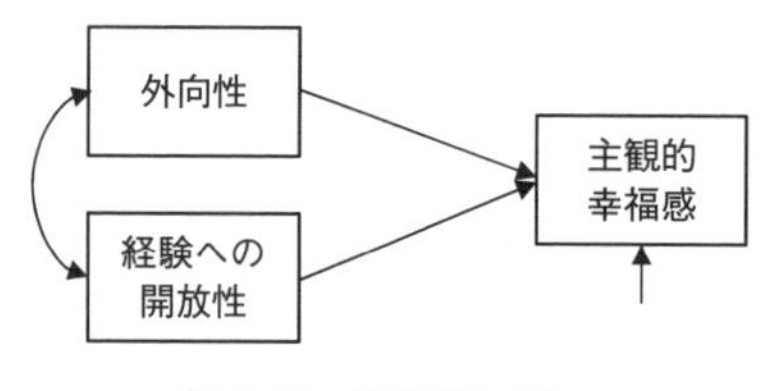

図3.20　重回帰モデル

極的な傾向）を設定します。2つの外生変数間には相関が想定されます。このモデルも，前節と同様に，すべての観測変数間に関連を想定した飽和モデルです。

3.4.1　シンタックス

この解析のシンタックスを図3.21に示します。前節のシンタックスから変更した点を太字で示しています。解析に使用する変数を選択する USEVAR オプションでは，外向性の下位尺度である「extra」を追加しています。解析するモデルを指定する MODEL コマンドの ON オプションにも，原因変数として「extra」を加えました。

3.3.3節で述べたように，M*plus* では特に指定しない限り，外生変数が推定の対象に含まれないため，いずれかの外生変数に欠測がある場合，そのケースはリストワイズ削除されてしまうことになります。もし各変数にまばらに欠測が存在する場合，外生変数の数が増えるほど，リストワイズ削除されるケースも増えてしまいます。したがって，外生変数に顕著な非正規性が見られない場合には，外生変数も推定の対象に含めることで，より多くのデータを分析に利用でき，リストワイズ削除にともなう推定の偏りも防げるというメリットがあります。これを実現するには，MODEL コマンド内で外生変数に関するパラメータの推定を要求する必要があります。ここでは，「extra open;」という命令で，2つの外生変数の分散を推定するよう要求することで，これらの変数を推定の対象に含めています。なお，ここで新たに推定に含める外向性の正規性については次節で確認します。

```
DATA: FILE = data_3.3.txt;

VARIABLE:  NAMES = id gender age happy extra cons neuro open agree;
           USEVAR = extra open happy; ! 外向性をモデルに追加
           MISSING = ALL(999);

MODEL: happy ON extra open; ! 外向性を原因変数に追加
       extra open; ! 外生変数を推定の対象に含める

ANALYSIS: ESTIMATOR = MLR;

OUTPUT: SAMP STDYX;

PLOT: TYPE = PLOT3;
```

図3.21　重回帰モデルのシンタックス
（前回のシンタックスからの変更点を太字で示した）

3.4.2　分析の概要と記述統計量

では，出力を順に見ていきましょう。サンプルの記述統計量に関する出力は図3.22のようになっています。相関行列（Correlations）を見ると，従属変数の幸福感（HAPPY）は，独立変数の外向性（EXTRA）と .310，開放性（OPEN）と .153 の相関を示しています。また，2つの独立変数の相互の相関は .343 となっています。新たに外向性をモデルに含めたことで，幸福感，開放性の平均値，分散や両者の共分散，相関が前回のモデルから微妙に変化しています。前述の通り，これらの基本統計量は完全情報最尤法によっ

```
SAMPLE STATISTICS

          ESTIMATED SAMPLE STATISTICS

              Means
              HAPPY         extra         open
              ________      ________      ________
      1       20.765        17.025        15.549

          Covariances
              HAPPY         extra         open
              ________      ________      ________
 HAPPY        23.413
 extra         7.389        24.339
 open          2.971         6.773        16.037

          Correlations
              HAPPY         extra         open
              ________      ________      ________
 HAPPY         1.000
 extra         0.310         1.000
 open          0.153         0.343         1.000

    MAXIMUM LOG-LIKELIHOOD VALUE FOR THE UNRESTRICTED (H1) MODEL IS -4520.177

UNIVARIATE SAMPLE STATISTICS

    UNIVARIATE HIGHER-ORDER MOMENT DESCRIPTIVE STATISTICS

         Variable/         Mean/     Skewness/   Minimum/ % with          Percentiles
        Sample Size      Variance    Kurtosis    Maximum  Min/Max      20%/60%    40%/80%    Median

HAPPY                      20.762      -1.040       4.000    0.96%      17.000     21.000     22.000
             520.000      23.412       0.980      28.000    3.27%      23.000     24.000
extra                      17.025      -0.227       4.000    1.15%      13.000     16.000     17.000
             521.000      24.339      -0.168      28.000    1.15%      19.000     21.000
open                       15.553       0.263       4.000    0.39%      12.000     15.000     15.000
             517.000      16.050       0.444      28.000    0.97%      16.000     19.000
```

図 3.22 サンプルの記述統計量に関する出力

て推定された値であるため，モデルに含まれる変数によって値も若干変化することになります。

一方，単変量の記述統計量（図 3.22 後半の `UNIVARIATE SAMPLE STATISTICS`）に関しては前回のモデルと同じ値であることが確認できます。今回，新たに推定の対象に含めた外向性の歪度（`Skewness`）や尖度（`Kurtosis`）は小さい値に留まっており，推定に影響を及ぼすような分布の非正規性は見られないことが確認できます。

3.4.3 モデル適合度に関する出力

図 3.23 にモデル適合度に関する出力の一部を示します。今回のモデルでは，2 つの独立変数から従属変数へのパス係数と，従属変数の切片および誤差分散に加え，独立変数の分散，平均，共分散が自由推定されているため，`Number of Free Parameters` は 9 となっています。前節と同様，今回も飽和モデルであるため，カイ二乗検定や CFI，RMSEA などの絶対的な適合度指標は利用できません。対数尤度や情報量基準は他のモデルとの比較に利用することができます。ただし，対数尤度はネストされたモデル間の比較にしか利用できず（3.5.3 節参照），情報量基準も観測変数が異なるモデル間の比較には基本的に利用できませんので，前節のモデルと今回のモデルの適合度を比較することはできません。

```
MODEL FIT INFORMATION

Number of Free Parameters  9

Loglikelihood

    H0 Value                      -4520.177
    H0 Scaling Correction Factor  1.1869
    for MLR
    H1 Value                      -4520.177
    H1 Scaling Correction Factor  1.1869
    for MLR

Information Criteria

    Akaike (AIC)                  9058.353
    Bayesian (BIC)                9096.655
    Sample-Size Adjusted BIC      9068.087
    (n* = (n + 2) / 24)

Chi-Square Test of Model Fit

    Value                         0.000*
    Degrees of Freedom            0
    P-Value                       0.0000
    Scaling Correction Factor     1.0000
    for MLR
```

図 3.23　モデル適合度に関する出力（抜粋）

3.4.4　パラメータ推定値に関する出力

図 3.24 にパラメータ推定値に関する出力を示します。ここでは標準化された結果のみを抜粋しています。従属変数の幸福感（HAPPY）に対する各独立変数からのパス係数の p 値を見ると，外向性（EXTRA）は高度に有意（$p < .001$）となっていますが，開放性（OPEN）は $p = .332$ で，有意になっていません。係数を見ても，開放性からのパス係数は .054 となっており，前回のモデルにおける .156 という推定値（3.3.6 節）から大きく減少しています。3.1.4 節で述べたように，ある独立変数と従属変数の相関は，「相関係数＝総合効果＋疑似相関」という形に分解することができます。したがって，独立変数と従属変数に相関があっても，その大部分が疑似相関であれば，因果的効果はほとんどないということもありえます。

疑似相関は，「その独立変数⇔他の独立変数の相関」と「他の独立変数→従属変数の効果」の積によって求められます。今回のケースの場合，開放性（OPEN）は，もう 1 つの独立変数である外向性（EXTRA）と .343 の相関を持ち（EXTRA WITH OPEN），外向性は従属変数の幸福感に .291 の効果を示しているため，外向性を介した疑似相関が $.343 \times .291 = .099$ 生じることになります。もともと幸福感と開放性の相関は .153 しかありませんので，その 6 割以上を疑似相関が占める計算になります。実際，この .153 から疑似相関の .099 を引くと .054 となり，今回の開放性のパス係数と一致します。つまり，前回のモデルで見られた開放性から幸福感への効果には，交絡因子である外向性による疑似相関が多く含まれており，それを取り除くと，有意な効果は見られなくなってしまいました。したがって，前回のモデルは，予測モデルとしては一定の意味があっても，因果モデルとしては誤りであったということになります。

このことは，3.1.6 節で述べた交絡因子の問題の重要さを明確な形で示しています。つまり，パス解析では，独立変数と相関を持ち，従属変数に影響を及ぼす交絡因子を適切にモデルに含めなければ，独立変数が従属変数に与える因果的効果を正確に評価することができません。このケースのように，交絡因子を適切に調整すれば有意な効果が見られない独立変数であっても，交絡因子をモデルに含めなければ一定の効果が検出されてしまうということは，それほど珍しい出来事ではありません。そして，この種のモデル

```
STDYX Standardization

                                                    Two-Tailed
                    Estimate       S.E.  Est./S.E.    P-Value

 HAPPY    ON
    extra              0.291      0.045      6.514      0.000
    open               0.054      0.055      0.970      0.332

 extra    WITH
    open               0.343      0.046      7.406      0.000

 Means
    extra              3.451      0.118     29.274      0.000
    open               3.883      0.133     29.138      0.000

 Intercepts
    HAPPY              3.079      0.292     10.535      0.000

 Variances
    extra              1.000      0.000    999.000    999.000
    open               1.000      0.000    999.000    999.000

 Residual Variances
    HAPPY              0.902      0.027     33.300      0.000


R-SQUARE

    Observed                                        Two-Tailed
    Variable        Estimate       S.E.  Est./S.E.    P-Value

    HAPPY              0.098      0.027      3.632      0.000
```

図 3.24 パラメータの標準化推定値に関する出力

設定の誤りは，モデル適合度には一切反映されません。したがって，あらかじめ 3.1.6 節に述べたような手順によって，理論的観点や先行研究の知見から交絡因子の網羅的な探索を行い，その影響を適切に評価したうえで，研究のデザインを設定する必要があります。このような綿密な理論的検討を行っていない場合，パス解析によって変数間の因果関係を検証することは不可能になります。

ところで，開放性の標準化パス係数の標準誤差（S.E.）に着目すると，.055 となっており，前節の分析におけるパス係数の標準誤差（.053）とほとんど変わりません。パス係数の推定精度を表す標準誤差には，独立変数間の相関が影響します。独立変数間の相関がきわめて高い場合，3.1.8 節で解説した**多重共線性**によって標準誤差が拡大し，係数の正確な推定が難しくなりますが，ここではそのような問題は生じていないようです。

最尤法において，パラメータ推定値は，パラメータの真の値を平均，標準誤差を標準偏差とする正規分布に従うと考えられています。これに基づいて考えると，仮に何度もデータの収集と推定を繰り返した場合，開放性→幸福感のパス係数は，今回の推定値±標準誤差，つまり，.054 ± .055（−.001〜 .109）の範囲に 68.3%（正規分布における平均値± 1 標準偏差の部分の面積）の確率で収まると言えます。また，今回の推定値± 1.96 標準誤差，つまり，.054 ± 1.96 × .055（−.054〜 .162）の範囲に 95%の確率で収まることになります（いわゆる **95%信頼区間**です）。同様に，外向性→幸福感のパス係数は，.291 ± 1.96 × .045（.203〜 .379）の範囲に 95%の確率で収まることになります。両者の信頼区間が重なっていないことを考えると，2 つのパス係数（.054 と .291）には，統計的に有意な差があると言えます。ただし，実際には信頼区間に一定の重なりがあっても，パラメータ間に有意差があるというケースもあります。こうしたパラメータ間の差をより明確に検証するための方法は3.7節で紹介します。

効果量について考えてみると，外向性→幸福感のパス係数は.291であり，Cohen（1988）の相関係数の基準（3.3.6節）を援用すれば，中程度の効果があると言うことができます。また，幸福感のR^2は.098であり，こちらも中程度に近い効果と見ることができます。これらの結果から，大学生において，開放性は幸福感に有意な効果を持たないが，外向性は中程度の効果を持つと結論づけられます。外向性と開放性は，どちらも外界への関心や積極性という要素を含んでいますが，前者はそれらが主に対人関係に向けられるのに対し，後者は主に知的な刺激に向けられるという違いがあります。したがって，知的な刺激よりも対人的な交流の方が，幸福感に直接関連すると推測することができます。

ここまでの解析は，従来の最小二乗法による回帰分析の枠組みでもほぼ同一の結果を得ることができます[18]。次節からは，パス解析の枠組みで扱うことが望ましいモデルについて解説していきます。

3.5　パス解析の分析例3：媒介モデル

ここでは，図3.25の媒介モデルに基づいた分析を行います。このモデルは外向性と幸福感を媒介する変数として2つの対人関係要素（社会関係資本）を新たに組み込んでいます。「結束型」とは集団の内部における親密な対人関係，「橋渡し型」とは異なる集団間における対人関係を指しています。前回のモデルで幸福感への有意な効果が見られた外向性は，対人関係の実際の状態ではなく，対人関係に対する志向性を表す概念です。したがって，もし良好な対人関係を築くことが幸福感に寄与すると考えるならば，外向性と幸福感の間には，実際の対人関係の状態が介在することが予想されます。そこで今回のモデルでは，媒介変数として対人関係の2要素を設定することにしました。

このモデルでは，対人関係の結束型と橋渡し型の間に誤差相関を仮定しています。これは，結束型と橋渡し型の間に，外向性では説明しきれない関連が存在するという想定を意味します。誤差相関の設定の是非については，SEMに関する文献の中でもやや議論が混乱しているように見受けられますが，測定モデル（因子分析モデル）と構造モデル（パス解析モデル）という2つの文脈を明確に分けて議論する必要があります。測定モデルの目的は，複数の観測変数の背後にある潜在変数（因子）によって観測変数間の関連を説明することにあります。したがって，観測変数間に誤差相関を設定することは，それらの観測変数間に潜在変数によって説明しきれない関連が残存することを意味しており，言ってみれば測定モデルの欠陥を自ら認めることに等しいと言えます[19]。一方，構造モデルの目的は，独立変数と従属変数の関係を調べることにあり，従属変数間の関連を説明することではありません。したがって，従属変数間に誤差相関を仮定したところで，モデルの誤りを認めたということにはなりません。むしろ，本来存在するはずの誤差相関を存在しないと見なして分析を行えば，モデル適合度が低下するだけでなく，パラメータ推定値にも歪みが生じることになります。以上のような理由から，パス解析の文脈では，特に明確な理由がない限り，単方向のパスが設定されていない従属変数間には誤差相関を仮定しておくのが望ましいと考えられます。

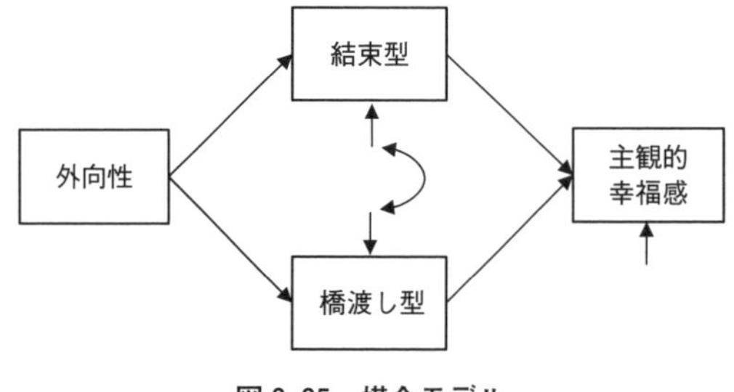

図3.25　媒介モデル

[18] ただし，推定法によって標準誤差やp値はやや異なります。

[19] ただし，逆転項目同士に誤差相関を仮定するなど，方法論上の明確な理由がある場合に誤差相関を設定することは許容されます。

また，このモデルでは，外向性と幸福感の間に直接のパスが想定されていません。したがって，外向性が 2 種類の対人関係を介さずに幸福感に与える直接効果は 0 であると仮定されていることになります。つまり，前回までと異なり，今回のモデルには一種の制約が課されている（＝飽和モデルではない）ことになりますので，モデルの適合度を評価することができます。媒介分析の文脈では，独立変数から帰着点の従属変数への直接効果が見られず，媒介変数を介した間接効果のみが見られる状態を**完全媒介**（直接効果と間接効果の両方が見られる状態は**部分媒介**）と呼びます。つまり，今回のモデルは完全媒介を仮定したモデルと言うことができます。

3.5.1 シンタックス

図 3.26 にこの媒介モデルのシンタックスを示します。DATA コマンドの FILE の参照先を対人関係の 2 変数を含んだデータファイルに変更しました。VARIABLE コマンドの NAMES と USEVAR に，その 2 変数（social1，social2）が加わっています。モデルを指定する MODEL コマンドでは，最初の 2 行の ON オプションで，幸福感に対人関係の 2 変数が影響し，対人関係の 2 変数に外向性が影響するというモデルが記述されています。

MODEL コマンドの 3 行目では対人関係の 2 変数の間に誤差相関が仮定されています。M*plus* において，相関や誤差相関を指定する場合は，いずれも WITH オプションを使用します。相関が仮定されるか誤差相関が仮定されるかは，その変数が外生変数であるか内生変数であるかによって自動的に判断されます（外生変数であれば相関，内生変数であれば誤差相関）。M*plus* では外生変数間の相関は，指定しなくても自動的に仮定されますが，内生変数間の誤差相関は，状況によって自動的に仮定される場合とそうでない場合があります。具体的には，複数の内生変数が (1) 他の変数への単方向のパスを持たず，(2) モデル内の因子の指標（因子を構成する項目）ではなく，(3) カテゴリデータや回数データでない場合，それらの内生変数間に自動的に誤差相関が仮定されます。今回の場合，(1) の条件を満たさないため，誤差相関を明示的に指定する必要があります。

今回のシンタックスでは，新しく MODEL INDIRECT というコマンドが使用されています。これは指定した変数間の間接効果（直接効果や総合効果も）に関する情報を出力するためのコマンドです。今回は「happy IND extra;」と指定しているため，外向性から幸福感への間接効果についての情報が出力されます。

OUTPUT コマンドには，新たに RESIDUAL オプションと MOD オプションが加わっています。RESIDUAL オプションは，サンプルの分散共分散行列と，モデルの制約に基づいて再現される分散共分散行列の間のズ

```
DATA: FILE = data3.5.txt;

VARIABLE: NAMES = id gender age happy extra cons neuro open agree
          social1-social2; ! 対人関係の 2 変数をデータセットに追加
          USEVAR = extra social1 social2 happy;
          MISSING = ALL(999);

ANALYSIS: ESTIMATOR = MLR;

MODEL: happy ON social1 social2; ! 対人関係の 2 変数→幸福感
       social1 social2 ON extra; ! 外向性→対人関係の 2 変数
       social1 WITH social2; ! 媒介変数間の誤差相関
       extra;

MODEL INDIRECT: happy IND extra; ! 外向性から幸福感の間接効果の出力

OUTPUT: SAMP STDYX RESIDUAL MOD(0); ! 誤差相関と修正指標の出力を追加"
```

図 3.26 媒介モデルのシンタックス
（前回のシンタックスからの変更点を太字で示した）

レ（残差）を出力します。これはモデルの部分的な適合を評価する情報として役立ちます。`MOD` は，**修正指標**（modification indices）を出力するためのオプションで，やはりモデルの部分的な適合の評価に有用な情報を提供します。デフォルトでは，修正指標が 10 以上のパラメータについての情報のみ表示されますが，すべてのパラメータについて表示したいときは「`MOD(0)`」と指定します（括弧内の数字以上の値を持つ修正指標が出力されます）。

3.5.2　モデル適合度に関する出力

前半の出力は，これまでの解析と重複する部分が大きいため，ここではモデル適合度に関する情報から見ていくことにします（図 3.27）。今回は飽和モデルではないため，モデルのカイ二乗検定の結果が得られています（`Chi-Square Test of Model Fit`）[20]。自由度（`Degrees of Freedom`）は 1 になっています。既述のように，自由度は飽和モデルで 0 になり，モデルに制約を課した分だけ（自由推定するパラメータを減らした分だけ）増えていきます。今回のモデルは，外向性と幸福感に直接のパスを設定していないので，両者の直接の関連は 0 という制約が置かれている形になります。他の変数のペアに関してはすべて直接の関連（パスまたは誤差相関）が仮定されているので，これらは自由推定されます。つまり，今回は飽和モデルに 1 つだけ制約を課した形になるので，自由度が 1 になっています。

さて，肝心のカイ二乗値を見ると，4.195 となっています。p 値（`P-Value`）が 0.0405 となっていることから，自由度 1 のカイ二乗分布において，この値以上のカイ二乗値が得られる確率は 4.05％しかなく，検定結果は 5％水準で有意であることがわかります。ここでは「モデルが正しい」（モデルとデータにズレがない）という帰無仮説のもとでカイ二乗検定を行っているため，検定結果が有意であるということは，モデルが正しくない（モデルとデータにズレがある）可能性が高いことを意味します。今回のモデルでは，外向性から幸福感への直接効果を仮定しておらず，この制約によってモデルの適合が有意に悪化したということがわかります。

なお，カイ二乗検定の結果の下に，4 行ほどのメッセージが表示されています。このメッセージは，MLR などのロバスト推定法を使用した場合に表示されるもので，別のモデルとのカイ二乗値の差異を検定する際に，通常の方法での検定は行えないことを知らせています。この点については，7.2.2 節で詳細に解説します。

`RMSEA` は .078 となっています。1.3.4 節で述べたように，RMSEA の経験的な基準として，.05 以下がよい適合，.05〜.10 が中程度の適合，.10 以上が悪い適合を示すとされています（.06 以下が望ましいという基準を示している文献もあります；Hu & Bentler, 1998）。このモデルは .078 という中間的な値を示しており，適合はあまり良好とは言えません。その下には RMSEA の 90％信頼区間が表示されていますが，.013〜.162 という広い範囲にわたっており，今回の RMSEA の推定値の信頼度はあまり高くないことがわかります。一般に，RMSEA はサンプルサイズとモデルの自由度が小さいほど，推定の誤差が大きくなることが知られています。今回の場合は，自由度が 1 と小さいため，誤差が大きく，信頼区間が広くなっています。また，その下には，RMSEA がよい適合の基準である .05 を下回る確率が示されていますが，今回は 18.3％という低い値に留まっています。以上をまとめると，RMSEA からはモデル適合の良好さを示す積極的な証拠は得られませんでした。

一方，`CFI` は .992 で，こちらは経験的な基準である .90 以上や .95 以上をクリアしています。同じく .90 以上や .95 以上が経験的基準とされる `TLI` は .950 であり，一定の適合が示されていると言えます。`SRMR` は .018 で，これも経験的基準である .05 以下や .08 以下を満たしています。

これらの結果を総合すると，今回のモデルの適合度は一定水準には達しているものの，必ずしも良好とまでは言えません。

---

[20] 下の方に「Chi-Square Test of Model Fit for the Baseline Model」というものもありますが，こちらはどの変数間にも関連を指定していない独立モデルにおけるカイ二乗値を表しています。CFI や TLI は独立モデルを基準として，今回のモデルがどの程度優れているかを評価する指標であるため，その基準（baseline）となる独立モデルのカイ二乗値がここに表示されています。

```
MODEL FIT INFORMATION

Number of Free Parameters        13

Loglikelihood

   H0 Value                      -6095.976
   H0 Scaling Correction Factor  1.1724
   for MLR
   H1 Value                      -6093.699
   H1 Scaling Correction Factor  1.1662
   for MLR

Information Criteria

   Akaike (AIC)                  12217.952
   Bayesian (BIC)                12273.276
   Sample-Size Adjusted BIC      12232.012
   (n* = (n + 2) / 24)

Chi-Square Test of Model Fit

   Value                         4.195*
   Degrees of Freedom            1
   P-Value                       0.0405
   Scaling Correction Factor     1.0856
   for MLR

*  The chi-square value for MLM, MLMV, MLR, ULSMV, WLSM and WLSMV cannot be used
   for chi-square difference testing in the regular way.  MLM, MLR and WLSM
   chi-square difference testing is described on the Mplus website.  MLMV, WLSMV,
   and ULSMV difference testing is done using the DIFFTEST option.

RMSEA (Root Mean Square Error Of Approximation)

   Estimate                      0.078
   90 Percent C.I.               0.013       0.162
   Probability RMSEA <= .05      0.183

CFI/TLI

   CFI                           0.992
   TLI                           0.950

Chi-Square Test of Model Fit for the Baseline Model

   Value                         392.456
   Degrees of Freedom            6
   P-Value                       0.0000

SRMR (Standardized Root Mean Square Residual)

   Value                         0.018
```

図 3.27　モデル適合度に関する出力

3.5.3　パラメータ推定値に関する出力

図 3.28 にパラメータの標準化推定値に関する出力の一部を示します。まず対人関係の結束型（SOCIAL1），橋渡し型（SOCIAL2）から幸福感へのパス係数が，それぞれ .283 および .215 で，いずれも統

```
STDYX Standardization

                                                 Two-Tailed
                    Estimate       S.E.  Est./S.E.    P-Value

 HAPPY    ON
    SOCIAL1            0.283      0.050      5.614      0.000
    SOCIAL2            0.215      0.053      4.052      0.000

 SOCIAL1  ON
    EXTRA              0.443      0.039     11.409      0.000

 SOCIAL2  ON
    EXTRA              0.530      0.035     15.005      0.000

 SOCIAL1  WITH
    SOCIAL2            0.333      0.045      7.366      0.000
```

図 3.28　パラメータの標準化推定値に関する出力（一部抜粋）

計的に有意となっていることが読み取れます。外向性（EXTRA）から結束型，橋渡し型へのパス係数も有意になっています。また，結束型，橋渡し型の誤差相関も .333 と中程度の値を示しています。

これらの通常の出力に加えて，今回，MODEL INDIRECT コマンドでパーソナリティの 2 変数から幸福感への間接効果に関する出力を要求したため，図 3.29 のような出力が表示されます。ここでは標準化された結果のみを抜粋しています。最初に，外向性（EXTRA）から幸福感（HAPPY）への効果の内訳が表示されています。総合効果（Total）と間接効果の合計（Total indirect）がいずれも .239 で，統計的に有意であることが示されています。今回は，直接効果を仮定していない（間接効果のみ仮定している）ため，間接効果の合計と総合効果は一致しています。次に，個々の媒介変数を介した間接効果に関する結果が表示されています。それぞれの間接効果は，ルート上のパス係数の積に一致します。例えば，結束型（SOCIAL1）

```
STANDARDIZED TOTAL, TOTAL INDIRECT, SPECIFIC INDIRECT, AND DIRECT EFFECTS

STDYX Standardization

                                                 Two-Tailed
                    Estimate       S.E.  Est./S.E.    P-Value

Effects from EXTRA to HAPPY

  Total                0.239      0.033      7.289      0.000
  Total indirect       0.239      0.033      7.289      0.000

  Specific indirect

    HAPPY
    SOCIAL1
    EXTRA              0.126      0.026      4.789      0.000

    HAPPY
    SOCIAL2
    EXTRA              0.114      0.031      3.730      0.000
```

図 3.29　間接効果の標準化推定値に関する出力

を介した間接効果は .126 となっていますが，これは，外向性→結束型のパス係数（.443）と結束型→幸福感のパス係数（.283）を掛けた値に一致します[21]。もともとのパス係数が高度に有意であったため，その積としての間接効果も有意になっています[22]。結束型を介した間接効果と橋渡し型を介した間接効果はほぼ等しい値を示しています。この 2 つの間接効果を合計すると，上の `Total indirect` の値と一致します[23]。今回，外向性の総合効果は .239 となっていますが，これは前節で見られた外向性の効果 .291 よりも小さくなっています。これは今回のモデルで外向性から幸福感への直接効果を設定しなかったことによるものです。そう考えると，今回のモデルは外向性の効果を過小評価していると言えるかもしれません。

以上の結果をまとめると，外向性は結束型と橋渡し型という 2 種類の対人関係を介して間接的に幸福感に影響することが示唆されました。しかし，今回のモデルの適合度は必ずしも良好とは言えないものでした。特にカイ二乗検定の結果が有意になっているということは，今回のモデルで設定しなかった外向性から幸福感への直接効果が本来は有意であることを示唆しており，これをモデルに導入することで結果が変化することが予想されます。そこで次節では，モデルの修正を行い，どのような結果の違いが生じるかを見てみることにします。

3.6　パス解析の分析例 4：モデルの修正・比較

1.3.9 節で述べたように，パス解析や SEM は，もともとモデルの検証のための手法であり，過度なモデルの修正は避けなければいけません。しかし，構造モデル（パス解析）においては，わずかなモデル適合の問題がパラメータ推定値に大きな影響を及ぼすことがあります。したがって，カイ二乗検定が有意になる程度のモデル適合の問題があれば，それを放置してパラメータの解釈を行うよりも，適切な理論的根拠に基づいてモデルの修正を施した方が，より妥当な結論にたどり着ける可能性が高いと考えられます。

3.6.1　残差行列と修正指標

モデルの修正を行ううえで，まず必要になるのは，モデルの適合を低下させている原因を考察することです。そのためには，残差行列と修正指標を確認することが有効です。今回の場合は，モデルに課した制約が 1 つ（外向性から幸福感への直接効果を 0 に固定）しかないため，モデル適合の問題を生じさせている原因は明白ですが，ここではデモンストレーションとして残差行列や修正指標の見方を解説しておきます。

図 3.30 に，3.5 節の媒介モデルにおける残差行列を示します。残差とは，観測された値とモデルに基づいて推定された値のズレを意味します。カイ二乗値や CFI，RMSEA などの適合度指標は，このズレに基づいて算出されているため，ズレが具体的にどの部分で生じているのかという**部分的適合**について検討することで，モデルの**全体的適合**を改善するために有用な情報を得ることができます。M*plus* は，`OUTPUT` コマンドの `RESIDUAL` オプションによって，平均値・切片に関する残差と分散・共分散に関する残差を出力しますが，ここでは平均値や切片に関する制約は特に設けていないため，分散・共分散に関する残差のみを掲載しています。

分散・共分散に関する残差は，行列の形式で表示されるため，**残差行列**と呼ばれます。M*plus* では，非標準化残差（`Residuals`），**標準化残差**（`Standardized Residuals`），**正規化残差**（`Normalized Residuals`）という 3 種類の残差が出力されます。非標準化残差行列は，サンプルの分散・共分散とモデルに基づいて

[21] ただし，丸めの誤差の影響で .125369 となります。

[22] ただし，個々のパス係数が有意でも，その積である間接効果が有意にならないケースもしばしばあります。これは複数のパラメータの積が必ずしも正規分布に従うとは限らないためで，多くの場合，間接効果の検定は，個々のパス係数の検定よりも厳しくなることが知られています（MacKinnon, 2008）。この問題に対処するためには，ANALYSIS コマンドの BOOTSTRAP オプションと OUTPUT コマンドの CINTERVAL（BCBOOTSTRAP）を使用することで，ブートストラップ法により，非正規の間接効果の信頼区間を得るという方法があります。ただし，この方法は MLR などのロバスト推定法とは併用できないため，ここでは使用していません。

[23] ただし，丸めの誤差の影響で，.240 となります。

```
         Residuals for Covariances/Correlations/Residual Correlations
              SOCIAL1       SOCIAL2       HAPPY         EXTRA
              ________      ________      ________      ________
 SOCIAL1       -0.001
 SOCIAL2        0.002         0.002
 HAPPY         -0.014        -0.004        -0.003
 EXTRA         -0.002        -0.002         1.651         0.000


         Standardized Residuals (z-scores) for Covariances/Correlations/Residual Corr
              SOCIAL1       SOCIAL2       HAPPY         EXTRA
              ________      ________      ________      ________
 SOCIAL1       -0.019
 SOCIAL2        0.055         0.059
 HAPPY         -1.062        -0.139       999.000
 EXTRA         -0.071       999.000         2.339         0.009


         Normalized Residuals for Covariances/Correlations/Residual Correlations
              SOCIAL1       SOCIAL2       HAPPY         EXTRA
              ________      ________      ________      ________
 SOCIAL1        0.000
 SOCIAL2        0.001         0.001
 HAPPY         -0.009        -0.003        -0.002
 EXTRA         -0.001        -0.001         1.391         0.000
```

図 3.30　残差に関する出力

推定された分散・共分散の差を表しています。しかし，分散・共分散の値は，個々の変数のスケールによって様々な値を取るため，非標準化残差をそのままズレの指標として解釈することは困難です。一方，標準化残差行列は，非標準化残差を，サンプルとモデル推定値の差の標準偏差によって割った値を示し，近似 z 値と見なすことが可能です。つまり，絶対値が 1.96 を上回れば 5 %水準，2.58 を上回れば 1 %水準で有意な残差があると判断することができます。ただし，標準化残差は計算上のエラーによって推定されないことも多いため（図中で 999.000 となっているもの），その場合には最下段の正規化残差を見ます。正規化残差は，非標準化残差をサンプルの標準偏差で割った値であり，常に標準化残差よりも小さい値を示します。したがって，正規化残差に基づく検定は，標準化残差に基づく検定よりも，保守的な（つまり有意になりにくい）ものになります。

図 3.30 の出力を見ると，外向性（`EXTRA`）と幸福感（`HAPPY`）の共分散に顕著な残差があることが確認できます。標準化残差は 2.339，正規化残差は 1.391 であり，前者は有意な値となっています。この結果は，外向性から幸福感への直接効果を想定しなかったことで，外向性と幸福感の相関がモデルによってうまく説明されなくなっていることを意味します。

次に，**修正指標**について見てみます。図 3.31 に修正指標に関する出力を示します。修正指標とは，個々のパラメータの制約を外した（パラメータを自由推定した）場合に，モデルのカイ二乗値がどの程度低下するかを意味しています。つまり，この値が大きいほど，そのパラメータを自由推定することによるモデルの改善の程度が大きいことを意味します。今回は，「`MOD(0)`」という形で指定したため，修正指標が 0 以上のパラメータが表示されています。修正指標は常に 0 以上の値を取るため，実質的にはすべてのパラメータが表示されていることになります。ただし，当然のことながら，モデル上ですでに自由推定されているパラメータは表示されません。

`ON Statements` には単方向のパス，`WITH Statements` には相関・誤差相関に関するパラメータの情報が表示されています。`M.I.` は修正指標（Modification Indices）を表します。前述のように，修正指標は，そのパラメータをモデルに含めた（自由推定した）場合のカイ二乗値の改善の程度を意味しますので，自

```
MODEL MODIFICATION INDICES

NOTE: Modification indices for direct effects of observed dependent variables
regressed on covariates may not be included.  To include these, request
MODINDICES (ALL).

Minimum M.I. value for printing the modification index     0.000

                              M.I.        E.P.C.      Std E.P.C.   StdYX E.P.C.

ON Statements

SOCIAL1    ON HAPPY          4.171       -0.392       -0.392        -0.353
SOCIAL2    ON HAPPY          4.170       -0.232       -0.232        -0.206
HAPPY      ON EXTRA          4.170        0.101        0.101         0.103

WITH Statements

HAPPY      WITH SOCIAL1      4.170       -7.465       -7.465        -0.355
HAPPY      WITH SOCIAL2      4.169       -4.428       -4.428        -0.220
EXTRA      WITH HAPPY        4.171        2.453        2.453         0.114
```

図 3.31　修正指標に関する出力

由度 1 のカイ二乗分布にしたがいます。したがって，修正指標が 3.84 以上のとき 5 %水準，6.63 以上のとき 1 %水準，10.83 以上のとき 0.1%水準で，モデルが有意に改善することを意味します。E.P.C. は，パラメータ変化の期待値（Expected Parameter Change）の略で，そのパラメータが自由推定された場合の非標準化推定値の期待値を表します。StdYX E.P.C. は，そのパラメータが推定された場合の標準化推定値の期待値です[24]。

合計で 6 つのパラメータが表示されていますが，このうち「SOCIAL1 ON HAPPY」や「SOCIAL2 ON HAPPY」というのは，モデル内の仮定とは逆方向の幸福感から対人関係へのパスを意味します。このような両方向のパス（フィードバックループ）を設定するモデルは非逐次的モデルと呼ばれ，特別な道具立てがなければ扱うことができません。また，「WITH Statements」に表示された 3 つのパラメータは，独立変数と従属変数の間に相関を仮定するもので，これも同様にモデルを非逐次的にしてしまう性質があります。したがって，ここで現実的に導入可能なのは，「HAPPY ON EXTRA」のみです。「HAPPY ON EXTRA」は修正指標が 4.170 であり，上記の基準に照らして，5 %水準で有意であることがわかります。StdYX E.P.C. は .103 であり，モデルに導入された場合は .103 という標準化推定値が得られることが示されています。こうした結果を踏まえ，今度は外向性から幸福感への直接効果を追加したモデル（図 3.32）で再度分析を行うこととします。

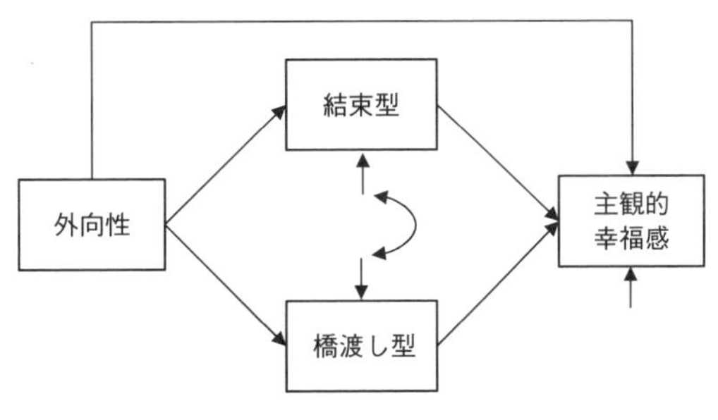

図 3.32　修正モデル

[24] その間にある Std E. P. C. は連続的な潜在変数（因子）の分散のみを標準化した場合の数値です。基本的には右の StdYX E. P. C. を確認すれば OK です。

```
DATA: FILE = data3.5.txt;

VARIABLE: NAMES = id gender age happy extra cons neuro open agree
          social1-social2;
          USEVAR = extra social1 social2 happy;
          MISSING = ALL(999);

ANALYSIS: ESTIMATOR = MLR;

MODEL: happy ON social1 social2 extra; ！外向性→幸福感の直接効果を追加；
       social1 social2 ON extra;
       social1 WITH social2;
       extra;

MODEL INDIRECT: happy IND extra;

OUTPUT: SAMP STDYX RESIDUAL MOD(0);
```

図 3.33　修正モデルのシンタックス

3.6.2　シンタックス

修正モデルのシンタックスを図 3.33 に示します。幸福感に対して新たに外向性（extra）からの直接効果が設定されています。

3.6.3　モデル適合度に関する出力

今回のモデルはすべての変数間に直接の関連を設定した飽和モデルであるため，モデル適合度は評価できません。図 3.34 にパラメータの標準化推定値に関する出力の一部を示します。外向性（EXTRA）から幸福感（HAPPY）へのパス係数は .103 であり，有意になっています。これは前回のモデルの修正指標の出力（3.6.1 節）にあった StdYX E.P.C. の値と一致しています。また，この係数の p 値は .040 であり，初期モデルのカイ二乗検定の p 値と一致していることが確認できます。外向性の直接効果が加わったことで，対人関係の 2 変数から幸福感へのパスにも若干の変化が生じています。これは外向性という交絡因子によって生じていた疑似相関が取り除かれたことによるものです。

```
STANDARDIZED MODEL RESULTS

STDYX Standardization

                                                Two-Tailed
                    Estimate       S.E.  Est./S.E.    P-Value

 HAPPY    ON
    SOCIAL1            0.258      0.050      5.165      0.000
    SOCIAL2            0.172      0.062      2.776      0.006
    EXTRA              0.103      0.050      2.057      0.040

 SOCIAL1  ON
    EXTRA              0.443      0.039     11.404      0.000

 SOCIAL2  ON
    EXTRA              0.530      0.035     15.003      0.000

 SOCIAL1  WITH
    SOCIAL2            0.333      0.045      7.370      0.000
```

図 3.34　パラメータの標準化推定値に関する出力（一部抜粋）

```
STANDARDIZED TOTAL, TOTAL INDIRECT, SPECIFIC INDIRECT, AND DIRECT EFFECTS

STDYX Standardization

                                                Two-Tailed
                       Estimate    S.E.   Est./S.E.   P-Value

Effects from EXTRA to HAPPY

  Total                  0.309      0.042      7.284      0.000
  Total indirect         0.206      0.036      5.667      0.000

  Specific indirect

   HAPPY
   SOCIAL1
   EXTRA                 0.114      0.025      4.621      0.000

   HAPPY
   SOCIAL2
   EXTRA                 0.091      0.034      2.682      0.007

   Direct
   HAPPY
   EXTRA                 0.103      0.050      2.057      0.040
```

図 3.35　間接効果の標準化推定値に関する出力

間接効果の標準化推定値に関する出力を図 3.35 に示します。外向性（EXTRA）から幸福感（HAPPY）への総合効果は .309 で初期モデルの .239 から大きく上昇し，3.4 節の重回帰モデルの結果とほぼ等しくなっています（微妙な違いは開放性をモデルに含めていないことによります）。また，間接効果の合計は .206 で，こちらは初期モデルの .239 からやや低下しています。個々の間接効果も少しずつ低下していることが確認できます。直接効果が加わったことで総合効果が増えた一方，疑似相関が取り除かれたことで間接効果は減少したという形です。直接効果は .103 で，図 3.34 の外向性から幸福感へのパス係数と一致しています。総合効果に占める内訳を計算してみると，66.7%（.206 ÷ .309）が間接効果，33.3%（.109 ÷ .309）が直接効果ということになり，外向性の総合効果の約 3 分の 1 は対人関係を媒介しない直接効果であることがわかります。

以上のように，外向性の直接効果をモデルに含めたことで，結果の様相は大きく変化しました。初期モデルの適合は，カイ二乗値が有意になっていたものの，RMSEA は中程度の適合，CFI，TLI，SRMR は非常に良好な適合を示していました。しかし，この程度の適合の問題であっても，結果にこれだけの歪みを生じさせることが確認されました。もし一般的な適合度指標の経験的基準に機械的に従って，この適合の問題を無視してしまえば，こうした歪みに気づくこともなく，誤った結果を報告することになってしまうでしょう。したがって，1.3.9 節や 1.3.11 節でも述べたように，構造モデルにおける適合の問題には，測定モデルのシミュレーションで導出された適合度指標の経験的基準をあてはめるべきではなく，カイ二乗検定が有意になる程度の適合の問題があれば，その原因を明らかにし，モデルの修正を行うことが望ましいと考えられます。

3.7　パス解析の分析例 5：パラメータの比較

モデル内の複数のパラメータが等しいか否かが関心の対象となることがあります。例えば，外向性が結束型と橋渡し型の対人関係のどちらにより強く影響するかを知りたいというようなケースです。パス解析やSEMでは，それぞれのパラメータの推定値に加えて，推定の精度を示す標準誤差が算出されるため，それらを組み合わせて，それぞれのパラメータの異同をおおまかに知ることはできます。例えば，2つのパス係数の標準化推定値の95%信頼区間（3.4.4節参照）が互いに重なっていなければ，両者の間には有意な差があると判断して間違いありません。しかし，このような方法では正確な判断が下せない場合も多くあります。例えば，3.6.4節の結果では，外向性（extra）→結束型（social1）の標準化係数の信頼区間が.443 ± 1.96 × 0.039（.367～.519），開放性（open）→橋渡し型（social2）の標準化係数の信頼区間が.530 ± 1.96 × 0.035（.461～.599）となります。このとき，両者の95%信頼区間は一部重なっていますが，それは2つの推定値に有意差がないということを必ずしも意味しません。つまり，95%信頼区間の重なりがないということは，2つのパラメータに有意差があることの十分条件ではあっても，必要条件ではありません。また，この方法では両者の差の正確なp値を知ることができません。

したがって，パラメータ間の差を積極的に論じたいときには，このような比較の方法では不十分です。SEMでは，パラメータ間の差について検定を行う方法として，主に2つのアプローチが用いられます。1つは**対数尤度比検定**（カイ二乗差異検定），もう1つは**Wald検定**と呼ばれる方法です。以下，それぞれの方法によるパラメータの比較の手順を解説していきます。

3.7.1　対数尤度比検定によるパラメータ比較

対数尤度比検定（カイ二乗差異検定）によるパラメータ比較では，比較したい2つのパラメータの間に**等値制約**（パラメータが等しいという制約）を置かないモデルと置いたモデルを別々に推定し，それらのカイ二乗値の差に基づいてモデルの比較を行います。この2つのモデルは，2つのパラメータに等値制約を課したか否かという一点だけが変化しているモデルなので，モデル間で有意なカイ二乗値の差があれば，それはパラメータ間の等値制約が有意にモデルの適合を低下させたこと，つまりパラメータ間に有意な差があることを意味します。

ここでは，3.6節のモデルに基づいて，外向性が結束型と橋渡し型の対人関係に及ぼす影響が異なるか否かを検証します。パラメータ間に等値制約を置かないモデルはすでに3.6節で解析しているため，ここでは等値制約を置いたモデルを指定していきます。ただし，3.6節のモデルは飽和モデルであり，カイ二乗値が0であるため，今回の場合，等値制約を置いたモデルのカイ二乗値そのものが，パラメータ間に有意差があるか否かを示すことになります。

```
DATA: FILE = data3.5.txt;

VARIABLE: NAMES = id gender age happy extra cons neuro open agree
          social1-social2;
          USEVAR = extra social1 social2 happy;
          MISSING = ALL(999);

DEFINE: STANDARDIZE extra social1 social2 happy;
!標準化係数上で比較を行うため，あらかじめ全変数を標準化

ANALYSIS: ESTIMATOR = MLR;

MODEL: happy ON social1 social2 extra;
       social1 ON extra(a);  !比較するパラメータにラベルをつける
       social2 ON extra(b);  !比較するパラメータにラベルをつける
       social1 WITH social2;
       extra;

MODEL CONSTRAINT: a = b; !パラメータが等しいという制約

OUTPUT: SAMP STDYX;
```

図3.36　対数尤度比検定によるパラメータ比較のためのシンタックス

```
Chi-Square Test of Model Fit

     Value                        3.360*
     Degrees of Freedom           1
     P-Value                      0.0668
     Scaling Correction Factor    1.1226
     for MLR
```

図 3.37　カイ二乗検定に関する出力

図 3.36 に，パラメータ間に等値制約を課したモデルのシンタックスを示します。前回のシンタックスと比べると，新たに `DEFINE` コマンドが加わっています。`DEFINE` コマンドは，変数に何らかの操作を加えたり，新しい変数を定義する場合に用いられるコマンドです。ここでは，変数を標準化（平均を 0，標準偏差を 1 にする操作）する `STANDARDIZE` オプションを使用しています。パラメータを比較する際，非標準化係数をそのまま比較する場合[25]と標準化係数を比較する場合がありますが，今回は，異なるスケールを持つ変数間のパス係数を比較するため，非標準化係数の比較には意味がなく，標準化係数の比較を行う必要があります。M*plus* には標準化係数の比較を直接行うためのコマンドは実装されていないため，ここではあらかじめ `STANDARDIZE` オプションによって各変数を標準化しておくことで，パラメータ推定値そのものが標準化係数となるようにしておきます。

`MODEL` コマンドでは，外向性から結束型と橋渡し型へのパスを指定する命令（`social1 social2 ON extra`）を 2 行に分け，各命令の後に括弧で囲まれたアルファベットが記述されています。これはパラメータにラベルをつけるための記述で，「`social1 ON extra(a)`」と書けば，外向性（`extra`）→結束型（`social1`）のパス係数に a というラベルをつけることを意味します。ON 命令の直後に配置されればパス係数，`WITH` 命令の直後に配置されれば共分散（または誤差共分散），変数名のみの直後に配置されれば分散（または誤差分散）にラベルをつけることができます。ただし，M*plus* の仕様上，<u>パラメータにラベルをつける際には，それぞれのラベルごとに行を分けなければならない</u>ことに注意が必要です。

その下に，`MODEL CONSTRAINT` というコマンドが加わっています。これがパラメータに制約を課すためのコマンドで，ここでは a（外向性→結束型）と b（外向性→橋渡し型）という 2 つのパラメータに等値制約を課しています[26]。

図 3.37 に，このシンタックスを実行して得られたカイ二乗検定に関する出力を示します。前述のように，今回は比較対象のモデルが飽和モデルであるため，このカイ二乗検定そのものが，等値制約が置かれたパラメータ間の有意差に関する検定になっています。今回は，p 値が .0668 であり，わずかですが .05 を上回っているため，パラメータ間に有意差はないという判定になります。

3.7.2　Wald 検定によるパラメータ比較

前節で述べたように，対数尤度比検定によるパラメータ比較では，比較したいパラメータ間に等値制約を課すモデルと課さないモデルを別々に推定するという手順を取りますが，Wald 検定によるパラメータ比較では，単一のモデル（比較したいパラメータ間に等値制約を置かないモデル）で推定されたパラメータについて，事後的にその差異を検定します。2 つのモデルについて推定を行う必要がないため，手順はやや簡単になります。

図 3.38 に Wald 検定によるパラメータ比較のためのシンタックスを示します。前節のシンタックスと異なるのは一点だけで，`MODEL CONSTRAINT` コマンドの代わりに，`MODEL TEST` コマンドが使用されています。`MODEL TEST` コマンドは，モデル自体に制約を課さず，事後的にパラメータに関する Wald 検定を行う

---

[25] 例えば，データセットを複数の集団に分けて分析する多母集団分析では，多くの場合，非標準化係数を比較します。

[26] 複数のパラメータに等値制約を課すのは，それらのパラメータに同一のラベルをつけるという，より簡便な方法によっても行うことができますが，ここでは後で解説する Wald 検定との違いをわかりやすくするため，MODEL CONSTRAINT コマンドを使用する方法を取っています。

```
DATA: FILE = data3.5.txt;

VARIABLE: NAMES = id gender age happy extra cons neuro open agree
          social1-social2;
          USEVAR = extra social1 social2 happy;
          MISSING = ALL(999);

DEFINE: STANDARDIZE extra social1 social2 happy;

ANALYSIS: ESTIMATOR = MLR;

MODEL: happy ON social1 social2 extra;
       social1 ON extra(a);
       social2 ON extra(b);
       social1 WITH social2;
       extra;

MODEL TEST: a = b; ! パラメータが等しいという帰無仮説

OUTPUT: SAMP STDYX;
```

図 3.38　Wald 検定によるパラメータ比較のためのシンタックス

ためのコマンドです。ここでは a = b と指定しているため，a（外向性→結束型）と b（外向性→橋渡し型）という 2 つのパラメータが等しいという帰無仮説のもとで Wald 検定が行われます。

MODEL TEST コマンドを使用すると，モデル適合度に関する出力の中（カイ二乗検定の結果の下）に，図 3.39 のような Wald 検定に関する出力が表示されます。Wald 統計量は，近似的にカイ二乗分布に従ううため，カイ二乗値と同様の解釈が可能です。ここでは，自由度が 1，Wald 統計量が 3.292 であるため，p 値は .0696 であり，対数尤度比検定と同様，有意ではないという結果になっています。

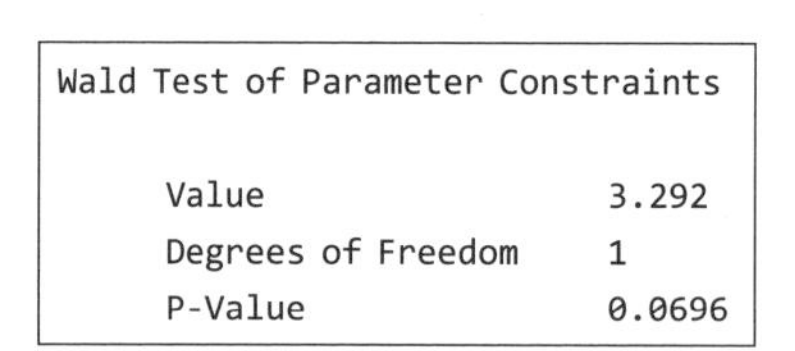

```
Wald Test of Parameter Constraints

     Value                     3.292
     Degrees of Freedom        1
     P-Value                   0.0696
```

図 3.39　Wald 検定に関する出力

3.292 という Wald 統計量の値は，前節の対数尤度比検定における 3.360 という統計量と，わずかながら異なっています。このように，対数尤度比検定と Wald 検定は，ほとんど同一の結果をもたらすものの，わずかに差が生じることが知られています（Frank, 2001）。両者の結果の差は，通常それほど顕著ではないため，基本的には，手順の簡便な Wald 検定を用いる方針で大きな問題はないと思われます。ただし，正確さの観点では Wald 検定より対数尤度比検定が優れていることが指摘されているため（Frank, 2001），Wald 検定において有意性の判定が微妙なケースでは，対数尤度比検定も実施して，その結果を報告することが望ましいと考えられます。

文　献

Box, G.（1966）. Use and abuse of regression. *Technometrics, 8*, 625-629.

Cohen, J.（1988）. *Statistical power analysis for the behavioral sciences*（2nd ed.）. Hillsdale, NJ: Lawrence Erlbaum Associates.

Frank, E. H.（2001）. *Regression modeling strategies: With applications to linear models, logistic regression, and survival analysis.* New York, NY: Springer-Verlag.

Goldberg, D.（1978）. *Manual of the general health questionnaire.* Windsor, UK: Nfer Nelson.

小島　隆矢（2003）. Excel で学ぶ共分散構造分析とグラフィカルモデリング　オーム社

Lazarsfeld, P. (1955). Foreword. In Hyman, H. (Ed.), *Survey design and analysis.* New York, NY: The Free Press.

MacKinnon, D. P. (2008). *Introduction to statistical mediation analysis.* New York, NY: Lawrence Erlbaum Associates.

宮川 雅巳 (2004). 統計的因果推論――回帰分析の新しい枠組み―― 朝倉書店

中川 泰彬・大坊 郁夫 (1985). 精神健康調査票手引――日本版GHQ―― 日本文化科学社

和田 さゆり (1996). 性格特性用語を用いたBig Five尺度の作成 心理学研究, *67,* 61-67.

West, S. G., Aiken, L. S., & Krull, J. L. (1996). Experimental personality designs: Analyzing categorical by continuous variable interactions. *Journal of Personality, 64,* 1-48.

West, S. G., Finch, J. F., & Curran, P. J. (1995). Structural equation models with nonnormal variables: Problems and remedies. In R. H. Hoyle (Ed.), *Structural equation modeling: Concepts, issues, and applications* (pp. 56-75). Thousand Oaks, CA: Sage Publications.

第4章 探索的因子分析

因子分析は多変量解析の中でも多く利用されている分析手法であり，心理学分野における学術雑誌であればこの分析を行った論文はすぐに見つかります。特に，質問紙調査によって心理尺度を作成する研究ではほとんどの論文で用いられていますから，論文の検索サイトで「心理　尺度」と検索すれば，そこで見つかる論文の多くから因子分析がどのように使われているかを学ぶことができます。因子分析自体はSEMよりも古くから存在する手法ですが，SEMの下位モデルとして表現することが可能です。通常SEMで用いられるのは後述する確認的因子分析（CFA）であり，古典的な因子分析は探索的因子分析（EFA）と呼ばれ，明確な仮説がない段階で予備的に使用されています。

心理学の研究における質問紙調査では，協力者に数十から百を超える質問項目への回答を求め，それらの結果から何らかの理論を検証しようとすることがしばしばありますが，多数の質問項目への反応について，1つずつ統計量を比較検討していくことは膨大な作業であり，非効率です。そのため，何らかの方法で多くの変数を要約して処理することが求められます。第1章において，直接は観測できない構成概念を複数の観測変数から定量化するための**測定モデル**が紹介されていますが，因子分析はこのモデルにも含まれるものと言えます。すなわち，直接は観測できない構成概念を複数の観測変数から定量化するにあたって，お互いに相関が高い観測変数同士は同一の心理的側面を測定していると仮定して心理尺度が構成されているのです。その際に用いられるのが本章で紹介される因子分析となります。

4.1　探索的因子分析と確認的因子分析

因子分析はその目的によって，大きく2つの種類に分けることができます。1つは**探索的因子分析**（以下 **EFA:** Exploratory Factor Analysis），もう1つは**確認的因子分析**（以下 **CFA:** Confirmatory Factor Analysis）です。まず，前者のEFAは，因子に関する明確な仮説がなく，観測変数の背後にある共通の因子構造を探りたいときに使われます。多くの観測変数間に見られる相関関係が，いくつの，どのような内容のまとまりを想定すれば説明できるかを調べる分析となります。一方，事前に何らかの手段によって得られた知見から，因子と観測変数の関係についての仮説を検証的に分析したいときにはCFAを用います。因子数および因子と観測変数の関連に関する仮説モデルを検証することになります。CFAや構造方程式モデリングを使う研究でも，その前段階の研究ではEFAを行い，分析結果から研究仮説を導き出すことも多くあります。したがって，EFAはCFAに先立つものとして扱われることもあります。

ただし，ここで注意して欲しいことは，いわゆるEFAを実施するときにも「全く仮説がない」というわけではないことです。そもそも，本邦においては共分散構造分析が登場してソフトウェアが広がった際に，その応用方法としてCFAが使われるようになったという背景もあります。したがって，共分散構造分析が広がる前は，因子構造をあらかじめ想定したうえでEFAが行われることが多くありましたし，現在もある程度は因子構造を想定しながらEFAが行われていると考えられます。また，そもそも後に述べる回転方法は因子間相関の有無に関する仮説にもとづいて選択されていますし，因子構造について事前の仮説をもった回転方法としてプロクラステス回転が用いられることもあります。さらに言えば，因子構造を想定して，因子分析を行っていること自体が仮説に基づいた行為です。一方，CFAを行う場合についても，複数のモデルを想定し，それらの適合度を比較して選択する研究も多く見られます。また，修正指標などを参考にすることもあり，どちらかと言えば探索的な分析を行っている場合もあります。

したがって，実際にはあまり「探索的」「確認的」という言葉にとらわれ過ぎない必要があるでしょう。心理学においては先行研究に基づいた仮説や理論を構築することが重要視されますので，構成概念を想定し，項目を収集，取捨選択を行っている時点で，ある程度の仮説を持ちながらも，データに基づいた判断が求められます。その意味では，どの分析であっても確認的な側面と，探索的な側面を有していると言えます。本章ではEFAを扱い，次章ではCFAを扱いますが，この2つの分析は仮説の有無以外にも機能的な違いがありますので，次章にてその点を参照してください。適切にCFAとEFAを使い分け，恣意的に都合のよい結果を求めて使うようなことは避けるようにしましょう。

また，ここでは項目レベルの因子分析を主に扱っていますが，知能研究などで用いられた初期の因子分析はテスト間の分析に用いられており，多くの質問項目を扱う現代の因子分析ほど変数が多く，複雑なモデルは想定していませんでした。確認的因子分析や探索的因子分析といった様々な枠組みはどちらかと言えば，多数の質問項目を扱う場面によって生じたとも考えられます。

4.2　因子分析の1因子モデル

因子分析が変数間の相関関係[1]に基づいて行われることはこれまでの内容からも明らかですが，ここでは改めて変数間の相関から因子分析について考えてみましょう。以下に，仮想データとして，中学生の国語と英語と社会のテストの結果の相関係数を示します。

表4.1　3教科のテストの成績の相関行列

	国語	英語	社会
X_1 国語	1.000	.740	.538
X_2 英語		1.000	.558
X_3 社会			1.000

これをみると，「国語」と「英語」の相関係数は，.740であり，高い正の相関を示しています。また，「国語」と「社会」，「英語」と「社会」の間にも高い正の相関関係が見られます。すなわち，1つの可能性としてこれらの項目間には背後に共通の要因を想定することができるわけです。この場合は共通の要因としては「文系能力」という学力を想定することも可能でしょう。この場合には1つの因子を想定することができますので，以下の図として表現できます。

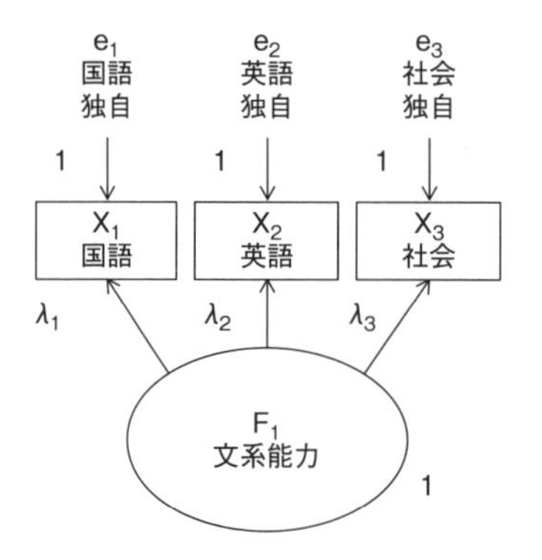

図4.1　文系能力の1因子モデル

[1] SEMは通常，分散・共分散行列を用いますが，EFAは相関行列を扱います。したがって，すべての観測変数が標準化されたうえで分析されます。

EFAにおいて，因子のことは共通因子，誤差は独自因子と呼ばれています。共通因子と独自因子は潜在変数です。さらに，因子から観測変数へのパス係数を因子負荷量，誤差の分散は独自性と呼びます。さらに，このモデルを方程式にて表すと以下の通りになります。

$$X_1 = \lambda_1 F_1 + e_1$$
$$X_2 = \lambda_2 F_1 + e_2$$
$$X_3 = \lambda_3 F_1 + e_3$$

項目間の相関がすべて正である場合には，因子負荷を表すλはすべて正の値になります。この時，F_1が高い人は文系能力が高いことを表しており，Xの値は高くなる傾向があります。一方で，文系能力だけで各成績はすべて説明できるわけではありませんので，それぞれの科目に独自の要因も存在し，これはe（独自因子）となります。因子負荷は，その因子が観測変数をどの程度説明するのかを示しています。

また，観測変数のうち共通因子によって説明される割合は**共通性**と呼ばれており，因子によって共通に説明可能な情報を示しています。一方，観測変数の独自の情報である誤差分散は**独自性**と呼ばれ，共通性と独自性の和はEFAではすべての変数を標準化してあるため１となります。ですので，共通性の最大値は１となり，共通性と独自性はどちらかが推定されればもう一方が決まるという関係になります。

4.3　確認的因子分析と探索的因子分析の２因子モデル

１因子モデルの場合はCFAとEFAは計算の過程も結果も同じとなりますが，２因子以上の場合は異なります。ここでは２因子の場合を例に，２つのモデルの違いを説明します。次はさきほどの３科目に「数学」と「理科」の２科目を加えてみましょう。「国語」「英語」「社会」の相関は先ほどの結果と同じく高いと思われますが，文系３科目と「数学」「理科」との間の相関は比べると高くないと思われます。また，「数学」と「理科」の間には高い相関があると考えられます。このような場合には，「文系能力」と「理系能力」の２因子を考慮して，以下のようなモデルを事前に想定することができるでしょう（図4.2)。

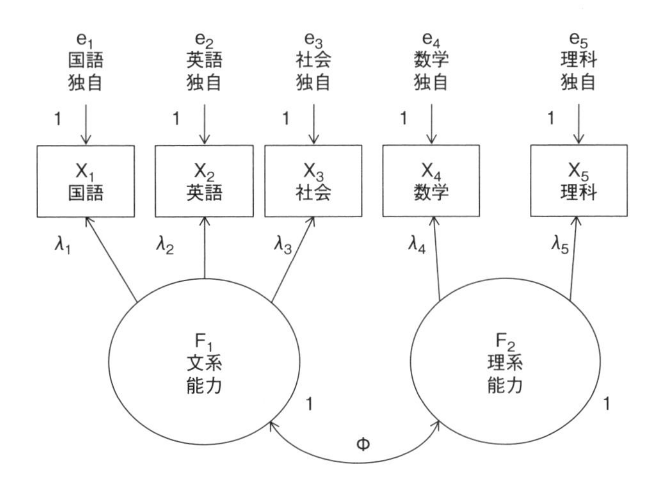

図4.2　確認的因子分析の２因子モデル

次の表は５教科のテストの成績の相関行列となります（表4.2)。

この５項目について，X_1からX_3の３項目はF_1に影響を受けて互いに相関しており，X_4とX_5の２項目はF_2に影響を受けていることがうかがえます。一方で，このモデルはF_1がX_4とX_5の２項目に対しては全く影響及ぼさず，F_2についてもX_1からX_3の３項目に対しては影響を与えないという仮説に基づいています。すなわち，このモデルは先述した確認的因子分析のモデル図となります。

表 4.2　5教科のテストの成績の相関行列

	国語	英語	社会	数学	理科
X_1 国語	1.000	**.740**	**.538**	.360	.438
X_2 英語		1.000	**.558**	.202	.389
X_3 社会			1.000	.163	.269
X_4 数学				1.000	**.868**
X_5 理科					1.000

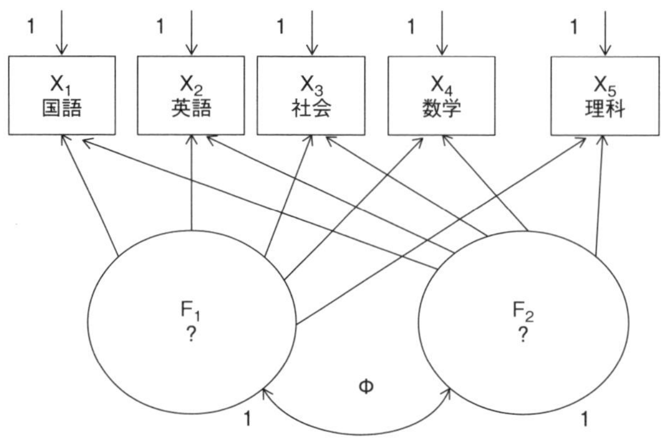

図 4.3　探索的因子分析の2因子モデル

事前に仮説を準備して分析を行うことができる場合には，確認的因子分析を行うことができますが，因子分析においては常に仮説が設定できるわけではありませんので，その場合には図 4.2 のようなモデルを設定することはできないということになります。確認的因子分析を行うに当たっては，因子の数や，それぞれの因子が何を表し，各因子がどの観測変数に影響を及ぼしているのかについての仮説が必要となるわけです。

それでは，仮説を持たないときにはどうすればよいのかということですが，仮説を持たないときには，「とりあえずすべてのパスを引いて」おき，「得られたパスの大きさから因子を解釈」するというアプローチが取られています。これが探索的因子分析モデルであり，図 4.3 として表現することができます。

図 4.4 に最終的なモデルの例を示します。すなわち，EFA は潜在変数である因子と観測変数との関係が明らかでない場面での分析方法であり，確認的因子分析とは異なり，「ある因子がどの変数に影響をしているのか」という仮説がありません。そこで，「とりあえずすべてのパスを引いて」おき，「得られたパスの大きさから因子を解釈」しています。また，因子数も 2 因子以外についても検討を行います。探索的因子分析を行う際には，様々な因子数が考えられるのですが，この場合は「2つの因子を想定」した時に，「1つめの因子である F_1 が主に X_1 から X_3 の 3 項目に対して高い負荷量を与えており，2つめの因子である F_2 が X_4 から X_5 の 2 項目に強い影響を与えている」という単純構造になっていることから 2 因子解を採用しました。さらに，その項目の内容から F_1 が文系能力を表しており，F_2 が理系能力を表していると判断しました。

ここにたどり着くまでには，いくつかの解を求めた上で，その中から因子の数がいくつであるのかを探索し，さらには因子から影響が大きい観測変数がどれであるのかを検討し，因子と観測変数の関係がなるべく単純であるものを見出しています。これが探索的因子分析と呼ばれる理由です。

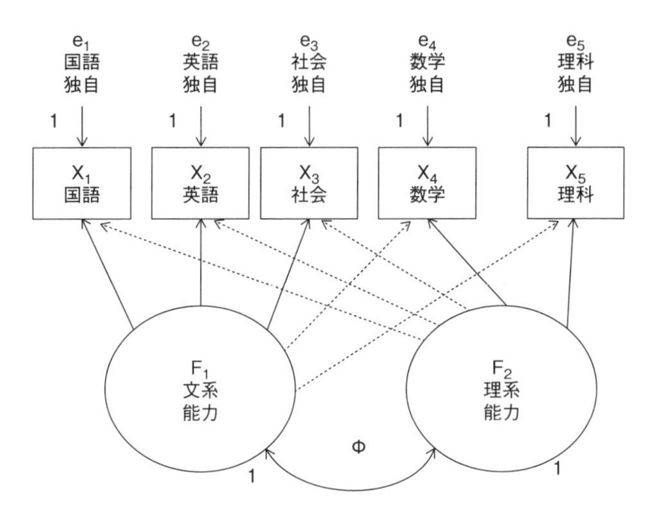

図 4.4　探索的因子分析の 2 因子モデルの結果

4.4　探索的因子分析の手順

探索的因子分析の大きな特徴は複数の結果が得られる点にあります。そこで，複数の結果の中から 1 つを選定し，最終的な分析結果とする手続きが取られます。探索的因子分析は，大まかに次のような手順で行われます。

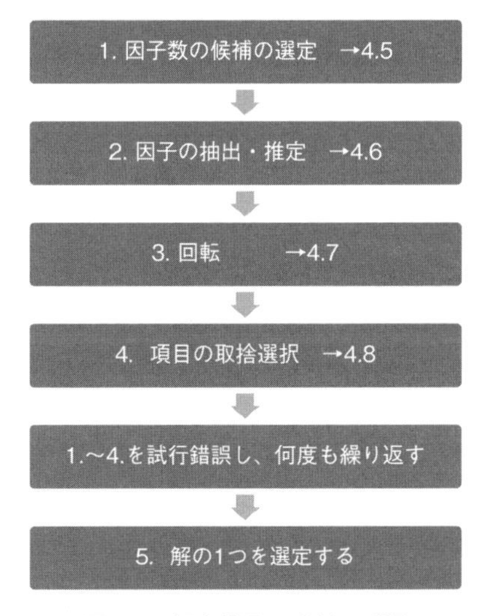

図 4.5　探索的因子分析の手順

まず因子数の候補を挙げて，その後に因子の抽出・推定を行います。そして，解釈を容易にするために回転という処理を行い，どの因子にも負荷しないなど，有効に機能していない項目があれば取り除くといった項目の取捨選択を行います。これらの手順は一度で終わらないことが多く，試行錯誤を行うことになります。それぞれの手続きを以下に紹介します。

探索的因子分析は確認的因子分析よりもやや難しいと考えられています。その理由として狩野（2003）は因子回転の不定性を挙げています。これは，観測変数間の相関係数が 1 つに決まっていて，同じ因子数を想定したとしても，因子負荷の値は様々な組み合わせ（解）を考えることができることを示しています。また，データからは複数のモデルを区別できませんので，どのモデルを選ぶべきなのかは研究者に委ねられることになります。ここでは選択のための有力な考え方として，単純構造を目指すことと解釈可能性を検討する方法を紹介します。

4.5　因子数の候補を検討するための分析

因子分析を行うと，最大でデータの項目数と同じ数の因子が得られますが，どこまでを意味のある因子と見なすかについては分析者自身が判断しなければなりません。すなわち，得られた結果に基づいて因子数を決定する必要があります。

因子数を決定するための基準としては，後述するガットマン基準やスクリープロットに基づく判断が多く用いられています。これらは相関行列の固有値を用いた方法です。詳細については線形代数について学ぶ書籍や因子分析に特化した専門書を確認してください（例えば，芝（1979）や柳井ら（1990），市川(2010))。このほかにも様々な統計量を用いて因子数を決定する方法があります。それぞれについて，以下に紹介します。

4.5.1　スクリープロットに基づく判断

スクリープロットとは，観測変数の相関行列の固有値を縦軸，固有値の番号を横軸に置いたグラフのことです。固有値は各因子がすべての観測変数の分散をどの程度説明するかを表しています。ここでは表4.3に3つの相関行列の例を示し，それに対応するスクリープロットを図4.6に提示しておきます。表4.3の相関行列については，左上が1因子構造の，右上が2因子構造，左下が3因子構造の相関行列となります。表の太枠内の項目が同一の因子を形成していることを意味し，互いに高い相関係数（.80）を示している一方，枠の外の項目との相関係数は低い値（.20）に留まっています。図4.6の3つのスクリープロットはそれぞれ，1因子構造，2因子構造，3因子構造を示しています。

スクリープロットは右下に向かう形状であり，下がっていく様子は固有値の減衰状況などと呼ばれます。この形状をみて，急激に固有値が小さくなったところを肘に見立ててエルボーポイントと呼びます。固有値が小さいほど，因子の説明力が小さいことになりますので，ある程度の説明力がある因子のみを残すことを考えると，説明力が急激に低下する手前で切るという方略を取ることになります。そこで，エルボーポイントの1つ手前の固有値の数が因子数の有力な候補となります。スクリーとは崖などの急斜面を指していますが，どこが斜面になっているのかは形状を見て分析者が主観的に判断することになります。固有値1.0の破線は以下に紹介するガットマン基準を表しています。

しかし，その形状は様々であり，判断が難しいことも多々あります。ここで一点，注意して欲しいことは急激に小さくなる手前に2つのほぼ同じ値の固有値が見られるときの対処です。この際には，1つめを

表4.3　スクリープロットの例としての相関行列

1因子となる相関行列

	項目1	項目2	項目3	項目4	項目5	項目6
項目1	1.00	.80	.80	.80	.80	.80
項目2	.80	1.00	.80	.80	.80	.80
項目3	.80	.80	1.00	.80	.80	.80
項目4	.80	.80	.80	1.00	.80	.80
項目5	.80	.80	.80	.80	1.00	.80
項目6	.80	.80	.80	.80	.80	1.00

2因子となる相関行列

	項目1	項目2	項目3	項目4	項目5	項目6
項目1	1.00	.80	.80	.20	.20	.20
項目2	.80	1.00	.80	.20	.20	.20
項目3	.80	.80	1.00	.20	.20	.20
項目4	.20	.20	.20	1.00	.80	.80
項目5	.20	.20	.20	.80	1.00	.80
項目6	.20	.20	.20	.80	.80	1.00

3因子となる相関行列

	項目1	項目2	項目3	項目4	項目5	項目6
項目1	1.00	.80	.20	.20	.20	.20
項目2	.80	1.00	.20	.20	.20	.20
項目3	.20	.20	1.00	.80	.20	.20
項目4	.20	.20	.80	1.00	.20	.20
項目5	.20	.20	.20	.20	1.00	.80
項目6	.20	.20	.20	.20	.80	1.00

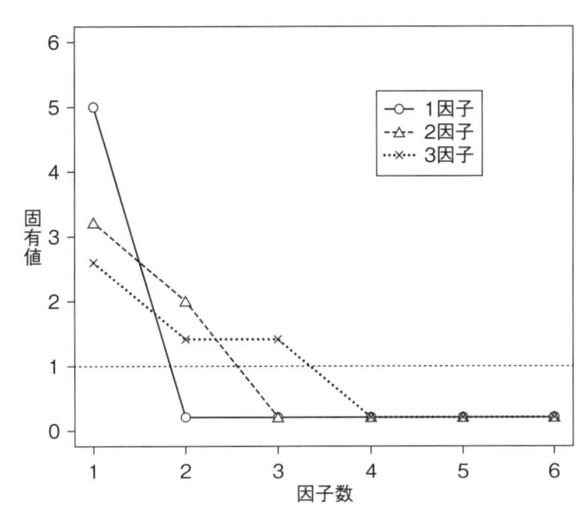

図 4.6 表 4.3 の相関行列に基づくスクリープロット

因子数として採用するのは問題があることがわかっていますので，より多い因子数となる2つめを採用するようにしましょう。例えば，図 4.6 の 3 因子の例では，2 と 3 が同等の固有値を示し，4 で急激に低下していますので，3 因子を採用します。

4.5.2 ガットマン基準

スクリープロットによる判断と同じく，ガットマン基準も固有値をもとに因子数を決定します。固有値が 1.0 以上の数を因子数として決定しようとする基準となります。固有値 1 を切るということは，因子の説明力が 1 つの観測変数の分散より小さいということなので，因子として意味をなさないと判断するわけです。母相関行列においてはきわめて安定した結果が示されますが，実際のデータにはサンプル誤差が含まれており，その影響を受けやすいことが問題とされています。なお，項目数を減らせば，固有値が 1.0 以上を超える数も減りますので，項目数を減らす場合には注意が必要です。

4.5.3 平行分析

固有値を用いて因子数を決定する方法として，他にも平行分析と呼ばれる分析方法があります。因子分析における固有値は抽出した因子の「情報量」を表しており，データが明快な因子構造を持っていれば想定した因子以外の情報量は 0 となり，スクリープロットにはっきりとした崖ができます。しかし，実際には相関行列には誤差が含まれるためそのようになりません。そこで，データに含まれている誤差を推定し，誤差よりも大きな情報を持った因子数を抽出することを試みるのが平行分析です。平行分析では，データと同じサイズの乱数データを複数発生させ，その乱数データの相関行列の固有値の平均値を計算して，データと同様にプロットして比較することになります。実データから得られた固有値の大きさが乱数より得られた固有値の大きさを下回る 1 つ手前の因子数を抽出します。

4.5.4 SMC

その他，固有値を用いる方法としては SMC（squared multiple correlation）を利用した決定方法があります。SMC とは，ある 1 つの観測変数を目的変数，それ以外の観測変数を説明変数とした重回帰分析によって得られる決定係数のことであり，変数ごとに求められます。これを計算された相関行列の対角項に入れて，新たな行列を作成し，固有値を求めます。このとき，スクリープロット上で急激な落ち込みが見られる手前の固有値の数を採用する方法です。あるいは，固有値が「正」の数を因子数にすることもあります。また，先ほどの平行分析との組み合わせで，対角 SMC による平行分析を行うこともあります。

4.5.5　MAP

これまでは固有値を利用する方法ばかりでしたが，固有値を使わない方法もあります。ここでは，MAP（Minimum Average Partial）による方法を紹介します。MAPは最小の平均偏相関を意味しており，主成分分析で生成される「主成分」を用いて因子数を決定します。主成分を因子と見なし，因子の影響を取り除いたうえで観測変数間の偏相関係数を求めます。そして，この偏相関係数を2乗して平均を求めます。因子分析が適切であれば，因子を統制した項目間の偏相関は0に近づくはずですから，これが最小となるように因子数を定めようとするのがMAPとなります。

4.5.6　適合度指標

上記の方法以外にも第1章で紹介した適合度指標を利用して因子数を決定する方法があります。この場合は因子分析モデルがデータとどの程度あっているかを適合度指標から推測し，比較検討するわけです。特に，情報量基準であるAIC, BICによってモデル比較を行う方法は複数の因子モデルを比較するときに役立つでしょう。また，RMSEAやCFIなどの指標もモデル評価に有用です。

以上のように，因子数を検討するための方法や指標は数多く存在し，これ以外にもVSS基準や複雑性，レーダーマンの境界などもあります。そして，同じデータであってもそれぞれの指標が示す因子数の提案は必ずしも一致しません。つまり，適切な因子数を決めるための決定的な方法は存在しないわけです。また，これらの複数の指標をどのように生かして因子数を決めればよいかという問題についてもいくつかの案があり，例えば堀（2005）はMAPを抽出数の最小値，SMCを用いた平行分析を最大値として，その間で決定する方法を挙げています。M*plus*においては，MAPとSMCは出力がされませんので，スクリープロットと平行分析，適合度指標に基づいて判断を行います。必要に応じて他のソフトを用いてこれ以外の指標を求めることも検討してください。

いずれの方法をとるにしても，これらの指標は因子数にある程度のあたりをつけることには役立ちますが，指標だけから因子数を決定することは危険です。適切な因子数を決めるためには，ここで候補に挙げられた因子数による分析をいくつか試み，先行研究などに基づいた解釈可能性の観点から決定することが重要です。また，因子構造が単純構造に近くなっているかどうかも重要な判断材料となります。

4.6　因子の推定法

因子の推定方法には何種類かあり，結果に影響してきます。M*plus*においては多くのオプションが用意されていますが，そのうち使用頻度が高いと思われるものは以下の通りです。最尤法などの方法について，第1章にも詳しく紹介されています。

4.6.1　最尤法

最尤法では，モデルから見たときに，手元のデータが得られる確率を最大化するようなパラメータの組み合わせを見つけることを目的とします。第1章において紹介されているとおり，因子分析に限ったものではなくパラメータを推定するための統計的推定法です。モデルに対するデータの得られやすさを尤度と呼び，パラメータを様々な値に変化させた場合に手元のデータが得られる確率を指します。その「尤度を最大にする推定法」を最尤法といいます。最尤法は他の推定法に比べ，いくつかの点で優れた性質を持っており，サンプルサイズが十分に大きいときには偏りのない推定結果をもたらします。ただし，最尤法は推定精度が高い一方で不適解（1.2.8節参照）もしばしば生じますので，その際にはサンプルサイズや項目間相関，因子数を確認してください。

4.6.2　最小二乗法（重みづけ・一般化）

最小二乗法は，サンプルの実測値とモデルの理論値のズレを最小化するようなパラメータの組み合わせを探す方法です。こちらも最尤法と同じく因子分析だけではなく一般的に用いられる統計的推定法です。

データとモデルの違いである残差の二乗和を最小にするモデルを推定しますので，最小二乗法と呼ばれています。最小二乗法はデータの正規性などを仮定しない方法であり，最尤法に比べると不適解を出しませんので，解を求めたいだけであれば使用する利点があると思いますが，サンプルサイズが十分であれば最尤法が望ましいと考えられます。また，データが等分散正規分布に従う場合，最小二乗法は最尤推定と同じ結果を導きます。

4.6.3　主因子法

近年は上述の最尤法が多くの論文で用いられておりますが，それ以前は主因子法が多く用いられていました。主因子法は因子分析独自の方法であり，共通性の初期値を決めてから対角に代入した相関行列を固有値分解することで共通性を推定します。その後，推定された共通性を再代入して収束するまで繰り返して計算することになります。最小二乗法と同じかそれ以上に不適解が出づらいのですが，やはりサンプルサイズが十分でデータが正規分布に従っていれば最尤法が望ましいとされています。反復主因子法は最小二乗法と解を求めるアルゴリズムは異なるものの，数学的には同じ性質を持っています。

4.6.4　ロバスト推定法

近年，注目されているのが，ロバスト推定法と呼ばれる方法です。先ほどの最尤法で得られたカイ二乗値や標準誤差を，分布の非正規性の程度に応じて，再スケーリングという方法を用いて調整します。非正規性の問題をあまり意識する必要はないことが利点として挙げられています。

いくつかの推定方法を紹介しましたが，近年はこの中では最尤法が推奨されています。その理由の1つとしてはSEMの広がりが挙げられるでしょう。SEMによって同じデータに適用可能な様々な種類のモデルの比較が可能となりました。例えば，このデータは因子分析モデルを適用すべきなのか，あるいはそれ以外のモデルによって分析したほうが良いのか，といった比較もできるわけです。ただし，最尤法には多変量正規分布に従っているという仮定がありますので，この問題が意識される場合にはより発展的な方法としてロバスト推定法を用いることが勧められています。ロバスト推定法をEFAで用いる場合は，情報量基準を吟味するようにしてください。

最尤法やロバスト推定法が最初に試されることが多いと考えられますが，うまく適合しない場合もあります。特に，不適解が出てしまった場合は，一度原点に立ち返って項目間相関を確認しましょう。類似した内容の項目の場合は項目間相関が局所的に高くなっている場合がありますので，どちらかを削除することも選択肢の1つとなります。不適解が出やすいことはしばしば最尤法のデメリットとして記述されますが，適切な対応をするための情報が得られるという意味ではメリットとして考えることもできます。

また，他の因子数についても調べる必要があります。因子数を変更した際には不適解が出ないという場合，その因子数がデータに合っていなかったということが考えられます。また，そもそもサンプルサイズが小さい場合はロバスト推定法や最尤法以外の方法として最小二乗法や主因子法も検討できます。しかし，サンプルサイズを大きくできるのであれば，そちらのほうが望ましいでしょう。因子分析に適切なサンプルサイズについては諸説ありますが，項目数やデータの性質に依存しているため，絶対的な基準はありません。しかし，$n = 100$ 未満の規模のデータでは因子構造を推定するのは避けたほうが良いでしょう。

4.7　因子の回転：斜交解と直交解

因子数が2つ以上の場合，EFAでは全く同じ適合を示す負荷量のパターンが無数に存在する不定性という問題があります。そのため，無数のパターンの中から最も結果の解釈がしやすいとされる単純構造に近い負荷量のパターンを見出すために，因子回転と呼ばれる処理が行われます。単純構造とは，端的に言えば，個々の項目が単一の因子に高い負荷量を示し，他の因子にはゼロに近い負荷量を示すという明確なコントラストを持ったパターンを意味します。因子を回転させて単純構造に近づけることによって，因子の解釈が行いやすくなります。

回転方法は，大きく分けると因子間の相関関係を仮定しない**直交回転**と，因子間の相関関係を仮定する**斜交回転**に分けられます。いずれの方法であっても，回転は基本的には解釈のしやすい単純構造を見出すことを目的として行われています。M*plus* においても選択可能な方法のうち，代表的な方法について以下に紹介します。なお，M*plus* では他のソフトとは異なり，初期解が表示されませんのでその点については注意が必要です。

4.7.1　バリマックス回転（直交）

バリマックス回転は，それぞれの因子について，因子負荷量の平方の分散を最大にしようとするものです。分散を最大にすることによって因子の特徴を際立たせようとする回転方法となっています。因子ごとに因子負荷のばらつきを大きくしています。この回転方法はバリマックス基準にもとづいた方法です。直交解には3つの性質があります。まず，因子負荷量は因子と観測変数の相関係数に一致します。次に，各変数について因子負荷量の2乗の和が共通性となります。最後に，各因子について因子負荷量の2乗を，変数を通じて合計した値が因子寄与であり，これを観測変数の分散の和で除したものが因子寄与率となります。

4.7.2　プロクラステス回転（直交・斜交）

あらかじめ因子負荷を仮定しておき，その値に近くなるように回転するものです。その際に因子間相関行列を想定しない場合は直交プロクラステス回転，想定する場合は斜交プロクラステス回転と呼ばれます。他の回転方法と異なり，仮説構造を持った回転となりますので，確認的因子分析に近いものとなります。すべての因子負荷を仮定することが難しい場合は一部だけを設定することも可能です。

4.7.3　プロマックス回転（斜交）

まず，事前の回転としてバリマックス回転を行った後に，因子負荷行列を基準化して何乗かして単純構造を強調し，仮説となる目標行列を作ったうえで斜交プロクラステス回転を用いています。与えられた仮説的因子構造にできるだけ近似するように因子軸を回転します。

4.7.4　ジオミン回転（直交・斜交）

M*plus* においてはこの回転方法がデフォルトの方法として設定されています。「準拠構造行列の各行は少なくとも1個の0を含む」という Thurstone（1947）の単純構造の定義の1つめに基づいた回転方法です。各項目の因子負荷量の2乗の積の和を最小にする基準に基づいており，各項目について1つ以上の負荷量が0に近くなるような因子負荷量行列を単純構造と見なす方法です。ジオミン基準は各変数の複雑さが2以下のときに最も優れた解を与えるとされており，事前に解の複雑さが高いと想定される場合においても有力な方法とされています。

4.7.5　バリマックス回転以外の直交回転

バリマックス回転以外の直交回転もいくつか提案されています。直交回転はバリマックス基準も含めて，オーソマックス基準という有名なグループにまとめられており，この基準に基づいた回転方法としてクォーティマックス回転，バイクォーティマックス回転，エカマックス回転，パーシマックス回転，因子パーシモニー回転があります。クォーティマックス回転は項目ごとに絶対値の大きな因子負荷のものと0に近い因子負荷のものが多くなるようにする回転であり，エカマックス回転は各因子寄与が等しくなるように行われる回転です。

4.7.6　プロマックス回転以外の斜交回転

直交回転のオーソマックス基準に対して，斜交回転ではオブリミン基準が有名です。因子負荷行列の共分散を最小にするような基準で因子を回転するものであり，共分散が小さいということは，各項目がそれぞれ違う因子に負荷するようになるということを意味し，単純構造に近い解が得られます。この基準に基づいた回転として，クォーティミン回転，バイクォーティミン回転，コバリミン回転があり，オブリミン回転はこれらの回転を包括したものです。重みによってクォーティミン回転，コバリミン回転，バイクォーティミン回転のいずれかが選択されています。コバリミン基準は，因子負荷行列の二乗の共分散を最小にする基準であり，単純構造に近くなるとされています。クォーティミン回転よりもコバリミン回転のほうが因子間相関は低くなり，その真ん中にバイクォーティミン回転が位置づけられています。他の斜交回転としては，プロマックス回転の発展したものとしてシンプリマックス回転があります。

また，ここで紹介した方法以外にも，ハリス・カイザー回転やCrawford-Ferguson Family基準にもとづく回転など，様々な方法が提案されています。因子の回転の方法は無数に存在しますから，その方法次第で因子負荷行列も無数にあることになります。この性質のことは，回転の不定性と呼ばれています。ユーザー側からすると，回転方法によって因子負荷行列が変わってしまいますから厄介な特徴だと捉えられることもあります。

4.8　因子構造と項目の取捨選択

因子の回転方法は無限にありますが，我々はその中から1つの因子構造を選択しなければなりません。複数の候補の中からどれを採用すればよいのかは難しい判断となりますが，基本的にはスクリープロットなどの指標と並行して因子の内容を解釈して因子数を決定し，その上で単純構造に近い解を目指して項目の取捨選択を行うことが望ましいと考えられます。因子数の候補を挙げた後に，それらの候補から得られた因子の内容について各因子がどのような構成概念に対応しているかを解釈するわけです。その際には，各因子に高く負荷する項目の内容に基づいた検討が必要であり，先ほどの学力試験の例において「国語」と「英語」と「社会」が高く負荷している因子があるとすれば，その結果から「文系因子」を上位概念として想定することになります。その際には，先行研究や理論を十分に鑑みて因子の解釈を行いましょう。具体的には4.10節にて探索的因子分析の実践を行いますので参考にしてください。

単純構造の定義はサーストンの定義（Thurstone, 1947）が有名です。簡潔に説明すると，因子上の変数の負荷量がいずれも1あるいは0に近い状態となっており，複数の因子において1に近い負荷量を示す項目（交差負荷）が見られないことが望ましいとされています。負荷量が1に近い変数は因子の解釈において非常に重要であり，0に近いような変数は重要ではありません。単純構造になるほど，因子の解釈がしやすくなるため望ましいと考えられています（Grimm & Yarnold, 1995）。また，負荷量が1を超える場合は不適解やヘイウッドケースと呼ばれており，望ましくありません。また，誤差分散が負となることも同様に問題です。また，一部の因子に負荷量が高い項目が集中することも望ましくありません。

単純構造を目指すためには先述された回転という処理を行うわけですが，心理尺度では因子間相関が存在することを想定するほうが自然であることが多いため斜交回転を選択することが近年は推奨されています。古い論文においてはバリマックス回転が行われているものを多く目にしますが，因子間相関が想定されず，独立した関連が仮定されている場合に限定して使ったほうが良いでしょう。あるいは，斜交回転を行った結果，因子間相関が非常に低ければ直交回転を採用することも考えられますが，結果を見てから判断するよりも理論的に事前に判断をするほうが望ましいでしょう。

さて，斜交回転にも様々な種類がありますが，近年の多くの論文で目にするのはプロマックス回転であり，心理尺度において単純構造を求める場合には多くの教科書でこの方法が推奨されています。しかし，プロマックス回転を行っても複数の因子に負荷する項目がいくつか現れたり，項目数の少ない因子が見出されてしまうことは変わりません。その際に因子構造について悩むことになりますが，そういった項目は基本的には削除して単純構造を目指すことになります。しかし，解釈可能性や項目内容の重要性の観点から残したい，ということも多いでしょう。また，学力試験などは1つの試験問題が他の科目や一般因子とも関連するのはやむをえないと考えられます。その場合でも項目を削除して単純構造を目指すことには無理がありますので，項目を残したり，プロマックス回転以外の方法としてジオミン回転やオブリミン回転を試みることも選択肢として考えられます。また，すでに何らかの因子構造を想定している場合はプロクラステス回転を選択することになりますが，その場合は確認的因子分析を行うことを検討してください。

いずれにせよ，複数の回転方法を試み，項目を取捨選択しながら，各項目の因子負荷量を眺めて解釈可能性の検討をすることになります。その際に，項目と因子の関係性から解釈が難しい項目は取り除かれることもあります[2]。また，いずれの因子に対しても十分に因子負荷量が小さいもの（経験的には .35 を下回るもの）や，複数の因子に高い負荷を示す項目についても同様に削除されることが試みられます。

4.9　最終的な因子構造の決定と注意点

ここまでに，因子数の候補の選定方法，因子の抽出方法，回転方法，項目の取捨選択について説明してきましたが，それぞれに多くのバリエーションがあることがわかります。因子数×抽出方法×回転×項目の組み合わせを考えると，選択肢は膨大なものとなります。実際，様々な組み合わせでの分析をすることになるので，非常の多くの因子負荷行列の中から最終的な解を選択することになります。基本的には単純構造を目指すことと，解釈可能性を検討することが重要です。

ただし，単純構造は解釈を容易にするための手段であって，目的ではないということは注意しておく必要があります。すなわち，単純構造に近い解が必ずしも妥当な解であるとは限らないということです。実質科学的に明快な命名を行うことができたとき，初めて解の妥当性が示唆されます。特にサンプルサイズが小さい場合，単純構造に近くても，理論的に解釈不能な解が得られることも多くあります。また，項目内容ではなく，逆転項目などの方法上の共通性によって因子が形成されてしまう場合もあるでしょう。したがって，EFA では，固有値の推移や負荷量のパターンなどの数値的な根拠だけでなく，実質科学的な解釈可能性という理論的な根拠が重要になりますので単純構造を追い求めるよりも解釈を重要視してください。

また，因子分析の結果だけで考える必要もありません。記述統計量や信頼性係数などの統計量も重要な観点です。場合によっては EFA や CFA だけでは結論を出さず，複数のモデルを候補に挙げ，外在指標との関連を検討して慎重に因子構造を決めることも１つの手法と言えるでしょう。特に，心理尺度を構成する際には，因子分析の段階よりも外的基準との関連から妥当性検討を行う段階において機能していない項目を発見することもしばしばありますから，必ずしも因子分析の結果だけから決定しなくても良いと考えられます。

また，分析以前の注意事項としては，心理尺度を作成することを目的としてデータを取る際にはなるべく多くの候補となる項目を準備しておくことが挙げられます。あとから項目を削除することはできますが，新しいデータを取らない限り加えることはできませんので，十分な準備が必要です。

4.10　M*plus* による探索的因子分析の実践

探索的因子分析に関する簡単な説明を終えたところで，ここでは独自の「反応スタイル尺度」を開発するためのデータを用いて，M*plus* 上で探索的因子分析を実行する手順と出力の見方について解説していきます。ここで扱われるデータは３章でも紹介された独自調査の data4.txt であり，ID とフェイス項目，各尺度項目への回答から構成されています。

ここで扱われる独自の反応スタイル尺度は Nolen-Hoeksema（1991）の反応スタイル理論に基づいて作成を試みています。反応スタイルとは，抑うつ気分に対する思考や行動のことであり，ある程度一貫した個人の特性として仮定されている概念です。コーピング（ストレス対処）の一種であるとも考えられます。本研究では既存の尺度である松本（2008）の拡張版反応スタイル尺度や Response Styles Questionnaire

[2] 解釈の観点だけから項目を除く場合，恣意的な項目選択につながる恐れがありますので，注意が必要です。

(RSQ; Nolen-Hoeksema, 1991) を参考に，さらに幅広い概念の測定を目指した尺度を作成することを目的とし，30 項目を作成して調査を実施しました。松本 (2008) の拡張版反応スタイル尺度は「回避」,「問題への直面化」,「ネガティブな内省」,「気分転換」の 4 因子で構成されていますが，ここでは認知的な評価の側面として「問題価値の切り下げ」「問題価値の切り上げ」の 2 因子も測定できることを目指しました。項目の一覧は次の表 4.4 に示します。

日下部ら (2000) によると，コーピング尺度を作成する論文は国内外で 50 本以上存在しており，その測定する概念は様々です。「気分転換」「気晴らし」「リラックス」「問題解決」「積極的対処」「合理的対処」「反すう」「否認」「回避」「問題価値の切り下げ」「問題価値の切り上げ」「認知的対処」「攻撃」「怒り」「あきらめ」「情動的対処」「サポート希求」などの因子の存在が想定されます。この尺度については何因子でどのような構造となるのかについてある程度は想定がされていますが，強力な仮説ではありませんのでEFA を行います。

探索的因子分析を行うコマンドの例を，図 4.7 に示します。まず，`ANALYSIS` コマンドで `EFA` を指定することによって，探索的因子分析が実行されます[3]。

まず，因子数を探るところから探索的因子分析を行います。`ANALYSIS` コマンドを用い，`TYPE` = `EFA 1 8` と入力します。探索的因子分析においては EFA というオプションの後に検討する因子数を指定する必要があり，最小の因子数の後に最大の因子数を指定します。ここでは 1 から 8 因子を仮定して分析を行なっています。場合によっては，スクリープロットなどから因子数を推測してから改めて設定しましょう。因子の推定は `ESTIMATOR` で指定し，今回はロバスト最尤法（`MLR`）による分析を行います。回転方法につ

表 4.4　反応スタイル尺度の項目一覧

No	項目	仮説
1	気持ちを落ち着かせるような考え方をする	切り下げ
2	友人と遊ぶ	気分転換
3	解決を後回しにする	回避
4	何をすれば一番よいのかを考える	問題解決
5	自分の精神状態がどのようであるかを考える	反すう
6	このくらいの問題は誰にでもあることだと考える	切り下げ
7	自分には解決する力がないと考える	反すう
8	自分の短所ばかり考えてしまう	反すう
9	ゆううつな気分の原因を改善するよう努力する	問題解決
10	対処することをあきらめる	回避
11	悪い面ばかりでなく良い面を見つけようとする	切り上げ
12	音楽を聴く	気分転換
13	長い人生の中では小さな問題だと思うようにする	切り下げ
14	今の自分にできることをする	問題解決
15	その状況を避ける	回避
16	大した問題ではないと考えることにする	切り下げ
17	自分には悩みがたくさんあると考える	反すう
18	ポジティブに考えなおす	切り上げ
19	目標を立てる	問題解決
20	外出する	気分転換
21	この経験が自分のためになると考える	切り上げ
22	悩むようなことではないと考えようとする	切り下げ
23	空想など楽しいことを考える	気分転換
24	その問題にかかわらないようにする	回避
25	自分のせいだと考える	反すう
26	何か楽しめることをする	気分転換
27	試練の機会だと思うことにする	切り上げ
28	どうしたら改善できるかを考える	問題解決
29	このことが自分の成長につながると考える	切り上げ
30	忘れようとする	回避

[3] このほかにも ESEM というコマンドを用いる方法もあり，こちらの場合は探索的構造方程式モデルによる分析が行われます。

```
TITLE:  EFA sample
  DATA:
      FILE = data4.txt;
  VARIABLE:
      NAMES = ID gender age grade res01-res30;
      MISSING = ALL(999);
      USEVAR = res01- res30;
  ANALYSIS:
      TYPE = EFA 1 8;
      ESTIMATOR = MLR;
      ROTATION = GEOMIN;
      PARALLEL = 50;
  OUTPUT: SAMP STDYX RESIDUAL MOD;
  PLOT:
      TYPE = PLOT3;
```

図 4.7　反応スタイル尺度の探索的因子分析のコマンド

いては，`ROTATION` で指定し，ここでは因子間の相関構造を想定し，斜交解であるジオミン回転を設定しています。さらに，平行分析を行うために，`PARALLEL` オプションを使用しています。`TITLE`, `DATA`, `VARIABLE`, `OUTPUT`, `PLOT` コマンドについてはこれまでに説明されていますので，ここでは省略します。

探索的因子分析に関連する `ANALYSIS` コマンドのオプションは次の通りです。

探索的因子分析の指定　`TYPE = EFA 1 8;`

`1 8` の部分を変更することによって，因子数を変えられます。なお，2因子構造だけを出力したいという時に，EFA 2; と記述してしまいがちですが，この場合はエラーとなりますから，`EFA 2 2;` と入力するようにしてください。

推定方法　`ESTIMATOR = MLR;`

`MLR` の部分がロバスト最尤法を指していますが，こちらは表 4.5 に変更することによって，推定方法を選択することが可能です[4]。なお，今回のデータでは項目の分布に大きな偏りが見られませんので，最尤法で分析を行ってもほぼ同じ結果が得られます。余裕があれば，ぜひ `ML` も試みてください。

表 4.5　推定法のオプション

オプション	推定法
ML	最尤法
MLR	ロバスト最尤法
WLS	重みづけ最小二乗法
WLSMV	ロバスト重みづけ最小二乗法
ULS	重みなし最小二乗法
ULSMV	ロバスト重みなし最小二乗法
GLS	一般化最小二乗法
BAYES	ベイズ推定法

回転方法

`ROTATION = GEOMIN;`

`GEOMIN` の部分を以下に変更することによって，回転方法を変更できます[5]。

---

[4] これ以外にも MLM，MLMV，MLF，MUML，WLSM などのオプションがありますので，必要に応じて M*plus* のユーザーズガイドなどを参照してください。

[5] これらのオプション以外にも Crawford-Ferguson Family の回転として CF-VARIMAX や CF-QUARTIMAX などがあります。他にも Jennrich & Bentler (2011) が提案した一般因子と各因子とを回転において分離した Bi-factor としての BI-GEOMIN 等の回転方法もあります。

表4.6 回転方法のオプション

オプション	回転方法
VARIMAX	バリマックス
PROMAX	プロマックス
GEOMIN	ジオミン
TARGET	プロクラステス
QUARTIMIN	クォーティミン
OBLIMIN	オブリミン

平行分析　`PARALLEL = 50;`

平行分析では，データと同じサンプルサイズの乱数をいくつか発生させますが，その数を指定します。こちらについては50を入れておけばほぼ十分であると考えられています。その乱数同士の相関行列の固有値を計算し，プロットしたものが出力されます。サンプル数が少ない場合は50よりも増やしたほうが良いと考えられますが，十分にあれば回数によってほとんど変わりません。

最大反復数　`ITERATIONS = number;`

ここでは記述していませんが，`ITERATIONS =` のあとに数値を入力することによって最大反復数を変更することができます。解が求められないときに，反復数を大きくする対応が可能であり，収束の問題とあわせて後述してあります。

さて，出力が図4.8に示されています。

```
SUMMARY OF ANALYSIS

Number of groups                                              1
Number of observations                                      521
Number of dependent variables                                30
Number of independent variables                               0
Number of continuous latent variables                         0

Observed dependent variables
  Continuous

     RES01      RES02      RES03      RES04      RES05     RES06
                              －省略－

Estimator                                                    ML

Rotation                                                 GEOMIN
Row standardization                                 CORRELATION
Type of rotation                                        OBLIQUE
Epsilon value                                            Varies
Information matrix                                     OBSERVED
Maximum number of iterations                               1000
Convergence criterion                                 0.500D-04
Maximum number of steepest descent iterations                20
Maximum number of iterations for H1                        2000
Convergence criterion for H1                          0.100D-03
Optimization Specifications for the Exploratory Factor Analysis
Rotation Algorithm
  Number of random starts                                    30
  Maximum number of iterations                            10000
  Derivative convergence criterion                    0.100D-04
```

図4.8 反応スタイル尺度の探索的因子分析の出力1

まずは分析の要約を確認し，データが正しく読み込まれているかを確認しましょう。また，推定方法や回転方法が適切に指定されているかどうかもここでチェックしてください。もし，記述に間違いがあった場合はエラーが出力されることもありますので，シンタックスを書き直しましょう。次の図4.9には欠測値の情報が出力されます。

```
SUMMARY OF DATA
    Number of missing data patterns   17

COVARIANCE COVERAGE OF DATA
Minimum covariance coverage value  0.100

    PROPORTION OF DATA PRESENT
          Covariance Coverage
            RES01       RES02       RES03       RES04       RES05
           ________    ________    ________    ________    ________
 RES01      0.996
 RES02      0.994       0.998
 RES03      0.996       0.998       1.000
 RES04      0.994       0.996       0.998       0.998
 RES05      0.992       0.994       0.996       0.994       0.996
 RES06      0.992       0.994       0.996       0.994       0.992
                                 －省略－
```

図4.9　反応スタイル尺度の探索的因子分析の出力2

極端な欠測の組み合わせがないかも確認しておきましょう。また，これまでの分析と同様に，記述統計量の出力から分布についても検討してください（3.3.4節・3.4.2節参照)。この後に因子分析の結果が出力されます（図4.10)。

因子数の決定方法として先に説明された固有値の大きさが示されています。固有値の減衰状況を図として示したものをスクリープロットと呼びますが，これをもとに因子数を検討することが推奨されています。Plot メニューから View Plot を選択すると，以下の図4.11を見ることができます。

まず，ガットマン基準によると固有値が1を超えている因子を確認することになりますので，ここでは5因子が候補となります。次に，スクリープロットの形状をみると，6つめ以降の固有値の落ち込みが緩やかなっているため，この観点からも5因子が想定されます。また，平行分析の結果は点線で示されており，これを上回る因子数が提案されます。この図ではやや判別が難しいのですが，数値の出力を見ると`Parallel Analysis Eigenvalues`を`Sample Eigenvalues`が5因子までが上回っています。したがって，ここでは5因子を有力と考えながらその周辺の4因子から7因子のそれぞれの場合について，適合度指標と因子負荷行列を比較検討することが考えられます。

```
RESULTS FOR EXPLORATORY FACTOR ANALYSIS

  EIGENVALUES FOR SAMPLE CORRELATION MATRIX
        1           2           3           4           5
    ________    ________    ________    ________    ________
      6.678       3.812       2.576       1.653       1.341

  EIGENVALUES FOR SAMPLE CORRELATION MATRIX
        6           7           8           9          10
    ________    ________    ________    ________    ________
      0.981       0.955       0.882       0.825       0.777
                            －省略－
```

図4.10　反応スタイル尺度の探索的因子分析の出力3

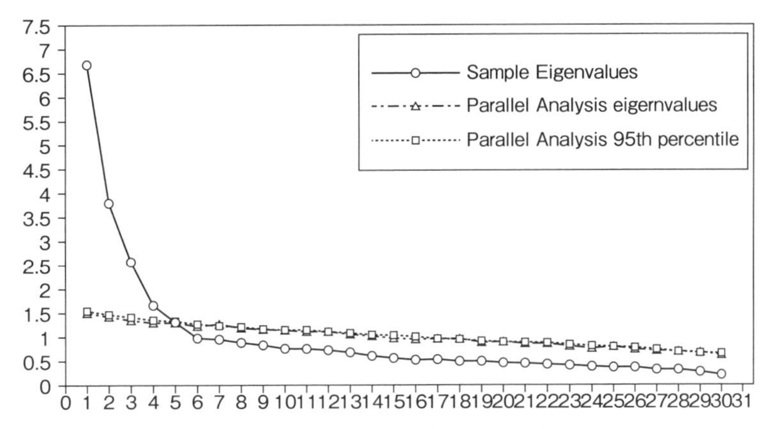

図 4.11　反応スタイル尺度のスクリープロット

図 4.12 に 4 因子のときのモデル適合度を示します。まず，χ^2 検定の結果が有意となっていますが，こちらはサンプルサイズの影響を受けますので今回は参考になりません。次に，RMSEA が 0.065，SRMR が 0.043，となっており，適合度は経験的基準を十分には満たしませんが，悪くはないことがわかります。

このあとに因子負荷量や因子間相関が示されていますが，まずは適合度を比較するために，これ以外の因子として，3 因子から 7 因子までのそれぞれ適合度をまとめた結果を表 4.7 に示します。全体的に因子数が多いほど適合度が良好になっていることがわかります。BIC だけが 6 因子を提案しています。それでは，因子数が多いほど良いのでしょうか。適合度が経験的な基準に耐えられると考えられる 4 因子から 7 因子まで因子負荷行列を眺めて検討していきましょう。

```
EXPLORATORY FACTOR ANALYSIS WITH 4 FACTOR(S):

MODEL FIT INFORMATION
Number of Free Parameters                        174
Loglikelihood
          H0 Value                        -18575.984
          H1 Value                        -18067.165
Information Criteria
          Akaike (AIC)                     37499.969
          Bayesian (BIC)                   38240.469
          Sample-Size Adjusted BIC         37688.155
          (n* = (n + 2) / 24)
Chi-Square Test of Model Fit
          Value                             1017.638
          Degrees of Freedom                     321
          P-Value                             0.0000
RMSEA (Root Mean Square Error Of Approximation)
          Estimate                             0.065
          90 Percent C.I.                      0.060  0.069
          Probability RMSEA <= .05             0.000
CFI/TLI
          CFI                                  0.875
          TLI                                  0.831
Chi-Square Test of Model Fit for the Baseline Model
          Value                             6012.591
          Degrees of Freedom                     435
          P-Value                             0.0000
SRMR (Standardized Root Mean Square Residual)
          Value                                0.043
```

図 4.12　反応スタイル尺度の探索的因子分析の出力 4

表 4.7　各因子の適合度指標

	3因子	4因子	5因子	6因子	7因子
df	348	321	295	270	246
χ^2	1343.19	1017.64	700.46	539.70	441.48
p	0.000	0.000	0.000	0.000	0.000
CFI	0.822	0.875	0.927	0.952	0.965
TLI	0.777	0.831	0.893	0.922	0.938
SRMR	0.050	0.043	0.031	0.026	0.023
RESEA	0.074	0.065	0.051	0.044	0.039
AIC	37770.52	37499.97	37234.79	37124.03	37073.81
BIC	38396.11	38240.47	38085.94	38081.57	38133.49
ABIC	37929.50	37688.16	37451.10	37367.37	37343.11

適合度の出力の下に回転後の因子負荷量が続いており，その下には因子間相関が出力されています（図4.13)。

```
GEOMIN ROTATED LOADINGS (* significant at 5% level)
                1          2          3          4
             ________   ________   ________   ________
 RES01        0.038      0.478*     0.106      0.018
 RES02       -0.050      0.385*     0.162*     0.063
 RES03        0.413*    -0.048      0.404*    -0.124*
 RES04        0.025      0.582*    -0.171*     0.044
 RES05        0.311*     0.346*    -0.213*     0.084
                        －省略－
 RES29        0.029      0.067     -0.075*     0.856*
 RES30        0.255*     0.002      0.545*    -0.046

GEOMIN FACTOR CORRELATIONS (* significant at 5% level)
                1          2          3          4
             ________   ________   ________   ________
 1            1.000
 2           -0.075      1.000
 3           -0.068     -0.018      1.000
 4           -0.155*     0.614*    -0.002      1.000
```

図 4.13　反応スタイル尺度の探索的因子分析の出力 4

その次に先述した独自性（誤差分散）の出力があります。

```
ESTIMATED RESIDUAL VARIANCES
   RES01      RES02      RES03      RES04      RES05
 ________   ________   ________   ________   ________
   0.819      0.831      0.645      0.669      0.712
                        －省略－
ESTIMATED RESIDUAL VARIANCES
   RES26      RES27      RES28      RES29      RES30
 ________   ________   ________   ________   ________
   0.775      0.435      0.479      0.303      0.654
```

図 4.14　反応スタイル尺度の探索的因子分析の出力 4

共通性と独自性の和が1となりますので，「1-独自性」により共通性が求められます。共通性を算出した結果を表 4.8 に示します。一部，共通性の低い項目も見られますが，このような項目は因子との関連が弱く，因子の指標として有効に機能していないと考えられるため，その後の分析において取り除く項目の候補として検討しておきましょう。なお，ここでは省略しますが，このあとにも出力が続いており，負荷量

表 4.8 反応スタイル尺度の各項目の共通性と独自性

	共通性	独自性		共通性	独自性		共通性	独自性
項目 1	.181	.819	項目 11	.362	.638	項目 21	.571	.429
項目 2	.169	.831	項目 12	.072	.928	項目 22	.498	.502
項目 3	.355	.645	項目 13	.340	.660	項目 23	.173	.827
項目 4	.331	.669	項目 14	.388	.612	項目 24	.398	.602
項目 5	.288	.712	項目 15	.427	.573	項目 25	.380	.620
項目 6	.338	.662	項目 16	.496	.504	項目 26	.225	.775
項目 7	.468	.532	項目 17	.369	.631	項目 27	.565	.435
項目 8	.534	.466	項目 18	.493	.507	項目 28	.521	.479
項目 9	.340	.660	項目 19	.283	.717	項目 29	.697	.303
項目 10	.475	.525	項目 20	.174	.826	項目 30	.346	.654

の標準誤差などが示されています。

次に，4因子から7因子までの因子負荷行列と因子間相関を表 4.9〜4.12 に示しました。これらの結果から解釈可能性を検討して，因子構造を決定します。

各項目について，−1 または 1 に近い負荷量は，因子が項目に強く影響していることを示しており，最も高い因子負荷量を太字で示してあります。逆に，0 に近い負荷量はその項目に対する因子の影響が弱いことを示しています。また，項目によっては複数の因子に高い負荷量を示すものもありますが，先述した

表 4.9 4因子構造の出力結果

	項目	I	II	III	IV
8	自分の短所ばかり考えてしまう	**.707**	.080	−.039	−.112
7	自分には解決する力がないと考える	**.683**	−.043	.080	.000
25	自分のせいだと考える	**.608**	.069	−.063	.081
17	自分には悩みがたくさんあると考える	**.600**	.105	−.016	.003
10	対処することをあきらめる	**.544**	−.305	.413	.095
3	解決を後回しにする	**.413**	−.048	.404	−.124
9	ゆううつな気分の原因を改善するよう努力する	.038	**.611**	−.039	.065
4	何をすれば一番よいのかを考える	.025	**.582**	−.171	.044
28	どうしたら改善できるかを考える	.051	**.509**	−.170	.285
19	目標を立てる	−.020	**.505**	−.021	.104
26	何か楽しめることをする	−.051	**.491**	.320	−.025
1	気持ちを落ち着かせるような考え方をする	.038	**.478**	.106	.018
14	今の自分にできることをする	−.089	**.459**	.004	.230
2	友人と遊ぶ	−.050	**.385**	.162	.063
5	自分の精神状態がどのようであるかを考える	.311	**.346**	−.213	.084
18	ポジティブに考えなおす	−.307	**.338**	.294	.261
20	外出する	−.082	**.324**	.122	.124
12	音楽を聴く	.070	**.262**	.198	−.020
16	大した問題ではないと考えることにする	−.012	.014	**.592**	.358
22	悩むようなことではないと考えようとする	−.033	−.031	**.592**	.399
30	忘れようとする	.255	.002	**.545**	−.046
24	その問題にかかわらないようにする	.372	.011	**.533**	−.006
15	その状況を避ける	.449	−.019	**.488**	−.051
23	空想など楽しいことを考える	.193	.316	**.374**	−.095
6	このくらいの問題は誰にでもあることだと考える	.005	.152	**.373**	.331
29	このことが自分の成長につながると考える	.029	.067	−.075	**.856**
27	試練の機会だと思うことにする	.042	−.015	−.025	**.833**
21	この経験が自分のためになると考える	.031	.028	−.011	**.793**
13	長い人生の中では小さな問題だと思うようにする	−.057	.023	.288	**.480**
11	悪い面ばかりでなく良い面を見つけようとする	−.107	.235	.173	**.370**
	因子間相関	I	−.075	−.068	−.155
		II		−.018	.614
		III			−.002

表 4.10　5因子構造の出力結果

	項目	I	II	III	IV	V
7	自分には解決する力がないと考える	**.708**	−.033	.071	.028	.006
8	自分の短所ばかり考えてしまう	**.707**	.145	−.003	−.031	−.095
17	自分には悩みがたくさんあると考える	**.605**	.130	.056	−.020	.013
25	自分のせいだと考える	**.603**	.148	−.014	−.043	.087
10	対処することをあきらめる	**.564**	−.282	−.047	.352	.091
3	解決を後回しにする	**.428**	−.096	.043	.364	−.118
4	何をすれば一番よいのかを考える	−.025	**.704**	−.043	−.005	.023
9	ゆううつな気分の原因を改善するよう努力する	.006	**.593**	.092	.076	.067
28	どうしたら改善できるかを考える	.013	**.585**	.015	−.040	.268
5	自分の精神状態がどのようであるかを考える	.282	**.459**	−.048	−.105	.084
1	気持ちを落ち着かせるような考え方をする	.010	**.459**	.047	.206	.022
14	今の自分にできることをする	−.116	**.430**	.081	.096	.226
2	友人と遊ぶ	.000	−.002	**.655**	.003	.035
20	外出する	−.028	−.067	**.652**	−.054	.102
26	何か楽しめることをする	−.025	.162	**.468**	.245	−.023
19	目標を立てる	.002	.268	**.437**	−.078	.097
12	音楽を聴く	.100	.021	**.361**	.114	−.018
18	ポジティブに考えなおす	−.290	.069	**.334**	.244	.262
16	大した問題ではないと考えることにする	−.031	−.015	−.093	**.664**	.363
22	悩むようなことではないと考えようとする	−.021	−.173	.085	**.558**	.400
15	その状況を避ける	.442	.034	−.125	**.535**	−.047
24	その問題にかかわらないようにする	.376	−.023	−.013	**.533**	.003
30	忘れようとする	.277	−.141	.129	**.481**	−.036
6	このくらいの問題は誰にでもあることだと考える	−.006	.094	.037	**.413**	.324
23	空想など楽しいことを考える	.202	.141	.212	**.348**	−.078
29	このことが自分の成長につながると考える	.030	.075	.062	−.062	**.837**
27	試練の機会だと思うことにする	.033	.056	−.057	.018	**.814**
21	この経験が自分のためになると考える	.052	−.053	.152	−.054	**.796**
13	長い人生の中では小さな問題だと思うようにする	−.078	.057	−.103	.362	**.472**
11	悪い面ばかりでなく良い面を見つけようとする	−.105	.122	.144	.179	**.370**
	因子間相関	I	−.114	−.121	−.067	−.211
		II		.290	−.036	.534
		III			.161	.395
		IV				.050

単純構造の観点から考えると，なるべく複数因子に対して高い負荷量を示す項目の存在は避けたいため，太字で示したもの以外で .350 を超える因子負荷量や太字の負荷量に近い値については網掛けをしてあります。これらは**交差負荷**（クロス・ローディング）と呼ばれます。これ以外にも，最も高い因子負荷量が .350 を下回るものについても網掛けをしてあります[6]。M*plus* ではジオミン回転を行った場合には5％水準で有意な因子負荷量には＊印が示されますが，検定の結果よりも絶対値から判断をしたほうが望ましいと考えられますので，重要視しすぎないほうが良いでしょう。なお，ここでは因子負荷量の基準を .350 としていますが，研究者によって異なり，.300～ .500 程度の幅があります。なお，単純構造の実現のためだけに項目を取捨選択するのではなく，先行研究や理論についても十分に考慮するようにしてください。また，項目を削った結果，2項目以下で構成される因子は望ましくありません。

まず，4因子構造の場合，後に示される因子構造と比較すると交差負荷が多く見られることがわかります。これは単一の因子を複数に無理に分けようとしている可能性があることを示していると考えられます。また，交差負荷の問題以外にも，項目 12 の因子負荷量が低いことなども好ましい結果ではありません。いずれにせよ，単純構造からは遠い状態だといえるでしょう。また，第2因子と第4因子の相関係数も高く，類似した内容の因子となっていることも気がかりです。ここから，各因子がどのような「意味的なまとま

[6] なお，因子負荷量による並び替えや強調などは M*plus* の出力ではありませんので，Excel などを用いて出力から処理する必要があります。

表 4.11　6 因子構造の出力結果

	項目	Ⅰ	Ⅱ	Ⅲ	Ⅳ	Ⅴ	Ⅵ
2	友人と遊ぶ	**.669**	.022	−.006	.020	−.023	−.001
20	外出する	**.667**	.021	−.064	.038	−.091	.036
26	何か楽しめることをする	**.474**	−.153	.200	−.018	.284	.000
19	目標を立てる	**.435**	.042	.261	−.032	−.068	.104
12	音楽を聴く	**.371**	.081	.011	.062	.083	−.065
18	ポジティブに考えなおす	**.368**	−.268	.103	.294	.041	.083
8	自分の短所ばかり考えてしまう	−.003	**.678**	.055	−.105	.089	−.061
17	自分には悩みがたくさんあると考える	.067	**.641**	.040	.027	.000	−.036
7	自分には解決する力がないと考える	.067	**.638**	−.117	−.075	.150	.026
25	自分のせいだと考える	−.007	**.617**	.060	−.014	.013	.067
4	何をすれば一番よいのかを考える	−.050	.033	**.685**	.025	−.038	.042
28	どうしたら改善できるかを考える	−.005	.001	**.581**	−.075	.029	.347
9	ゆううつな気分の原因を改善するよう努力する	.101	.057	**.567**	.103	−.003	.033
1	気持ちを落ち着かせるような考え方をする	.046	−.050	**.469**	.047	.192	.026
14	今の自分にできることをする	.084	−.080	**.430**	.149	.000	.162
5	自分の精神状態がどのようであるかを考える	−.033	.395	**.396**	.058	−.150	.031
13	長い人生の中では小さな問題だと思うようにする	−.048	.098	.010	**.771**	−.128	.015
16	大した問題ではないと考えることにする	−.041	−.077	−.007	**.647**	.298	−.006
6	このくらいの問題は誰にでもあることだと考える	.102	.082	.068	**.611**	.028	−.051
22	悩むようなことではないと考えようとする	.145	−.045	−.171	**.598**	.217	.036
11	悪い面ばかりでなく良い面を見つけようとする	.177	−.055	.124	**.310**	−.015	.174
24	その問題にかかわらないようにする	−.041	.064	.006	.013	**.667**	.035
15	その状況を避ける	−.156	.155	.045	.046	**.640**	−.028
30	忘れようとする	.115	−.013	−.105	−.004	**.599**	−.010
3	解決を後回しにする	.023	.184	−.094	−.058	**.500**	−.065
10	対処することをあきらめる	−.058	.350	−.310	.048	**.438**	.066
23	空想など楽しいことを考える	.213	.037	.157	.021	**.390**	−.075
29	このことが自分の成長につながると考える	.030	−.031	.052	−.029	.033	**.915**
27	試練の機会だと思うことにする	−.046	.020	.053	.155	−.012	**.706**
21	この経験が自分のためになると考える	.154	.041	−.049	.092	−.044	**.707**
	因子間相関	Ⅰ	−.081	.301	.318	.056	.418
		Ⅱ		−.008	−.176	.248	−.050
		Ⅲ			.312	−.140	.509
		Ⅳ				.207	.522
		Ⅴ					−.142

り」を持つかを解釈し，その命名を行うことになります。特に，ある因子に大きな因子負荷量を示す項目がその因子の特徴を反映していますので，それらを中心に眺めてそれぞれに共通した意味や構成概念を考えましょう。これが解釈可能性の検討となりますが，こちらについては，4～7因子のそれぞれについての後ほどまとめて検討します。

5因子構造（表4.10）はさきほどの4因子構造よりも交差負荷が少なくなっていることがわかります。また，因子間相関についても若干低くなっています。項目18や項目23の因子負荷量が低いことが気になりますが，4因子構造よりはこちらのほうが良さそうです。

6因子解（表4.11）は，交差負荷や負荷量の小さい項目が減っており，単純構造により近づきました。一方，第6因子が3項目と少ないことが気がかりです。ある因子に高い負荷量を持つ項目は最低3つないと因子構造が安定しないことが知られており，1因子に3～4項目が必要であることが指摘されています（松尾・中村，2002）。今回はこの基準をギリギリ満たしていますが，意味内容や信頼性の検討に基づく判断が必要でしょう。

表4.12に7因子構造の結果を示します。これまでとは異なり交差負荷が増加してしまいました。また，第5因子以降は項目も少なくなっており，7因子解が好ましくないことがうかがえます。ここでは紹介しませんが，8因子解の場合はさらにこういった問題が増えますので，ここでは5因子構造と6因子構造が

表 4.12　7因子構造の出力結果

	項目	I	II	III	IV	V	VI	VII
4	何をすれば一番よいのかを考える	**.730**	.015	.017	−.008	.006	.072	−.137
28	どうしたら改善できるかを考える	**.566**	−.078	.008	−.013	.349	−.016	.030
9	ゆううつな気分の原因を改善するよう努力する	**.546**	.113	.064	−.050	.038	.030	.101
14	今の自分にできることをする	**.449**	.122	−.101	.017	.154	.102	.009
1	気持ちを落ち着かせるような考え方をする	**.444**	.063	−.036	.129	.030	−.042	.122
13	長い人生の中では小さな問題だと思うようにする	.036	**.738**	.054	−.007	.025	.027	−.155
6	このくらいの問題は誰にでもあることだと考える	.009	**.679**	.109	−.029	−.026	−.107	.182
16	大した問題ではないと考えることにする	.012	**.627**	−.109	.371	−.007	−.017	−.055
22	悩むようなことではないと考えようとする	−.154	**.582**	−.072	.267	.042	.094	.060
11	悪い面ばかりでなく良い面を見つけようとする	.128	**.311**	−.062	−.011	.173	.125	.071
8	自分の短所ばかり考えてしまう	.024	−.095	**.694**	.050	−.028	−.043	.073
7	自分には解決する力がないと考える	−.113	−.065	**.643**	.136	.027	.066	.058
25	自分のせいだと考える	.040	−.004	**.625**	.002	.092	−.007	.004
17	自分には悩みがたくさんあると考える	.077	.009	**.620**	.056	−.044	.178	−.082
5	自分の精神状態がどのようであるかを考える	.365	.086	**.413**	−.183	.048	−.053	−.001
15	その状況を避ける	.076	.028	.137	**.673**	−.044	−.075	−.057
24	その問題にかかわらないようにする	.019	.013	.059	**.652**	.023	−.048	.058
30	忘れようとする	−.106	−.009	−.015	**.558**	−.003	.009	.187
3	解決を後回しにする	−.077	−.050	.183	**.487**	−.082	.023	.056
10	対処することをあきらめる	−.281	.044	.338	**.473**	.050	.012	−.044
29	このことが自分の成長につながると考える	.054	−.038	−.027	.020	**.905**	.042	.002
27	試練の機会だと思うことにする	.010	.146	.030	−.031	**.755**	−.103	.026
21	この経験が自分のためになると考える	−.023	.065	.025	−.003	**.706**	.215	−.038
19	目標を立てる	.395	−.081	−.002	.002	.001	**.622**	−.013
20	外出する	−.024	.045	.010	−.123	.019	**.498**	.304
18	ポジティブに考えなおす	.142	.281	−.293	.054	.056	**.306**	.140
26	何か楽しめることをする	.121	−.021	−.130	.092	.053	.013	**.686**
2	友人と遊ぶ	−.011	.054	.035	−.123	.007	.366	**.432**
12	音楽を聴く	−.005	.060	.082	.019	−.039	.157	**.314**
23	空想など楽しいことを考える	.126	.029	.051	.297	−.057	.011	**.314**
	因子間相関	I	.345	−.005	−.145	.522	.155	.242
		II		−.195	.127	.556	.279	.319
		III			.261	−.087	−.093	−.021
		IV				−.144	−.019	.175
		V					.381	.252
		VI						.264

有力であると判断します。

ところで，今回の反応スタイル尺度の分析では見られませんでしたが，EFA の出力を求めた際に，以下のようなエラーメッセージが出力されることがしばしばあります。

```
NO CONVERGENCE.  NUMBER OF ITERATIONS EXCEEDED.
PROBLEM OCCURRED IN EXPLORATORY FACTOR ANALYSIS WITH 10 FACTOR(S).
```

図 4.15　EFA のエラーメッセージの例

これは 10 因子解については，解が得られず，収束しなかったことを表しています。非収束とは最適化に関する問題であり，複数の原因が関与していますが，最も単純な原因としては最大反復数の不足が挙げられます。この場合は最大反復数を上げてみることが有効です。先ほどの `ANALYSIS` コマンドにおいて「`ITERATION = 反復回数`」を加えることによって変更できます。例えば，`ITERATION = 10000` といった記述を加えて再度実行することによって解を得られることもあります。他の原因としては，モデルがデータに適合していない可能性もあり，その場合は因子数を変えたり，推定法を変えることが必要になります。

表 4.13 反応スタイル尺度の各因子の命名候補

	Ⅰ	Ⅱ	Ⅲ	Ⅳ	Ⅴ	Ⅵ	Ⅶ
4因子	反すう	問題解決・気晴らし	価値の切り下げ・逃避	問題価値の切り上げ			
5因子	反すう	問題解決	気晴らし	価値の切り下げ・逃避	問題価値の切り上げ		
6因子	気晴らし	反すう	問題解決	価値の切り下げ	逃避	問題価値の切り上げ	
7因子	問題解決	価値の切り下げ	反すう	逃避	問題価値の切り上げ	気晴らし	気晴らし

これ以外の問題として不適解の問題があります。不適解は，最適化そのものは正常に終了したもののその解が不適切であるという問題です。具体的には誤差分散が負の値を取る，もしくは因子間相関が -1～$+1$ の範囲を超えるという状況であり，**ヘイウッドケース**とも呼ばれています。不適解の原因は多様であり，モデルやデータが原因となる場合もあれば，推定法が原因となる場合もあります。不適解が生じたときには，その原因を丁寧に探索し，適切に対処することが重要です（1.2.8 節参照）。

反応スタイル尺度の分析においてはこれらの問題は見られませんでしたので，今後は各因子について解釈しながら項目の取捨選択を行って，最終的な因子構造を決定することを目指します。表 4.8～4.12 の各

表 4.14 反応スタイル尺度の最終的な因子構造

	項目	Ⅰ	Ⅱ	Ⅲ	Ⅳ	Ⅴ	Ⅵ
20	外出する	**.683**	.038	.016	−.061	−.075	.028
2	友人と遊ぶ	**.670**	.011	.015	−.001	.001	−.004
26	何か楽しめることをする	**.459**	−.027	−.150	.189	.320	−.002
19	目標を立てる	**.443**	−.020	.046	.291	−.068	.063
18	ポジティブに考えなおす	**.371**	.275	−.280	.115	.040	.069
12	音楽を聴く	**.366**	.096	.115	.020	.063	−.084
13	長い人生の中では小さな問題だと思うようにする	−.031	**.813**	.089	.024	−.223	−.003
16	大した問題ではないと考えることにする	−.046	**.662**	−.078	−.006	.234	−.007
22	悩むようなことではないと考えようとする	.139	**.589**	−.061	−.182	.183	.063
6	このくらいの問題は誰にでもあることだと考える	.105	**.572**	.029	.055	.016	−.010
8	自分の短所ばかり考えてしまう	−.026	−.071	**.711**	.046	.072	−.030
17	自分には悩みがたくさんあると考える	.057	.065	**.651**	.027	−.023	−.012
25	自分のせいだと考える	−.027	.015	**.643**	.050	.001	.102
7	自分には解決する力がないと考える	.040	−.053	**.628**	−.116	.139	.055
4	何をすれば一番よいのかを考える	−.041	.034	.021	**.700**	−.041	.004
28	どうしたら改善できるかを考える	−.005	−.064	.001	**.619**	.029	.298
9	ゆううつな気分の原因を改善するよう努力する	.105	.115	.059	**.570**	−.004	.011
14	今の自分にできることをする	.095	.190	−.064	**.468**	−.035	.098
1	気持ちを落ち着かせるような考え方をする	.038	.027	−.064	**.438**	.221	.041
24	その問題にかかわらないようにする	−.084	.022	.076	−.023	**.674**	.063
15	その状況を避ける	−.189	.087	.179	.027	**.601**	−.028
30	忘れようとする	.078	.017	.018	−.122	**.586**	−.001
3	解決を後回しにする	−.002	−.019	.196	−.085	**.456**	−.082
23	空想など楽しいことを考える	.188	.006	.031	.133	**.419**	−.050
29	このことが自分の成長につながると考える	.024	−.029	−.030	.070	.029	**.897**
21	この経験が自分のためになると考える	.148	.070	.034	−.058	−.033	**.734**
27	試練の機会だと思うことにする	−.051	.144	.009	.059	−.020	**.718**
	因子間相関	Ⅰ	.304	−.093	.310	.076	.437
		Ⅱ		−.173	.289	.299	.495
		Ⅲ			−.031	.245	−.104
		Ⅳ				−.120	.535
		Ⅴ					−.120

因子について高い負荷量を示す項目の内容から推察すると表4.13のように解釈・命名することができます。

4因子解の場合，第2因子と第3因子はいくつかの異なる意味を持つ項目のまとまりとなっており，解釈が難しくなっています。5因子解にするとこれらの問題がやや解消されていますが，第4因子が「価値の切り下げ」と「逃避」の内容が混在しています。これらは近い概念であると思われますので，1つの因子として扱ってよいのかどうか悩むところですが，6因子解を眺めてみるとこの因子が第5因子と第6因子に分かれますので，因子の解釈がより明快となります。7因子解の場合は第6因子と第7因子がこれまでの「気晴らし」が2つに分かれていますが，2つの因子の違いは不明瞭なものとなっています。

以上より，6因子解が有力であると考えられましたので，因子負荷量が小さかったり，交差負荷が見られる項目を1つずつ取り除いて，因子負荷行列と因子間相関の出力を確認します。どの順番で取り除いていくかによって結果が変わりますので，この順番についても様々な組み合わせを試す必要があります。その後，内容や領域の観点から各因子について解釈を行い，不適切な項目については削除することを試みます。6因子解の場合は「10. 対処することをあきらめる」は内容的に様々な因子と関係し，複数の因子に負荷していましたので，まずはこれを取り除きました。次に，「5. 自分の精神状態がどのようであるかを考える」についても同様の理由で削除し，「11. 悪い面ばかりでなく良い面を見つけようとする」は解釈可能性の観点からも他の項目とのまとまりが悪く，因子負荷量が低いため削除した結果，最終的に表4.14の因子負荷行列を得ることができました。項目26については複数の因子に高い負荷が見られますが，内容的には必要な項目であると判断して残すこととしました。それぞれの項目と意味のまとまりを確認してください。

ここでは，因子数の候補をスクリープロットと適合度から4～7と判断し，最尤法，ジオミン回転によって因子負荷行列を求めて，単純構造を目指しながら解釈可能性に基づいて因子数を決定し，項目の取捨選択を行って最終的に解釈可能な6因子解にたどり着きました。選択肢は膨大でしたが，今回の場合はある程度先行研究が揃っており，因子の内容を想定しやすい状況でしたので，比較的少ない手順で最終解にたどり着くことができたと考えられます。第6因子の項目数が少ない結果となりましたが，この概念を測定する項目を当初からもう少し加えていればまた違った結果となったかもしれません。EFAを行って心理尺度を開発する際には，因子分析をする前の理論や解釈可能性を重視し，十分に項目を収集して精選したのちのデータを集めることが重要でしょう。また，尺度の妥当性を表す外的な基準が測定されている場合にはその基準との相関等，EFAの結果以外の統計量についても十分に検討する必要があるでしょう。

文　献

Grimm, L. G., & Yarnold, P. R. (1995). *Reading and understanding multivariate statistics.* Washington, DC: American Psychological Association.（L. G. グリム・P. R. ヤーノルド（編著）・小杉 考司（監訳）(2016). 研究論文を読み解くための多変量解析入門　基礎篇――重回帰分析からメタ分析まで――　北大路書房）

堀 啓造（2005). 因子分析における因子数決定法――平行分析を中心にして――　香川大学経済論叢, *77*, 65-70.

市川 雅教（2010). 因子分析　朝倉書店

Jennrich, R. I., & Bentler, P. M. (2011). Exploratory Bi-factor Analysis. *Psychometrika, 76*, 537-49.

狩野 裕・三浦 麻子（2002). グラフィカル多変量解析――AMOS, EQS, CALISによる　目で見る共分散構造分析――　現代数学社

日下部 典子・千田 若菜・陳 峻文・松本 明生・筒井 順子・尾崎 健一・伊藤 拓・中村 菜々子・三浦 正江・鈴木 伸一・坂野 雄二（2000). コーピング尺度の開発とその信頼性の検討に関する展望　ヒューマンサイエンスリサーチ, *9*, 313-328.

松尾 太加志・中村 知靖（2002）誰も教えてくれなかった因子分析――数式が絶対に出てこない因子分析入門――　北大路書房

松本 麻友子（2008). 拡張版反応スタイル尺度の作成　パーソナリティ研究, *16*, 209-219.

Nolen-Hoeksema, S. (1991). Responses to depression and their effects on the duration of depressive episodes. *Journal of Abnormal Psychology, 100*, 569-82.

芝 祐順（1979). 因子分析法　第2版　東京大学出版会

Thurstone, L. L. (1947). *Multiple factor analtsis.* Chicago, IL: The University of Chicago Press.

豊田 秀樹（2012). 因子分析入門――Rで学ぶ最新データ解析――　東京図書

柳井 晴夫・前川 真一・繁枡 算男・市川 雅教（1990). 因子分析――その理論と方法――　朝倉書店

第5章 確認的因子分析

確認的因子分析（Confirmatory Factor Analysis: **CFA**）は，第3章で扱ったパス解析とともに，SEMにおける車の両輪とも言える重要な解析モデルです。第4章で扱った**探索的因子分析**（Exploratory Factor Analysis: **EFA**）と本章で述べるCFAは，いずれも観測変数間の関連を少数の潜在変数（因子）によって説明しようとする点で共通しています。実際の研究においても，EFAとCFAの使い分けの基準は必ずしも明確ではなく，研究者の選択に委ねられているのが現状です。しかし，両者の性質は多くの点で異なっており，本来は研究者の都合による恣意的な選択ではなく，研究の文脈に応じた合理的な選択が行われる必要があります。そこで本章ではEFAと比較してCFAがどのような特徴を持っているかを解説したうえで，EFAとCFAの使い分けについて議論します。その後，いくつかの実データを用いて，M*plus*上でのCFAの利用方法について述べていきます。

5.1 CFAの原理

5.1.1 EFAとCFA

CFA（SEMにおける測定モデル）の基本的原理については第1章，EFAの基本的原理については第4章で述べましたが，ここで改めて両者の原理の違いを整理しておきます。図5.1にCFAとEFAのモデルの一例を示しました。

CFAではあらかじめ用意された因子構造に関する仮説に基づいてモデルが設定されます。ここではX_1～X_4の4つの指標（観測変数）がF_1という因子（潜在変数）を反映し，X_5～X_8の4つの指標がF_2とい

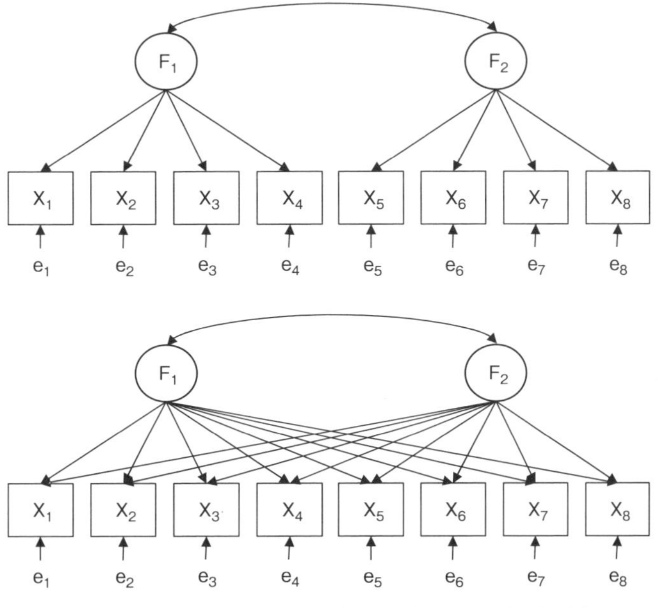

図5.1　確認的因子分析（上段）と探索的因子分析（下段）

う因子を反映すると仮定されています。重要なことは，各観測変数に対して，対応する因子以外の因子からのパス（F_2 から X_1～X_4，F_1 から X_5～X_8）は引かれていない，つまり負荷量が0に固定されているという点です。

一方，EFA では因子構造に関する仮説が必要ありません。なぜなら，各因子からすべての観測変数に対してパスが設定されるためです。ただし，第4章で述べたように，いくつの因子を設定するかという点については，固有値の推移や解釈可能性などの観点から決定する必要があります。また，EFA には全く同一の適合度を与える負荷量のパターンが無数に存在するという解の**不定性**の問題があるため，負荷量のパターンがなるべく**単純構造**に近づくような形で解を決定する**因子回転**という処理が必要になります。単純構造とは，各観測変数が単一の因子に高い負荷量を示し，その他の因子には0に近い負荷量を示すというパターンを意味します。一般的に，負荷量のパターンが単純構造に近いほど，解の解釈が容易になると言われています。

このような EFA の原理を踏まえたうえで，改めて CFA について考えてみると，CFA とは理論的に対応が仮定されていない因子への負荷量を0に固定することで，解の不定性とそれにともなう因子回転の問題を回避した手法であると言うことができます。したがって，明確な仮説のある状況では，CFA を用いることで解の安定性を高めることができます。一方，明確な仮説がない状況では，まず EFA によって因子構造を探索するプロセスが必要になります。

以降の節では，こうした基本的原理の違いを踏まえ，EFA と比較した場合の CFA の具体的なメリットとデメリットを整理していきます。

5.1.2　CFA のメリット

• 因子回転の問題が生じない

EFA の因子回転は，解の不定性を解決するうえで優れた数学的手法ですが，因子回転が目指している単純構造が，必ずしも実質科学的に妥当な解である保証はありません。と言うのも，単純構造に近い負荷量のパターンが解釈しやすいというのは一種の経験則であって，理論的根拠に基づくものではないからです。実際に何度か EFA を実行した経験のある人なら，EFA がしばしば荒唐無稽な解をもたらすことを知っていると思います。また，因子回転のもう1つの問題は，回転の方法によって異なる解が得られるという点です。回転の数学的な仕組みは複雑であり，こうした解の違いがどのように生じたのか，また，どの解を採用するのが適切なのかを一般の研究者が判断することは困難な場合が多いと思われます。

一方，CFA では明確な理論的根拠に基づいて，対応しない因子への負荷量を0に固定します。つまり，データから単純構造を探るのではなく，単純構造を理論的に仮定していると言えます。もしこの理論的仮定が妥当なものであれば，モデルに適切な制約が課されることで解の安定性が増し，回転の方法による解のブレという問題も避けることができます。もしこの理論的仮定が妥当なものでなければ，適合度に基づいてモデルは棄却され，モデルの修正か，EFA によるモデルの探索を行うことになります。しかし，いずれの場合も，あらかじめ明確な理論的根拠を明示し，その反証の可能性を保証しているという点で，科学的に公平なプロセスであると言えそうです。ただし，適合度によるモデルの検証は必ずしも万能ではないという点も申し添えておく必要があります。この点については次節で述べます。

• データへの依存度が相対的に低く，解の再現可能性が高い

これは前項とも深く関連する点ですが，EFA は純粋にデータの情報にのみ基づいて実行されます。したがって，データに何らかの歪みがある場合，得られる結果にも歪みが生じることになります。これは特にサンプルサイズが小さい場合に生じやすい問題です。多くの場合，分析に使用されるデータは，特定の母集団から抽出されたサンプルです。サンプルの抽出にあたっては，2種類の標本誤差が生じ得ます[1]。1つは系統的なバイアスであり，例えば全国調査なのに関東圏のデータが9割を占めるというように，母集

[1] 標本誤差はサンプリングの過程で生じる誤差であり，測定の過程で生じる測定誤差とは異なります。

団全体から均等にサンプルが抽出されていないというタイプの誤差です。これは適切にランダムサンプリングが行われれば解決できる問題です。もう1つはランダムな標本変動であり，適切なランダムサンプリングであっても，どの対象者が選ばれるかは抽出のたびに変動してしまうというものです。標本変動は全数調査でない限り0にすることはできませんが，サンプルサイズが増えるほど縮小します。

したがって，小さいサンプルサイズでは標本変動の影響が大きく，データにのみ基づくEFAでは一般化可能性の低い解が生じる可能性が高くなります。実際，300程度までのサンプルサイズにおけるEFAの結果は，異なるサンプルでは再現されないことが多く見られます[2]。一方，CFAは理論的に対応しない因子への負荷量を0に固定することで，推定すべきパラメータ数を大幅に減らし，因子回転も不要としているため，同じサンプルサイズでもEFAより安定的な解を得ることができます。

ここまで述べてきた2つの問題については，サンプルサイズがある程度大きい場合には，それほど重要な問題にならないことが多いと思われます。実際，ある程度以上のサンプルサイズでは，EFAとCFAは同様の結果をもたらすことが多くなります。しかし，ここから述べる4つの点は，サンプルサイズにかかわらず，CFAの優れた機能であると明言できます。

• 誤差相関や方法因子を考慮できる

CFAでは適合度に基づいて測定モデルの妥当性を検証することができます。CFAによって検出できるモデルの問題は，主に2つの種類に分けられます。1つは，各因子の指標（項目）が別の因子に負荷（**交差負荷**）するというもの，もう1つは，複数の項目間に**誤差相関**があるというものです。EFAでは，各項目からすべての因子に負荷が仮定されるため，交差負荷の問題は検証することができますが，誤差相関を仮定した分析を行うことができないため，項目間に誤差相関があるか否かは検証できません。

項目間の誤差相関を生じさせる要因は，大きく2つに分けられます。1つは内容的な要因，もう1つは方法論的な要因です。内容的な要因とは，複数の項目が測定している内容の重複が局所的に大きいということを意味します。尺度の妥当性を表す概念の1つに**内容的妥当性**というものがあります。内容的妥当性は，尺度を構成する項目が測定しようとしている領域全体を偏りなくカバーしているかという**領域代表性**と，項目がその領域から逸脱していないかという**領域適切性**から構成されます。もし，同一の因子の項目間で誤差相関が見られる場合，それは領域代表性の問題を表している可能性があります。つまり，測定しようとしている領域のうち，特定の内容的範囲に項目が偏っていることで，因子では説明しきれない局所的な相関が生じてしまっているということが考えられます（具体例は5.3節で示します）。通常，同一の因子を測定するための項目は互いにある程度の意味的な重なりを持つものですが，その重なりの度合いが一部の項目間で（他の項目との間よりも）局所的に大きい場合，それが誤差相関を生じさせます。一方，異なる因子の項目間で誤差相関が見られる場合，それは領域適切性の問題を示している可能性があります。つまり，本来測定したい領域とは異なる領域についての情報を拾っているということが考えられます。

もう1つの方法論的な要因とは，複数の項目間で方法論的な共通性があるということを意味します。例えば，逆転項目（他の項目と意味内容の方向性が逆転している項目），項目表現（例：「私は将来」という書き出しで始まっている等），社会的望ましさ（特定の方向の回答が社会的に望ましいと思われる項目），項目の近接性などの要因です。

こうした誤差相関の問題は，いずれも測定の妥当性に関わる重要な問題ですが，EFAでは検出することができません。もしこうした問題を見過ごしてしまえば，測定の妥当性だけでなく，構成概念間の関係についても誤った結論を得る危険性があります。CFAは誤差相関を通してこうした測定上の問題を検出でき，モデル上で調整することもできる点で，EFAより優れています。

[2] 結果の再現性は，変数や因子の数によっても異なります。

• 柔軟なモデリングが可能

本書の「発展編」で扱うことを予定していますが，CFA では，**高次因子モデル**や**階層因子モデル**などの複雑なモデルを容易に扱うことができます。高次因子モデルは，観測変数の背後に想定される因子（一次因子）のさらに上位に二次因子（理論的には三次因子，四次因子の想定も可能）と呼ばれる因子を想定するモデルです。階層因子モデルは，すべての観測変数を説明する一般因子と一部の観測変数を説明する複数のグループ因子を想定するモデルです。こうしたモデルは，多層的な階層構造を持つと想定される構成概念の因子構造を検証するうえで有効な手段となります。例えば，国内外で広く利用されている WISC-IV 知能検査では，15 の下位検査から言語理解，知覚推理，ワーキングメモリ，処理速度という 4 つの指標得点が算出され，それらを合成して全般的な認知能力を表す全検査 IQ という得点が算出されます。こうした階層構造の検証に高次因子モデルや階層因子モデルが用いられます。CFA は，柔軟なモデリングが可能であるため，こうした複雑なモデルの検証に適しています。

• 多母集団データや縦断データでの測定不変性の検証ができる

こちらも本書の「発展編」で扱う予定ですが，CFA では複数の集団から得られたデータや同じ集団で縦断的に測定されたデータにおいて，測定モデルが集団間または時点間で一致しているか否かという**測定不変性**の問題を直接的に検証することができます。EFA でも集団間・時点間で分析を繰り返すことで同様の解が再現されるかを見ることはできますが，個々の負荷量，誤差分散，因子分散などのパラメータを統計的に比較することはできません。もし集団間・時点間で測定モデルが一致していなければ，集団間でのパス係数の差や時点間のパス係数の程度を正確に定量化することができないため，測定不変性を検証できる CFA は，複数の集団や時点を含む高度なモデルの検討に不可欠となっています。

• 複数のモデルの比較ができる

EFA では，因子数を変えて推定を行い，結果を比較することはできますが，当然のことながら，同一の因子数の異なるモデルを比較することはできません。一方，CFA では因子数にかかわらず，複数のモデルを自由に比較することができます。したがって，理論的に複数の因子構造のモデルが想定されうる場合，どのモデルがより妥当であるのかを直接検証することができます。

• フル SEM モデルに容易に拡張できる

EFA の場合，その結果をもとにパス解析を行う場合，いったん尺度得点（項目の単純合計得点）や因子得点（因子負荷量で重みづけをした合成得点）を算出し，それをパス解析に使用するというプロセスを経る必要があります。しかし，尺度得点をパス解析に用いた場合，尺度の信頼性が低いほど，測定のランダム誤差による相関の希薄化という現象が生じ，概念間の因果関係が過小推定されることになります。また，因子得点には，単一の負荷量のパターンから複数の因子得点のセットが得られる不定性という問題があります（Grice, 2001）。一方，CFA では，測定モデルの妥当性を検証した後，そのまま潜在変数間の構造モデル（フル SEM モデル）の検討に移行することができるため，相関の希薄化や因子得点の不定性の問題を回避でき，因果モデルの正確な検証が可能です。

5.1.3　CFA のデメリット

• 因子構造についての明確な仮説が必要

すでに述べてきたように，CFA を用いる際には因子構造に関する明確な仮説が必要です。もし明確な仮説が立てられない場合には，まず EFA でモデルを探索する必要があります。しかし，EFA でモデルの探索に用いたデータセットを，そのまま CFA でモデルの検証に用いるのは適切ではありません。これは先に解答を見てからテストに取り組むのと同じことで，本来のモデルの妥当性を検証することにはなりません。CFA に先立って EFA を行う場合には，EFA 用のデータセットと CFA 用のデータセットを別に用意する必要があります。本章の分析例で示すように，単一のデータセットをランダムに 2 つに分割することも可能です。とは言え，CFAは回転の問題を回避したり，誤差相関を検証できるというEFAとは異なる特徴があり，同じデータを用いても異なる情報が得られる可能性はあるため，モデルの検証でなく，モデルの探索のためと割り切るのであれば，EFAと同じデータセットでCFAを用いても問題はありません。

• モデル修正によって測定上の問題を覆い隠す危険性がある

CFAでは，分析の結果，適合度が低くモデルが棄却された場合，個々の項目の負荷量や修正指標に基づいてモデル修正を行うことができます。もし適合度の低さの原因が一部の項目の問題（負荷量が低い，他の因子への負荷量が高い，他の項目と誤差相関がある等）にある場合には，負荷量や修正指標でモデル修正に必要な情報を得ることができます。しかし，これらの情報に基づいてモデルに修正を加え，適合が改善したとしても，尺度そのものの問題が解決されるわけではありません。特に新規に尺度を開発するという文脈では，その場しのぎのモデルの修正によって適合の改善を図るのではなく，尺度を構成する項目自体を修正することが求められます（表現を修正する，項目を削除・追加する等）。

一方，個々の項目レベルではなく，想定した因子構造のモデルに問題がある場合，負荷量や修正指標だけでモデル修正に必要な情報を得ることは困難です。負荷量や修正指標は，現在のモデルを起点として修正の方向性を示すものであり，モデルそのものが根本的に誤っている場合には有効に機能しません。この場合は，より妥当な因子構造のモデルを探索するためにEFAを使用するのが望ましいと言えますが，実際には，どれだけ問題のある因子モデルであっても，修正指標に基づいて，他の因子への負荷量や他の項目との誤差相関を追加していけば，経験的基準を満たす適合度に持って行くことは可能です。したがって，アドホックなモデル修正によって，因子モデルそのものの問題が覆い隠されてしまう危険性があります。

こうした危険を避けるため，モデル適合の問題が見られた場合，原則的には，モデルに修正を加えて表面的に対処するのではなく，問題の原因に応じて根本的な対処を行う必要があります[3]。つまり，個々の項目に原因があると考えられる場合は項目の修正や入れ替え，モデルに原因があると考えられる場合はEFAによるモデル探索や再度の理論的検討からやり直すことが必要です。このような適切な対処を行わず，表面的なモデル修正でやり過ごそうとすれば，CFAは測定上の本質的な問題を覆い隠す危険な道具となってしまうでしょう。これはCFAそのものというより，研究者の運用のあり方の問題と言えます。

• より優れたモデルの存在を否定するのが難しい

CFAの最大のデメリットは，モデルを検証する手段が脆弱であるという点です。CFAでモデルを検証する際の主要な指標は適合度です。各種の適合度指標が一定の経験的基準を満たせば，ひとまずモデルの妥当性が示されたと判断されます。しかし，この判断は相対的なものであり，絶対的なものではありません。と言うのも，実際には自らのモデルと同等か，それ以上に優れた適合度を示すモデルは他にも存在しうるからです。特に，これまで先行研究で因子構造の検討があまりなされていない構成概念について検討する場合，唐突に1つのモデルだけを提示して，適合度が経験的基準を満たしたと主張しても，その他の可能性が十分に考慮されていなければ，その主張の説得力は限定的です。したがって，モデルの妥当性をより積極的に示すためには，単に経験的基準との比較を行うだけでなく，理論的蓋然性の高い対立モデルとの比較を行うことが有効です。もし比較的新規な構成概念で，適切な対立モデルが立てられない場合，特定の仮定を置かないEFAを用いた方がむしろ結果の説得力は増します。

5.1.4 EFAとCFAの使い分け

ここまでの議論で自ずと答えは出ていますが，改めてEFAとCFAの使い分けについて整理したいと思います。CFAはEFAと比較して多くのメリットを持っていますが，それらのメリットは，測定しようとする構成概念の因子構造についてすでに十分な理論的・実証的検討が行われ，明確な仮説が設定できる

[3] ただし，前節で述べたような何らかの方法論上の要因によって誤差相関が生じている場合には，誤差相関などを仮定してモデルの修正を図ることが正当化されます。この点については5.3.4節の最後の段落をご参照ください。

場合にのみ発揮されるものです。前節に述べたように，CFAはモデルの相対的な優位性を示す目的では優れていますが，絶対的な妥当性を評価する目的，言い換えれば，（研究者が思いつかないモデルも含めて）あらゆるモデルの中で最も優れたモデルであることを示す目的では，必ずしも有効な手段ではありません。したがって，これまでの研究で理論的・実証的な検討が十分になされていない構成概念について一足飛びにCFAを用いるのは賢明ではありません。十分な理論的検討やEFAによる実証的知見に基づいて，ある程度，因子構造に関するモデルが絞られてきた段階で，複数のモデルを比較する，誤差相関や測定不変性の問題を検証する，SEMによって構成概念間の因果関係を検証するなどの発展的な文脈でCFAを用いるのが適切と言えます。

5.2　CFAの分析例1：GHQ12

以上に述べたようなCFAの原理的特徴を踏まえて，M*plus*による分析の実例を見ていきます。初めはGeneral Health Questionnaire 12（GHQ12）という既存の尺度を用いて分析を行います。版権の関係で項目の全文は掲載できませんが，表5.1に項目内容の要約を示します。GHQ12は精神的健康の測定を目的とした尺度で，先行研究では通常，1次元の尺度として用いられています。ここでは，この1次元モデルが妥当なものであるのか，また，妥当でないとすればどのようなモデルが適切なのか，といった点について検討していきます。なお，GHQ12は4件法の尺度です。

表5.1　GHQ12の項目内容（要約）

番号	項目内容
1	集中
2	心配・不眠
3	生きがい
4	判断
5	ストレス
6	困りごと
7	楽しい
8	問題解決
9	ゆううつ
10	自信喪失
11	自己否定
12	幸せ

分析に際し，モデルの修正や再探索の必要性が生じることを想定して，あらかじめデータセットを2つに分割する**交差検証**と呼ばれる手続きを用います。1.3.9節や5.1.2節で述べたように，同じデータセットでモデルの修正・探索とモデルの検証を行うことは，循環論の誤謬と呼ばれ，科学的な検証の手続きとして不適切と見なされます。そこで，ここでは独自調査のデータセットを，最初のモデル検証およびモデルが棄却された場合のモデル修正・探索に用いるデータ（**訓練データ**）と最終的なモデル検証に用いるデータ（**テストデータ**）にランダムに分割して使用することにします。一般に，モデル探索は推定の不安定性が高いため，モデル検証よりも多くのデータを要するとされています。因子分析においても，既述のように，EFAはCFAより推定すべきパラメータ数が多く，因子回転の処理をともなうため，安定した推定にCFAより多くのデータを必要とします。こうした点を考慮し，ここではデータセットの3分の2（348名）を訓練データ，残りの3分の1（173名）をテストデータとして用います。

5.2.1　初期モデルの検証

図5.2に初期モデルのCFAのシンタックスを示します。`VARIABLE`コマンドの`USEOBSERVATIONS`オプションは，分析に使用するデータを選択するものです。今回は「`data`」という変数が訓練データとテストデータの別を表しているため（1が訓練データ，2がテストデータ），`data`が1のもののみ分析に使用するよう指定しています。`EQ`はequal（＝）の意味です。なお，この`data`という変数は，各参加者のID（1～521）に基づいて，3の倍数の人は「2」（テストデータ），それ以外の人は「1」（訓練データ）と機械的にコードを割り振ったものです。こうした変数をM*plus*の`DEFINE`コマンドで生成することも可能ですが，ここではデータファイルを準備する際にExcel上で生成しました。

`ANALYSIS`コマンドでは，推定法を`MLR`（ロバスト最尤法）に指定しています。今回のように個々の観測変数が項目得点である場合，厳密な意味で分布の正規性が満たされることは期待できないため，常に非正規性を考慮したロバスト推定法を使用しておくのが安全です。ただし，非正規性が特に顕著な場合や評定の段階が少ない場合（例えば2件法や3件法）は，ロバスト推定法によって対処するよりも，個々の観測変数を打ち切り変数やカテゴリカル変数（順序変数）として扱う方が適切であるケースもあります（第8章を参照）。

```
DATA: FILE = data5.2.txt;

VARIABLE:  NAMES = id gender age grade data ghq1-
ghq12;
           MISSING = ALL(999);
           USEVAR = ghq1-ghq12;
           USEOBSERVATIONS = data EQ 1;

ANALYSIS: ESTIMATOR = MLR;

MODEL: F1 BY ghq1* ghq2-ghq12;
       F1@1;

OUTPUT: SAMP STDYX MOD(0) RESIDUAL;
```

図 5.2　初期モデルの CFA のシンタックス

MODEL コマンドでは，BY オプションを用いて，GHQ の全項目が「F1」という因子に負荷するという 1 因子モデルを指定しています。1.2.2 節に述べたように，測定モデルの識別を可能にするには，因子の分散を 1 に固定するか，いずれか 1 つの項目の負荷量を 1 に固定する必要があります。M*plus* のデフォルトでは後者の方法が用いられますが（1 つめに記述した項目の負荷量が自動的に 1 に固定される），ここでは

```
Chi-Square Test of Model Fit

     Value                      244.505*
     Degrees of Freedom         54
     P-Value                    0.0000
     Scaling  Correction        1.1161
     Factor
     for MLR

   *  The chi-square value for MLM, MLMV, MLR, ULSMV, WLSM and WLSMV cannot be used
     for chi-square difference testing in the regular way.  MLM, MLR and WLSM
     chi-square difference testing is described on the Mplus website.  MLMV, WLSMV,
     and ULSMV difference testing is done using the DIFFTEST option.

RMSEA (Root Mean Square Error Of Approximation)

     Estimate                   0.101
     90 Percent C.I.            0.088      0.114
     Probability RMSEA <= .05   0.000

CFI/TLI

     CFI                        0.741
     TLI                        0.684

Chi-Square Test of Model Fit for the Baseline Model

     Value                      801.917
     Degrees of Freedom         66
     P-Value                    0.0000

SRMR (Standardized Root Mean Square Residual)

     Value                      0.078
```

図 5.3　モデル適合度に関する出力（抜粋）

```
STDYX Standardization

                                                    Two-Tailed
                    Estimate       S.E.  Est./S.E.    P-Value

 F1       BY
    GHQ1               0.373      0.061      6.093      0.000
    GHQ2               0.355      0.053      6.750      0.000
    GHQ3               0.405      0.072      5.588      0.000
    GHQ4               0.391      0.057      6.803      0.000
    GHQ5               0.505      0.061      8.218      0.000
    GHQ6               0.484      0.057      8.510      0.000
    GHQ7               0.551      0.067      8.220      0.000
    GHQ8               0.474      0.061      7.721      0.000
    GHQ9               0.639      0.052     12.379      0.000
    GHQ10              0.713      0.044     16.021      0.000
    GHQ11              0.599      0.050     11.934      0.000
    GHQ12              0.322      0.076      4.233      0.000
```

図5.4　パラメータの標準化推定値に関する出力

前者の方法を用いることにします（その理由については5.2.3節で述べます）。まずデフォルトで固定されてしまう1つめの項目の負荷量の制約を解くため，BYオプションの右辺で「ghq1*」と記述しています。「*」は，このように*Mplus*のデフォルトの制約を解く際に使用します。次の「F1@1;」という一行で因子F1の分散を1に固定しています。このように「@」は特定のパラメータを固定する際に使用します。

分析を実行したら，まず必ず記述統計量の出力を見て，データが正しく読み込まれているか，各観測変数の歪度・尖度は許容しうる範囲に収まっているかなどを確認します。ここではスペースの節約のため出力は掲載しませんが，いずれの変数も絶対値で1以内の比較的小さい歪度・尖度に留まり，顕著な非正規性は見られませんでした。

図5.3にモデル適合度に関する出力を示します。カイ二乗検定の結果は高度に有意となっており，適合に問題があることを示唆しています。ただ，1.3節に述べたように，潜在変数をともなう分析では，ある程度以上のサンプルサイズになると，わずかな適合の問題でもカイ二乗検定が有意になってしまうため，この結果だけでは適合の良し悪しは判断できません。しかし，続く結果を見ると，RMSEAは.101，CFIは.741，TLIは.684と，いずれの指標も経験的基準を満たさない値を示しています。SRMRも.078と基準をわずかにクリアしている程度です。これらの結果を総合すると，今回のモデルは棄却されたと判断するのが適切と言えます。

本来は適合度に基づいてモデルが棄却された場合，パラメータ推定値の解釈は行いませんが，ここでは参考のためにパラメータ推定値も示しておきます（図5.4）。一般に，EFAでは各項目が特定の因子に.30～.40以上の負荷量を示した場合，その因子に負荷していると見なされますが，その基準をCFAにも適用するならば，項目1，2，4，12の4項目が.30台という境界的な水準の負荷量を示しています。他の項目の負荷量も全体的に大きいとは言えない数値です。こうした結果からも，1因子モデルの当てはまりはあまりよくないことが示唆されます。

5.2.2　モデルの再探索

前節では，1因子モデルの適合が不十分であることが示されました。このように初期モデルが棄却された場合，修正指標に基づいてモデル修正を行う方法もありますが，5.1.2節に述べたように，修正指標は当初のモデルを起点として修正の方向性を示すものであり，モデルに根本的な誤りがある場合の利用は適していません。特に今回のように，仮定する因子数を増やす必要性が示された場合，当初同じ因子に属すると想定していた項目をどのように異なる因子に振り分けるのかについて，修正指標をもとに判断を行う

```
DATA: FILE = data5.2.txt;

VARIABLE:  NAMES = id gender age grade data ghq1-ghq12;
           MISSING = ALL(999);
           USEVAR = ghq1-ghq12;
           USEOBSERVATIONS = data EQ 1;

ANALYSIS:  ESTIMATOR = MLR;
           TYPE = EFA 1 4;

OUTPUT: SAMP;
```

図5.5 EFAのシンタックス

ことは困難です。そこで，ここでは初期モデルから離れ，EFAによって一から因子モデルの探索を行うことにします。

図5.5にEFAのシンタックスを示します。ANALYSISコマンドのTYPEオプションでEFAを指定しています。因子数は1～4因子を想定してみます。因子回転は特に指定せず，デフォルトのジオミン回転を使用します。

図5.6に固有値の推移を示します。カイザー基準からは3因子解，スクリー基準からは1因子解もしくは2因子解が支持されていると言えそうです。表5.2は1因子解から4因子解までのモデル適合度を整理したものです。カイ二乗値は4因子解で初めて有意でなくなっています。RMSEA，CFI，TLIは2因子解で境界水準，3因子以上では良好な適合を示しています。SRMRはいずれのモデルも基準を満たしています

```
     EIGENVALUES FOR SAMPLE CORRELATION MATRIX
           1           2           3           4           5
      ________    ________    ________    ________    ________
 1       3.697       1.592       1.003       0.952       0.802

     EIGENVALUES FOR SAMPLE CORRELATION MATRIX
           6           7           8           9          10
      ________    ________    ________    ________    ________
 1       0.762       0.652       0.623       0.616       0.504

     EIGENVALUES FOR SAMPLE CORRELATION MATRIX
          11          12
      ________    ________
 1       0.429       0.368
```

図5.6 固有値の推移

表5.2 1因子解から4因子解の適合度

	1因子	2因子	3因子	4因子
df	54	43	33	24
χ^2	244.505	104.517	55.974	32.675
p	.000	.000	.008	.111
RMSEA	.101	.064	.045	.032
CFI	.741	.916	.969	.988
TLI	.684	.872	.938	.968
SRMR	.078	.039	.029	.018
AIC	8715.0	8574.7	8539.4	8529.0
BIC	8853.7	8755.7	8759.0	8783.3
ABIC	8739.5	8606.6	8578.1	8573.9

が，特に2因子以上で良好な適合を示しています。AIC，ABIC は4因子解，BIC は2因子解を支持しています。BIC 以外の指標では4因子解が最も良好な値を示していますが，これらの指標は倹約性に対するペナルティが小さく，因子分析ではやや多すぎる因子数を支持する傾向があるため，単純に数値が最も良好な因子数を採用するのではなく，スクリープロット（第4章参照）のように，因子数の増加にともなう変化のパターンに着目した方が合理的な結論が得られやすくなります[4]。今回の場合は，いずれの指標も1因子から2因子にかけての改善が大きく，その後は緩やかな改善に留まっているため，倹約性を考慮すれば2因子解が支持されていると言えます。これらの結果を総合すると，倹約性を重視すれば2因子解，適合

```
               GEOMIN ROTATED LOADINGS (* significant at 5% level)
                    1             2
               ________      ________
 GHQ1             0.028         0.430*
 GHQ2             0.401*       -0.015
 GHQ3            -0.120         0.654*
 GHQ4             0.117         0.344*
 GHQ5             0.633*       -0.080
 GHQ6             0.546*       -0.026
 GHQ7             0.029         0.678*
 GHQ8             0.006         0.587*
 GHQ9             0.697*        0.014
 GHQ10            0.716*        0.071
 GHQ11            0.405*        0.265*
 GHQ12           -0.127         0.556*


               GEOMIN FACTOR CORRELATIONS (* significant at 5% level)
                    1             2
               ________      ________
      1           1.000
      2           0.521*        1.000
```

図5.7　2因子解のパラメータ推定値

```
               GEOMIN ROTATED LOADINGS (* significant at 5% level)
                    1             2             3
               ________      ________      ________
 GHQ1             0.389*       -0.094         0.164
 GHQ2             0.031         0.277*        0.159
 GHQ3             0.595*       -0.069         0.021
 GHQ4             0.333*        0.042         0.118
 GHQ5            -0.048         0.897*        0.002
 GHQ6             0.003         0.399*        0.248*
 GHQ7             0.693*        0.099        -0.016
 GHQ8             0.555*       -0.014         0.076
 GHQ9             0.044         0.378*        0.419*
 GHQ10           -0.016         0.204         0.772*
 GHQ11            0.200*       -0.002         0.552*
 GHQ12            0.541*        0.040        -0.113


               GEOMIN FACTOR CORRELATIONS (* significant at 5% level)
                    1             2             3
               ________      ________      ________
      1           1.000
      2           0.310         1.000
      3           0.417*        0.326*        1.000
```

図5.8　3因子解のパラメータ推定値

度を重視すれば3因子解が好ましいと考えられます。

解釈可能性について吟味するため，2因子解と3因子解のパラメータ推定値を見てみます（図5.7，図5.8）。2因子解では，項目4が.344とやや小さい負荷量を示していますが，どの項目もいずれか一方の因子にのみ負荷しており，比較的明確な単純構造となっています。また，項目内容と照合しても，因子1は「心配・不眠」，「ストレス」，「困りごと」などネガティブな内容，因子2は「集中」，「生きがい」，「楽しい」などポジティブな内容で構成されており，明快な解釈が可能です。アメリカ精神医学会が発行する操作的診断基準DSM-5では，うつ病の診断における必須要件として，「抑うつ気分」および「興味・喜びの喪失」の2要素が挙げられており，ネガティブな気分状態とポジティブな気分状態を独立した概念として想定することは，理論的にも妥当であると考えられます。

一方，3因子解では，項目2がいずれの因子にも.30以上の負荷量を示していない，項目9が因子2と因子3に同程度の負荷量を示している，因子2は項目5を除いていずれも負荷量が.40を下回っているなど，単純構造が崩れています。内容的にも，「ストレス」，「困りごと」などが負荷する因子2と「自信喪失」，「自己否定」などが負荷する因子3の理論的な独立性を見出すことは困難です。

以上の結果を総合すると，「ネガティブ」因子と「ポジティブ」因子で構成される2因子解が最も妥当性が高いと言えそうです。

5.2.3 最終モデルの検証

前節のEFAで見出された2因子解に基づいて，再びCFAによる検証を行います。循環論の誤謬を避けるため，EFAで用いた訓練データとは異なるテストデータを用いてCFAを行います。シンタックスを図5.9に示します。`USEOBSERVATIONS`でテストデータ（`data EQ 2`）を指定しています。`MODEL`コマンドでは，EFAで見出された2因子モデルを指定しています。なお，CFAでは`WITH`オプションで因子間相関を指定しなくても，自動的に因子間相関が推定されます。

モデル適合度に関する出力を図5.10に示します。カイ二乗検定は有意でなくなっています。ただし，この結果にはサンプルサイズが訓練データより小さくなっていることも影響しています。`RMSEA`，`CFI`，`TLI`，`SRMR`はいずれも良好なモデル適合を示しています。

パラメータ推定値に関する出力を図5.11に示します。いずれの項目も.40を上回る負荷量を示していま

```
DATA: FILE = data5.2.txt;

VARIABLE:  NAMES = id gender age grade data ghq1-ghq12;
           MISSING = ALL(999);
           USEVAR = ghq1-ghq12;
           USEOBSERVATIONS = data EQ 2;

ANALYSIS: ESTIMATOR = MLR;

MODEL: F1 BY ghq2* ghq5 ghq6 ghq9 ghq10 ghq11;
       F2 BY ghq1* ghq3 ghq4 ghq7 ghq8 ghq12;
       F1-F2@1;

OUTPUT: SAMP STDYX MOD(0) RESIDUAL;

PLOT: TYPE = PLOT3;
```

図5.9 最終モデルのCFAのシンタックス

[4] ただし，スクリープロットの場合はエルボーポイント（値の変化が緩やかになるポイント）の1つ手前の因子数を採用しますが，適合度指標の場合はエルボーポイントそのものの因子数を採用するという点に注意が必要です。と言うのも，スクリープロットで示される固有値は各因子の情報量（後の因子ほど低下する）を表すのに対し，適合度指標はモデルの適合度（因子数が増えるほど上昇する）を表しているためです。

```
Chi-Square Test of Model Fit

        Value                       68.462*
        Degrees of Freedom          53
        P-Value                     0.0750
        Scaling  Correction         1.0785
        Factor
        for MLR

     *  The chi-square value for MLM, MLMV, MLR, ULSMV, WLSM and WLSMV cannot be used
        for chi-square difference testing in the regular way.  MLM, MLR and WLSM
        chi-square difference testing is described on the Mplus website.  MLMV, WLSMV,
        and ULSMV difference testing is done using the DIFFTEST option.

RMSEA (Root Mean Square Error Of Approximation)

        Estimate                    0.041
        90 Percent C.I.             0.000     0.067
        Probability RMSEA <= .05    0.687

CFI/TLI

        CFI                         0.970
        TLI                         0.962

Chi-Square Test of Model Fit for the Baseline Model

        Value                       573.932
        Degrees of Freedom          66
        P-Value                     0.0000

SRMR (Standardized Root Mean Square Residual)

        Value                       0.047
```

図5.10　モデル適合度に関する出力

す。因子間相関は .635 と高いため，これらの因子の背後に精神的健康という共通の高次因子を想定することも不自然ではありません。そのような高次因子を仮定し，識別のために2つの因子の負荷量を等値制約したモデルは，今回のモデルの同値モデル（全く同じ適合度を与えるモデル）となるため，実証的な観点からは，どちらのモデルも同程度に確からしいと言えます（10.1.2 節参照）。その意味では，先行研究で採用されている1次元モデルもあながち荒唐無稽なものとは言い切れません。ただし，ここまでの分析で，すべての項目が均質に1つの因子を構成するというモデルは棄却され，少なくとも下位因子としてポジティブ因子とネガティブ因子が独立に存在することが示唆されているため，他の構成概念（例えば，摂食行動異常や反社会的行動など）との関連を検討する際，より予測の精度を高めるうえでは，これらの因子を分けて扱うのが望ましいと言えます。一方，情報の縮約のため，精神的健康を1つの変数にまとめて扱いたいときには，高次因子としての精神的健康に対応する観測値として全項目を合計した尺度得点を用いることも可能です[5]。

表5.3に示した Wald 検定の結果はモデル上で対応する因子への負荷を仮に除外した（0に固定した）場合にモデルのカイ二乗値がどの程度悪化するか，ラグランジュ乗数（LM）検定の結果（修正指標）はモデル上で対応しない因子への負荷を仮に追加した（自由推定した）場合にモデルのカイ二乗値がどの程度改善するかを示しています。これらはモデル上で仮定された単純構造がどの程度妥当であるかを示す指

[5] 厳密には，二次因子構造を考慮すれば，下位因子に対応するポジティブ尺度とネガティブ尺度の得点をそれぞれ標準化したうえで合計するのが適切と言えますが，今回は両尺度の項目数が等しいため，そのまま合計しても実質的な違いは生じないと思われます。

```
STDYX Standardization

                                                    Two-Tailed
                    Estimate       S.E.  Est./S.E.    P-Value

 F1       BY
    GHQ2               0.449      0.068      6.598      0.000
    GHQ5               0.692      0.055     12.472      0.000
    GHQ6               0.687      0.056     12.213      0.000
    GHQ9               0.760      0.051     14.835      0.000
    GHQ10              0.717      0.049     14.668      0.000
    GHQ11              0.671      0.056     11.905      0.000

 F2       BY
    GHQ1               0.497      0.066      7.547      0.000
    GHQ3               0.481      0.076      6.312      0.000
    GHQ4               0.503      0.071      7.094      0.000
    GHQ7               0.752      0.056     13.485      0.000
    GHQ8               0.627      0.081      7.761      0.000
    GHQ12              0.587      0.070      8.384      0.000

 F2       WITH
    F1                 0.635      0.066      9.648      0.000
```

図5.11 パラメータの標準化推定値に関する出力

標となります。つまり，前者が高く，後者が低いほど，モデルの仮定が妥当であることを意味します。もし前者と後者が同程度の値を示す項目や前者より後者が大きい項目があれば，そうした項目は他方の因子への負荷（交差負荷）によって単純構造を乱していることが示唆されます。Wald検定のカイ二乗値は*Mplus*上の非標準化推定値のz値（`Est./S.E.`）の出力を2乗することで求められます[6]。LM検定のカイ二乗値は修正指標として出力される値そのものです。

今回はすべての項目でWald検定の結果が有意であり，LM検定の結果が有意でないので，モデルの妥当性が明確に示されています。RMSEAやCFIなどの適合度指標は，モデル全体の適合度を示すものです

表5.3 各項目の負荷量に関するWald検定とLM検定の結果

項目	Wald検定		LM検定（修正指標）	
	χ^2	p	χ^2	p
F_1				
2	33.20	<.001	0.83	.363
5	99.64	<.001	0.32	.575
6	93.93	<.001	0.69	.405
9	128.78	<.001	0.69	.405
10	108.14	<.001	0.00	1.000
11	84.33	<.001	0.96	.326
F_2				
1	44.48	<.001	0.82	.364
3	33.33	<.001	0.81	.369
4	35.80	<.001	1.71	.191
7	73.43	<.001	0.01	.938
8	42.73	<.001	0.22	.641
12	37.47	<.001	0.00	.975

[6] z値は標準正規分布に従う検定統計量であり，標準正規分布の2乗はカイ二乗分布に従うためです。

が，こうしたWald検定やLM検定はモデルの部分的な適合度を表すものです。RMSEAなどの適合度指標が経験的基準を満たしていても，部分的な適合がよくないというケースは十分起こりうるので，このような部分的適合の評価は重要です。

なお，今回，CFAを行うにあたり，1つの項目の負荷量を固定するのではなく，因子の分散を固定する方法を取りました。これは，各項目のWald検定のカイ二乗値を算出するためでした。1つの項目の負荷量を固定した場合，その項目について**Wald検定**を行うことはできず，その他の項目についても，どの項目の負荷量を固定するかによって得られる結果が異なってしまいます。そのため，各項目の負荷量についてWald検定の正確なカイ二乗値を得るには，項目の負荷量ではなく，分散を固定する必要があります。

以上の結果から，一貫して最終モデルの妥当性が示されました。このように，初期モデルがデータによって支持されず，抜本的なモデル修正の必要性が示唆される場合は，いったん初期モデルから離れ，EFAでモデルの探索からやり直した方が妥当なモデルに到達できる可能性が高まります。また，今回のように交差検証の手続きを取れば，循環論の誤謬を避けながら，モデルの探索と検証を効果的に行うことができます。ただし，この方法を取る場合，あらかじめ訓練データとテストデータを分割しておくことが必要になります。訓練データをテストデータの2倍程度のサイズにすることを考えれば，CFAだけを行う場合の3倍の数のデータが必要になると言えます。観測変数や因子の数にもよりますが，CFAには最低150程度のデータが必要になりますので，交差検証を想定する場合は500程度のデータを要する計算になります。

しかし，EFAとCFAを組み合わせて利用できることは，しばしばこうしたコストに見合うだけの価値を持っています。EFAでモデル探索を行うことは，因子構造に関する明確な仮説が必要であったり，他により妥当なモデルがあることを否定しにくいといったCFAの弱点を補うものです。一方，CFAでモデル検証を行うことは，解の不安定性が高かったり，誤差相関について検証できないというEFAの弱点を補うものです。したがって，両者を組み合わせて利用することで，互いの弱点を補完して，より妥当で説得力のある結論を導くことができます。

5.2.4　信頼性係数の推定

尺度（項目得点を単純加算した得点）の**信頼性**（測定のランダム誤差の小ささ）を表す指標として，一般にα係数が用いられています。α係数は観測変数の分散・共分散から求められるという簡便さがあるため，多くの応用研究で用いられています。観測変数間に誤差相関がない場合，α係数は信頼性係数の下限値を与えることが知られています。α係数が信頼性係数に一致するのは，**本質的タウ等価性**という条件が満たされる場合で，それが満たされない場合，α係数は信頼性係数を過小推定します。本質的タウ等価性とは，同じ因子に負荷する項目の負荷量の非標準化係数がすべて等しいことを意味します。しかし，実際のデータにおいては，タウ等価性が満たされることは少ないことが指摘されています (Raykov, 2001)。また，α係数には誤差相関を考慮できないという限界もあります。項目間に誤差相関がある場合，α係数は信頼性を過大推定します。

これらの問題を解決するため，Raykov (2001) はCFAに基づく信頼性係数の推定方法を考案しています。この方法は，CFAによって得られる各項目の負荷量と誤差分散を用いて，尺度の真の分散と誤差分散を推定します。尺度の信頼性は，一般に，尺度の全分散に占める真の分散の割合として定義されます。これを式として表すと以下のようになります。

$$\rho = \frac{\mathrm{Var}(\mathrm{T})}{\mathrm{Var}(\mathrm{Y})} = \frac{\mathrm{Var}(\mathrm{T})}{[\mathrm{Var}(\mathrm{T}) + \mathrm{Var}(\mathrm{E})]}$$

ρ（文献によってはωとも呼ばれます）は尺度の信頼性係数，Var(T) は尺度の真の分散，Var(Y) は尺度の全分散を表します。Var(Y) は，尺度の真の分散 Var(T) と誤差分散 Var(E) の和です。項目間の誤差相関をともなわない測定モデルにおいては，上の方程式はCFAのパラメータを用いて以下のように書き替えることができます。

表 5.4　各項目の負荷量と誤差分散の非標準化推定値

項目	負荷量	誤差分散
F_1		
2	0.379	0.569
5	0.530	0.306
6	0.531	0.316
9	0.637	0.296
10	0.530	0.265
11	0.572	0.400
F_2		
1	0.362	0.402
3	0.316	0.333
4	0.373	0.410
7	0.467	0.168
8	0.423	0.276
12	0.381	0.276

$$\rho = \frac{(\Sigma\lambda_i)^2}{[(\Sigma\lambda_i)^2 + \Sigma\theta_{ii}]}$$

ここで $(\Sigma\lambda_i)^2$ はその因子に負荷する項目の非標準化負荷量の和の 2 乗，$\Sigma\theta_{ii}$ は非標準化誤差分散の和を表します。また，測定モデルが項目間の誤差相関を含む場合は，信頼性係数は以下のように計算できます。

$$\rho = \frac{(\Sigma\lambda_i)^2}{[(\Sigma\lambda_i)^2 + \Sigma\theta_{ii} + 2\Sigma\theta_{ij}]}$$

新しく加わった $2\,\Sigma\theta_{\mathrm{ij}}$ は項目間の誤差共分散の総和を 2 倍したものです。

この方法に基づいて，今回のデータで信頼性係数を計算してみます。各項目の負荷量と誤差分散の非標準化推定値を表 5.4 に示します。今回のモデルには誤差相関は含まれないため，上の方の式を用います。まず F_1 について計算すると，$(\Sigma\lambda_i)^2$ は $(0.379 + 0.530 + 0.531 + 0.637 + 0.530 + 0.572)^2 = 10.106$ と求められます。また，$\Sigma\theta_{ii}$ は $0.569 + 0.306 + 0.316 + 0.296 + 0.265 + 0.400 = 2.152$ となります。よって，信頼性係数 ρ は，$10.106/(10.106 + 2.152) = .824$ となります。同様に計算すると，F_2 の信頼性係数 ρ は，.743 と求められます。比較のために各下位尺度の α 係数を求めると，F_1 は .821，F_2 は .743 となりました。

したがって，今回のケースでは CFA に基づく信頼性係数の推定値と α 係数にはほとんど差がないことがわかりました。改めて表 5.4 を見ると，F_1 については項目 2 のみがやや低い負荷量を示しているものの，他の項目はほぼ同程度の負荷量を示しています。また，F_2 についても負荷量の差はほとんど見られません。つまり，いずれの因子についても本質的タウ等価性がおおむね満たされており，そのために α 係数がおおむね正確な推定値として機能したと言えます。本質的タウ等価性の逸脱がより大きい場合には，α 係数の過小推定の程度が大きくなるため，CFA に基づいて信頼性係数を求める必要性が高まります。

5.3　CFA の分析例 2：ビッグファイブ尺度

CFA において適合の問題が見られた場合，対処の方法は大きく分けて 2 つあります。1 つは前節で取り上げたようにモデルを修正するという方法，もう 1 つは測定に使用している尺度（項目）に手を加える（修正，削除，追加）という方法です。理論的・実証的な根拠が十分でないモデルを用いてCFAを行う場合，まず前者の方法を採用するのが望ましいと言えます。一方，すでに多くの研究が行われ，理論的・実証的な根拠が確立されているモデルを用いてCFAを行う場合，適合の問題は個々の項目に原因がある可能性が高いと考えられるため，後者の方法を取ることになります。本節では，後者の方法について議論するため，多くの先行研究により妥当性が確認されているパーソナリティのビッグファイブモデルを題材として取り上げます。ビッグファイブモデルの尺度は多数開発されていますが，ここでは和田（1996）のビッグファイブ尺度の短縮版である並川他（2012）の尺度を使用します。なお，通常の研究では既存の尺度の項目に手を加えることはしませんが，ここでは仮想的に尺度開発の文脈を想定して分析を進めていきたいと思います。また，分析にあたっては，前節と同様に交差検証を行うため，データセットのうち3分の2を訓練データ，3分の1をテストデータとして，分けて使用します。

5.3.1　初期モデルの検証

図5.12に初期モデルのシンタックスを示します。基本的には前節のシンタックスと同様です。`MODEL`コマンドでは，`BY`オプションを用いて，外向性（`extra`），誠実性（`cons`），神経症傾向（`neuro`），経験への開放性（`open`），協調性（`agree`）の5因子の項目を記述しています（項目内容は5.3.3節に掲載します）。`USEOBSERVATIONS`は訓練データを指定しています。

```
DATA: FILE = data5.3.csv;

VARIABLE:  NAMES = id gender age grade person1-person29 data;
           MISSING = ALL(999);
           USEVAR = person1 person6 person11 person16 person21
           person2 person7 person12 person17 person22 person26 person29
           person3 person8 person13 person18 person23
           person4 person9 person14 person19 person24 person27
           person5 person10 person15 person20 person25 person28;
           USEOBSERVATIONS = data EQ 1;

MODEL:  extra BY person1* person6 person11 person16 person21;
        cons BY person2* person7 person12 person17 person22 person26 person29;
        neuro BY person3* person8 person13 person18 person23;
        open BY person4* person9 person14 person19 person24 person27;
        agree BY person5* person10 person15 person20 person25 person28;
        extra-agree@1;

ANALYSIS: ESTIMATOR = MLR;

OUTPUT: SAMP STDYX MOD(0) RESIDUAL;
```

図5.12　初期モデルのCFAのシンタックス

スペースの節約のため，出力は掲載しませんが，分析の結果，適合度指標はRMSEAが.080，CFIが.739，TLIが.711，SRMRが.102であり，いずれの指標も経験的基準に達しませんでした。この結果から，初期モデルはデータに適合していないことが示されました。

5.3.2　EFAによる因子構造の確認

ここで使用している並川他（2012）の尺度は，すでにEFAによって因子構造が確認されていますが，今回のデータでも因子構造が保たれているか確認するため，念のため，EFAを行ってみます。図5.13にシンタックスを示します。`USEVAR`は「`person1-person29`」とまとめて記載することも可能ですが，`USEVAR`の変数順に沿って出力が表示されるため（図5.14），このように想定される因子ごとに記述した方が，結果が見やすくなります。

```
DATA: FILE = data5.3.csv;

VARIABLE: NAMES = id gender age grade person1-person29 data;
          MISSING = ALL(999);
          USEVAR = person1 person6 person11 person16 person21
          person2 person7 person12 person17 person22 person26 person29
          person3 person8 person13 person18 person23
          person4 person9 person14 person19 person24 person27
          person5 person10 person15 person20 person25 person28;
          USEOBSERVATIONS = data EQ 1;

ANALYSIS: ESTIMATOR = MLR;
          TYPE = EFA 1 6;

OUTPUT: SAMP;
```

図 5.13 EFA のシンタックス

固有値の推移は，5.076，3.999，2.884，2.430，1.865，1.087，1.025，0.996…であり，スクリー基準からは比較的明確に5因子解が支持されました。表5.5に6因子解までの適合度を示します。カイ二乗検定はいずれも有意です。RMSEA はいずれも経験的基準の .50 を上回っています。CFI は6因子解のみ経験的基準の .90 に達しています。SRMR は4因子以上の解で基準の .80 をクリアしています。いずれの指標も6因子で最も良好な値となっていますが，各指標の推移を見ると，全体的に1因子から5因子にかけての改善の程度に比べて，5因子から6因子にかけての改善の程度が小さくなっています。以上を総合すると，適合度の観点からは6因子解も捨てがたいところですが，固有値や適合度の推移を考慮すると5因子解が妥当であると考えられます。ただし，RMSEA，CFI，TLI は経験的基準を満たしておらず，適合はあまりよくありません。

図5.14に5因子解のパラメータ推定値（因子負荷量）を示します。因子1が外向性（モデル上の項目は項目1～項目21），因子2が誠実性（項目2～項目29），因子3が神経症傾向（項目3～項目23），因子4が協調性（項目5～項目28），因子5が開放性（項目4～項目27）と解釈すると，一部の項目は他の因子にも負荷を示しているものの，各因子のまとまりはおおむね保たれています。

こうした結果を総合すると，全体としてはほぼ先行研究の因子構造が再現されており，5因子モデルそのものは妥当であると考えられます。また，適合度も CFA に比べると良好でした。CFA と EFA の適合度の差は，各項目が単一の因子以外に負荷すること（交差負荷）が許容されているか否かの違いによるものです。両者の適合度を比較すると，RMSEA は .080 から .066，CFI は .739 から .869，SRMR は .102 から .041 に改善しているため，CFA における適合の悪さの一部は，この交差負荷の存在を反映していると考えることができます。しかし，EFA においても RMSEA や CFI は依然として経験的基準には達していま

表 5.5　1因子解から6因子解の適合度

	1因子	2因子	3因子	4因子	5因子	6因子
df	377	349	322	296	271	247
χ^2	2648.121	2252.771	1437.844	967.963	680.313	542.828
p	.000	.000	.000	.000	.000	.000
RMSEA	.132	.125	.100	.081	.066	.059
CFI	.271	.389	.642	.784	.869	.905
TLI	.215	.290	.549	.704	.803	.844
SRMR	.156	.111	.086	.062	.041	.036
AIC	34710.9	33954.0	33289.5	32779.0	32476.5	32345.5
BIC	35045.8	34396.7	33836.1	33425.7	33219.4	33180.8
ABIC	34769.8	34031.9	33385.6	32892.7	32607.1	32492.4

GEOMIN ROTATED LOADINGS (* significant at 5% level)

	1	2	3	4	5
PERSON1	-0.768*	0.045	0.038	-0.077	0.273
PERSON6	0.811*	-0.018	-0.007	-0.049	0.062
PERSON11	0.723*	0.069	0.086	0.122	-0.187
PERSON16	0.817*	0.001	-0.049	-0.094	0.073
PERSON21	0.608*	0.081	-0.031	-0.065	0.161
PERSON2	0.011	0.667*	0.015	0.052	-0.080
PERSON7	0.076	0.626*	0.069	-0.034	0.049
PERSON12	0.121*	0.689*	0.004	-0.011	0.037
PERSON17	-0.101	0.629*	0.114	-0.015	0.028
PERSON22	0.165	-0.455*	0.011	0.112*	0.329*
PERSON26	0.055	0.589*	0.021	0.144*	-0.044
PERSON29	0.030	-0.522*	0.183*	0.000	0.220*
PERSON3	-0.031	0.017	0.817*	0.045	0.010
PERSON8	0.067	-0.187*	0.840*	-0.007	-0.020
PERSON13	-0.025	0.013	0.818*	-0.032	-0.141*
PERSON18	-0.187*	-0.043	0.501*	0.029	0.021
PERSON23	-0.270*	0.142*	0.478*	0.124*	0.056
PERSON4	0.012	-0.035	-0.184*	0.004	0.533*
PERSON9	0.170	-0.120	0.011	0.019	0.477*
PERSON14	0.049	0.174*	-0.016	0.054	0.509*
PERSON19	-0.066	-0.109	-0.269*	0.004	0.513*
PERSON24	0.248*	0.095	-0.046	0.006	0.337*
PERSON27	0.402*	0.203*	0.011	0.054	0.290
PERSON5	-0.022	0.033	0.109	0.807*	0.006
PERSON10	-0.021	0.008	0.086	0.907*	0.097
PERSON15	-0.020	0.060	0.139*	-0.537*	0.318*
PERSON20	-0.022	0.142*	-0.022	-0.484*	0.430*
PERSON25	0.033	0.385*	-0.085	0.405*	0.012
PERSON28	0.294*	-0.090	0.147*	-0.276*	0.348*

GEOMIN FACTOR CORRELATIONS (* significant at 5% level)

	1	2	3	4	5
1	1.000				
2	0.059	1.000			
3	-0.148*	0.126*	1.000		
4	0.023	0.101	0.245*	1.000	
5	0.304*	-0.026	0.012	-0.031	1.000

図 5.14　5因子解のパラメータ推定値

せん。この適合の悪さは，5つの因子によって説明されない項目間の誤差相関が無視できない程度に存在することを意味します。M*plus* では EFA でも適合度が算出されるため，こうした誤差相関の問題に気づくことができますが，適合度が算出されない従来のプログラムでは，こうした問題を見過ごしてしまうことになります。

こうした交差負荷や誤差相関の存在は，因子モデル自体に問題がないとすれば，個々の項目の性能に問題があることを意味します。修正指標に従ってモデルを修正すればモデルの改善を図ることができますが，尺度の性能の問題そのものは解決されないため，根本的な解決にはなりません。したがって，尺度開発の文脈では，個々の項目に何らかの形で修正を加える必要があります。本来であれば，項目の修正には，項目表現の修正，項目の削除，項目の追加という3種類の方法がありますが，今回は一度しかデータ収集を行っておらず，表現の修正や項目の追加は不可能であるため，項目の削除によってのみ修正を行い，どこまで適合の改善が図れるかを試してみたいと思います。

表 5.6 初期モデルの CFA におけるパラメータ推定値と検定統計量

因子	番号	項目	負荷量	Wald 検定	LM 検定（修正指標）				
					F_1	F_2	F_3	F_4	F_5
外向性（F_1）	1	無口な	−.614	137.31		0.03	0.17	0.32	3.96
外向性（F_1）	6	社交的	.869	461.48		0.94	0.46	2.99	0.02
外向性（F_1）	11	話好き	.584	92.64		6.74	7.70	0.36	16.19
外向性（F_1）	16	外向的	.891	506.12		0.71	2.11	0.06	7.65
外向性（F_1）	21	陽気な	.657	146.87		1.25	0.31	5.92	0.30
誠実性（F_2）	2	いい加減な	.709	148.82	0.42		0.10	1.74	0.91
誠実性（F_2）	7	ルーズな	.632	118.46	3.70		0.06	9.44	0.49
誠実性（F_2）	12	成り行きまかせ	.696	141.51	11.88		2.40	7.45	0.65
誠実性（F_2）	17	怠惰な	.613	111.13	3.76		7.26	0.52	0.04
誠実性（F_2）	**22**	**計画性のある**	**−.433**	**34.59**	**22.75**		**0.04**	**37.83**	**3.71**
誠実性（F_2）	26	軽率な	.595	107.85	0.62		0.72	0.92	8.08
誠実性（F_2）	29	几帳面な	−.505	70.58	1.83		9.81	1.82	2.19
神経症傾向（F_3）	3	不安になりやすい	.848	323.50	2.74	1.45		2.99	0.85
神経症傾向（F_3）	8	心配性	.772	195.13	5.63	16.19		2.99	0.64
神経症傾向（F_3）	13	弱気になる	.825	344.92	0.01	1.49		2.93	2.51
神経症傾向（F_3）	18	緊張しやすい	.527	80.84	9.38	0.67		3.18	0.03
神経症傾向（F_3）	23	憂鬱な	.591	110.46	14.64	6.64		1.65	4.55
開放性（F_4）	4	多才の	.437	9.39	0.02	7.08	5.23		2.68
開放性（F_4）	9	進歩的	.472	16.25	1.34	10.47	0.09		0.10
開放性（F_4）	14	独創的な	.479	26.51	0.76	2.92	2.03		1.12
開放性（F_4）	**19**	**頭の回転の速い**	**.350**	**8.33**	**0.81**	**15.25**	**15.13**		**5.08**
開放性（F_4）	24	興味の広い	.682	54.70	3.04	0.00	0.02		0.24
開放性（F_4）	27	好奇心が強い	.724	38.33	3.41	16.62	3.31		3.64
協調性（F_5）	5	短気	−.864	475.59	0.15	0.13	1.05	1.22	
協調性（F_5）	10	怒りっぽい	−.916	623.75	3.87	1.63	0.30	12.10	
協調性（F_5）	15	温和な	.466	64.13	0.65	1.15	6.59	4.82	
協調性（F_5）	20	寛大な	.460	51.25	6.09	4.80	0.03	16.28	
協調性（F_5）	**25**	**自己中心的**	**−.417**	**37.93**	**2.65**	**36.25**	**3.00**	**5.75**	
協調性（F_5）	**28**	**親切な**	**.232**	**11.55**	**35.46**	**1.68**	**0.20**	**38.82**	

5.3.3 項目の修正

項目の修正にあたって検討すべき観点は，（対応する因子への）因子負荷量，交差負荷，誤差相関の３点です。因子負荷量が小さいということは，その項目が対応する因子を反映する指標として機能していないことを意味します。単に因子負荷量が小さいだけであれば，その項目がモデルの適合自体を悪化させることはなく，倹約性を低下させるにすぎませんが，尺度全体から見れば，その項目はいわばランダム誤差を発生させているだけなので，尺度の信頼性を低下させます。交差負荷は，内容的妥当性のうち，領域適切性に関わる問題です。つまり，交差負荷を示す項目の測定値は，本来測定したい領域とは異なる領域についての情報を含んでしまっていると言えます。誤差相関は，すでに述べたように領域代表性と領域適切性の両方に関連します。同一の因子の項目間で誤差相関が見られる場合は，内容の類似性が局所的に高すぎることで領域代表性を低下させている可能性があります。異なる因子の項目間で誤差相関が見られる場合は，交差負荷と同様，測定したい領域とは異なる領域の情報を含むことで領域適切性を低下させている可能性があります[7]。いずれの観点も，測定の信頼性や妥当性に関わる重要な問題です。

３つの観点のうち，因子負荷量や交差負荷は EFA によって検討することも可能ですが，EFA よりも CFA の方が倹約性が高く推定の精度が高いため，因子モデルに関する明確で妥当な仮説がある場合は CFA を使用するのが望ましいと言えます。表 5.6 に初期モデルの CFA（5.3.1 節）における因子負荷量の推定値と検定統計量を示します。因子負荷量は，項目 28 が .30 を下回り，項目 19 も .35 という中間的

[7] 交差負荷との違いは，交差負荷がモデル上で仮定された既知の因子との関連を示すのに対し，誤差相関はモデルに含まれない未知の因子との関連を示唆しているという点です。

			M.I.	E.P.C.	Std E.P.C.	StdYX E.P.C.
WITH Statements						
PERSON20	WITH	PERSON15	54.693	0.537	0.537	0.453
PERSON11	WITH	PERSON1	48.503	-0.715	-0.715	-0.445
PERSON16	WITH	PERSON6	43.784	0.669	0.669	1.239
PERSON27	WITH	PERSON24	32.905	0.81	0.81	1.001
PERSON27	WITH	PERSON4	21.439	-0.435	-0.435	-0.411
PERSON14	WITH	PERSON4	21.177	0.535	0.535	0.29
PERSON9	WITH	PERSON4	18.868	0.39	0.39	0.271
PERSON29	WITH	PERSON2	17.294	-0.38	-0.38	-0.308
PERSON15	WITH	PERSON21	16.826	0.285	0.285	0.256
PERSON27	WITH	PERSON11	16.518	0.3	0.3	0.312
PERSON27	WITH	PERSON1	16.407	-0.326	-0.326	-0.312
PERSON4	WITH	PERSON1	16.027	0.439	0.439	0.248
PERSON14	WITH	PERSON1	14.04	0.429	0.429	0.236
PERSON14	WITH	PERSON9	12.75	0.338	0.338	0.228
PERSON29	WITH	PERSON1	12.285	0.389	0.389	0.221
PERSON16	WITH	PERSON11	11.996	-0.259	-0.259	-0.309
PERSON27	WITH	PERSON16	11.599	-0.18	-0.18	-0.33
PERSON4	WITH	PERSON11	11.322	-0.338	-0.338	-0.208
PERSON8	WITH	PERSON29	10.673	0.28	0.28	0.22
PERSON27	WITH	PERSON9	10.524	-0.259	-0.259	-0.304

図 5.15　誤差相関に関する LM 統計量（修正指標）の出力（降順に並び替え，上位 20 件を抜粋）

な値を示しています。太字で示した 4 項目は Wald 検定統計量（モデル上で対応する因子への負荷を取り除いたときに悪化する適合度の程度）に比べ，他の因子への負荷量に関する LM 検定統計量（他の因子への負荷を追加したときに改善する適合度の程度）が上回っているか，同等の値を示すものです。こうした項目は，交差負荷が無視できない程度に大きいことを意味するため，除外することで適合の改善が見込まれます。まずこれらの 4 項目を除外すると，RMSEA は .080 → .073，CFI は .739 → .816，SRMR は .102 → .081 まで改善しました。

次に誤差相関について検討します。これは EFA では検討できない観点であり，CFA による検証が必須となります。図 5.15 に誤差相関に関する LM 検定統計量（修正指標）を示します（出力の意味は 3.6.1 節参照）。これは上述の交差負荷を示した 4 項目を除外した後のモデルにおける推定値です。LM 統計量（修正指標：図の M.I.）が高いものから項目内容を見ていくと，項目 20（寛大な）と項目 15（温和な），項目 11（話好き）と項目 1（無口な），項目 16（外向的）と項目 6（社交的），項目 27（好奇心が強い）と項目 24（興味の広い）など，意味内容が非常に近い組み合わせが多いことがわかります。こうした意味内容の類似性のために，局所的な相関が必要以上に高くなり，誤差相関として表れていると考えられます。尺度開発では，内的整合性を高めるため，近い意味内容の項目で尺度を構成するというのがセオリーとなっていますが，尺度全体の中で局所的に意味が近すぎる組み合わせがあると，かえって領域代表性を低下させ，測定の妥当性を低めてしまうと言えます。また，5.2.4 節で取り上げた信頼性係数の計算式からわかるように，項目間の誤差相関は，尺度の誤差分散を増大させ，信頼性をも低下させる可能性があります[8]。つまり，信頼性・妥当性のいずれの観点からも，極端に意味内容の近い項目を尺度に含めることには問題があると言えます。

こうした項目内容の極端な重複による誤差相関の問題は，それぞれの組み合わせのいずれか一方の項目を除外することで解決できます。ただし，1 つの項目を除外することで，他の組み合わせの LM 統計量が変化することがあるため，一度に多数の項目を除外するのではなく，適合度の改善の度合いが高いものか

[8] この信頼性の低下は α 係数には反映されないため，多くの場合は見過ごされていると思われます。

ら1つずつ除外していくことが必要です。また，それぞれの組み合わせのうち，いずれの項目を除外するかを判断する際は，各項目のWald統計量や交差負荷（表5.6）を参照し，Wald統計量がより小さく，交差負荷がより大きいものを除外するようにします。

まず項目20と項目15の組み合わせについては，項目20の方がWald統計量が小さく，他の因子へのLM統計量も全体的に大きいため，項目20を除外することにします。項目11と項目1についても，同様の理由で項目11を除外します。項目11を除外すると，同じ外向性の因子に属する項目16と項目6の誤差相関のLM統計量は12.022と小さくなったため，対応の必要性が低下しました。項目27と項目24は，これまでと同様の理由で項目27を除外します。ここまで除外した時点で，最も誤差相関のLM統計量が大きい組み合わせは項目29（几帳面な）と項目2（いい加減な）になりました。この組み合わせのLM統計量は16.121と比較的小さい値でしたが，項目29は他に項目1（10.627），項目8（10.362）とも誤差相関を示したため除外することにします。

これら4項目を除外した結果，RMSEAは.073→.057，CFIは.816→.901，SRMRは.081→.068になりました。ひとまず一定水準の適合度に達したことから，ここで修正を切り上げることにします。一般に，どこまで修正を続けるかは難しい判断ですが，適合度や残存する項目数に基づいて，適度な着地点を探る必要があります。適合度はすべての指標が経験的基準を満たす水準に達することが目標となりますが，一方で，モデル識別の問題（1.2.2節や1.2.4節を参照）を考えれば，各因子に負荷する項目の数はできれば4つ以上，最低でも3つは保持する必要があります。今回はCFIとSRMRが経験的基準に達し，RMSEAもHu & Bentler（1998）の基準（< .06）に達したこと，また，各因子の項目数も3～5に減っていることから，このあたりが1つの落としどころだと判断しました。もとの項目数が多いほど，修正の余地も広がるため，通常の尺度開発ではなるべく多くの項目を用意しておくことで，より因子的妥当性の高い項目セットを見出すことが可能になります。

5.3.4 最終モデルの検証

前節で修正された尺度を用いて，テストデータによりCFAを行います。図5.16にシンタックスを示します。USEVARとMODELは前節で除外された項目が除かれています。USEOBSERVATIONSでテストデータを指定しています。

分析の結果，適合度指標は，RMSEAが.074，CFIが.851，SRMRが.093でした。いずれも経験的基準を

```
DATA: FILE = data5.3.csv;

VARIABLE: NAMES = id gender age grade person1-person29 data;
          MISSING = ALL(999);
          USEVAR = person1 person6 person16 person21
          person2 person7 person12 person17 person26
          person3 person8 person13 person18 person23
          person4 person9 person14 person24
          person5 person10 person15;
          USEOBSERVATIONS = data2 EQ 2;

MODEL: extra BY person1* person6 person16 person21;
       cons BY person2* person7 person12 person17 person26;
       neuro BY person3* person8 person13 person18 person23;
       open BY person4* person9 person14 person24;
       agree BY person5* person10 person15;
       extra-agree@1;

ANALYSIS: ESTIMATOR = MLR;

OUTPUT: SAMP STDYX MOD(0) RESIDUAL;
```

図5.16 最終モデルのCFAのシンタックス

表 5.7　最終モデルの CFA におけるパラメータ推定値と検定統計量

因子	番号	項目	β	Wald 検定	LM 検定（修正指標）				
					F_1	F_2	F_3	F_4	F_5
外向性（F_1）	1	無口な	−.566	48.62		0.24	0.04	7.44	1.38
外向性（F_1）	6	社交的	.804	145.42		2.87	0.84	2.28	0.18
外向性（F_1）	16	外向的	.888	230.68		0.03	1.65	1.41	0.47
外向性（F_1）	21	陽気な	.549	37.05		4.95	0.42	10.53	0.81
誠実性（F_2）	2	いい加減な	.693	52.98	4.59		0.40	11.41	0.09
誠実性（F_2）	7	ルーズな	.534	29.83	10.06		4.68	3.49	9.93
誠実性（F_2）	12	成り行きまかせ	.488	28.06	1.91		2.89	0.76	0.25
誠実性（F_2）	17	怠惰な	.684	52.84	6.31		12.72	0.87	2.16
誠実性（F_2）	26	軽率な	.553	33.66	3.13		3.44	9.27	3.87
神経症傾向（F_3）	3	不安になりやすい	.879	292.20	1.16	1.30		0.00	0.98
神経症傾向（F_3）	8	心配性	.761	157.98	1.62	5.77		0.23	0.00
神経症傾向（F_3）	13	弱気になる	.847	188.27	0.15	0.20		0.09	0.47
神経症傾向（F_3）	18	緊張しやすい	.586	59.46	0.39	2.17		0.16	0.00
神経症傾向（F_3）	23	憂鬱な	.566	54.07	8.27	0.62		0.47	11.38
開放性（F_4）	4	多才の	.768	67.77	1.06	2.35	0.66		0.04
開放性（F_4）	9	進歩的	.690	50.31	3.40	14.80	0.49		1.69
開放性（F_4）	14	独創的な	.581	35.52	5.42	4.96	2.53		3.52
開放性（F_4）	24	興味の広い	.474	31.26	3.27	0.32	5.26		0.00
協調性（F_5）	5	短気	−.832	92.18	3.21	3.62	0.02	0.52	
協調性（F_5）	10	怒りっぽい	−.967	111.79	5.09	1.01	0.05	0.05	
協調性（F_5）	15	温和な	.423	30.02	2.66	6.59	0.84	8.02	

満たしませんでしたが，テストデータに初期モデルをあてはめたところ，`RMSEA` が .090，`CFI` が .701，`SRMR` が .120 であったため，それと比較すると，適合は大きく改善していると言えます。パラメータ推定値は表 5.7 に示した通りです。いずれの項目も .40 を超える負荷量を示し，Wald 統計量と LM 統計量の比較から顕著な交差負荷も見られないことが確認できます。また，Raykov（2001）の方法（5.2.4 節）により信頼性係数を推定したところ，外向性は .797，誠実性は .723，神経症傾向は .848，開放性は .718，協調性は .846 であり，いずれも経験的基準の .70 以上を維持していました。

以上のように，項目の除外だけである程度，モデル適合の改善を図ることができました。今回は既存の尺度（の短縮版）からスタートしましたが，本来の尺度開発では多数の項目プールを用意し，その中から優れた項目を選定する方法を取るため，ここで示した方法により，因子負荷量，交差負荷，誤差相関の 3 つの観点から多角的に項目分析を行うことで，より因子的妥当性の高い尺度を構成することが可能です。CFA は，因子負荷量や交差負荷について EFA より高い精度での推定が可能であるとともに，EFA では具体的に評価できない誤差相関について検証することができるため，尺度開発の段階でも非常に有用です。

なお，今回，誤差相関が見られた項目の組み合わせは，いずれも内容的な重複が原因であると考えられたため，一方の項目を除外する方法を取りましたが，もし誤差相関が何らかの方法上の要因によって生じており，その存在が方法論的に正当化しうる場合は，項目を除外するのではなく，モデル上で誤差相関や**方法因子**（共通の方法的特徴を持つ複数の項目の背後に仮定される因子）を仮定するのが望ましいと言えます。方法論的に正当化しうる要因として代表的なものは逆転項目です。逆転項目は，意味内容が反転した項目であり，質問紙評定における反応バイアスの 1 つである黙従傾向（全体的に高い評定または低い評定をしやすい個人の傾向）を相殺する効果があるため[9]，測定の妥当性の観点からは尺度に逆転項目を含め

9　例えば，6 項目からなる 5 件法の尺度で，3 項目が通常の項目，3 項目が逆転項目であった場合を考えてみます。仮に黙従傾向により（内容によらず）すべての項目に 5 の評定をした個人がいた場合，通常項目の得点は 5 × 3 で 15 点，逆転項目の得点は 1 × 3 で 3 点となるため，それらを合計した尺度得点は 18 点となります。一方，すべての項目に 3 の評定をした個人がいた場合，通常項目の得点は 3 × 3 で 9 点，逆転項目の得点も 3 × 3 で 9 点となり，尺度得点は同じく 18 点となります。このように，尺度内に逆転項目が半数含まれれば，内容と無関係な全体的な評定の高低（黙従傾向の個人差）が結果に影響することを回避できます。逆に，もしすべてが通常項目であった場合，前者は 5 × 6 で 30 点，後者は 3 × 6 で 18 点と，黙従傾向により大きな差が生じてしまうことになります。

ることが望ましいと考えられています。一般に逆転項目同士（非逆転項目同士）は相関が高くなる傾向があるため，誤差相関や方法因子を仮定することで適合度を改善することが可能です。その他の要因としては，評定者の効果があります。個々の構成概念について複数の評定者（例えば，本人，保護者，教師など）から回答を得ることは，測定の妥当性を高めるうえで効果的な方法ですが，同じ評定者の回答は概念をまたいで相関を持つため，モデル上で誤差相関や方法因子を仮定することが必要になります。こうした高度なモデル化の方法については，本書の「発展編」で扱います。

文 献

Grice, J. W. (2001). Computing and evaluating factor scores. *Psychological Methods, 6*, 430-450.

Raykov, T. (2001). Estimation of congeneric scale reliability using covariance structure analysis with nonlinear constraints. *British Journal of Mathematical and Statistical Psychology, 54*, 315-323.

和田 さゆり (1996). 性格特性用語を用いたBig Five尺度の作成　心理学研究, *67*, 61-67.

並川 努・谷 伊織・脇田 貴文・熊谷 龍一・中根 愛・野口 裕之 (2012). Big Five尺度短縮版の開発と信頼性と妥当性の検討　心理学研究, *83*, 91-99.

第6章 潜在変数間のパス解析（フル SEM）：理論編

第6章では，構造方程式モデリングの中心的な用法であると考えられる，潜在変数間のパス解析（フル SEM）[1] について解説します。観測変数間のパス解析との比較を中心に，フル SEM を用いることのメリットや運用上の注意について説明していきます。

6.1 潜在変数間のパス解析（フル SEM）を用いる利点

フル SEM の目的は，**潜在変数間の因果関係**を検証することです。ここまで，第3章ではパス解析，第5章では確認的因子分析を解説してきました。本章で解説するフル SEM による分析のイメージは「**フル SEM ＝パス解析＋確認的因子分析**」です。パス解析は，観測変数間の因果関係を分析するものでした。一方，フル SEM では，それらの観測変数を，確認的因子分析モデルによって潜在変数に置き換え，潜在変数間の因果関係を検討することを目的としています。本節では，観測変数間のパス解析と比較した，フル SEM を用いることの利点について述べます。

6.1.1 ランダム誤差の分離による相関の希薄化の修正

測定値には，本来測定したかった構成概念とは異なる成分である誤差が含まれます。誤差はさらに，**ランダム誤差**（揺らぎ・バラつき）と**系統誤差**（偏り）に分けられます。主に，ランダム誤差は信頼性の問題に対応し，系統誤差は妥当性の問題に対応しています。

ランダム誤差が含まれる変数同士の相関は，真の相関よりも小さくなります。これを相関の希薄化といいます。心理学研究では，複数の項目の合計点を尺度得点とし，尺度得点間の関連を分析することがよくあります。尺度を構成する各項目の得点には，測定したい概念とは関係のないランダム誤差が含まれており，必然的に項目得点を合計した尺度得点にも，ランダム誤差が残存してしまうこととなります。パス解析において，尺度得点間のパス係数は，相関（共分散）に基づき推定されるため，**相関の希薄化**によってパス係数が過少に推定されてしまい，変数間の関連が低く見積もられてしまうのです。さらに，相関の希薄化の程度は，尺度の信頼性によって異なるので，すべてのパス係数が一律に影響を受けるのではなく，不均質な形で影響されます。そのため，多数の変数を含む分析では，この問題が予測不能な形で結論を歪める可能性も考えられます。

一方，フル SEM では，測定モデルにおいて変数間の相関（共分散）と，相関の希薄化の原因となる各項目の独自成分であるランダム誤差をモデル上で弁別して表現します。各項目のランダム誤差を分離したうえで潜在変数間の関連を分析することで，相関の希薄化が修正され，潜在変数間の真の相関（パス係数）の大きさを推定できることが理論的に期待されるのです。以上のように，変数間の関連を正確に推定するという目的において，ランダム誤差が尺度得点に残存してしまうパス解析よりも，ランダム誤差を分離し相関の希薄化を修正できるフル SEM にアドバンテージがあると言えます。7.2.1 節では，複数の変数間の関連について，合計点に基づく尺度得点間の相関と，確認的因子分析に基づき構成された潜在変数間の相関とを比較し，潜在変数を用いることで実際に相関の希薄が修正される分析例を示しています。

[1] SEM/LV（SEM with latent variables）と表記されることもあります。

6.1.2　測定モデルの妥当性の担保

他書では明確に述べられることが少ないものの，フル SEM の強みとして非常に重要なポイントは，測定モデルの妥当性を確認したうえで，構造モデルの検証ができることです。ここでは代表的な例として，潜在変数間の概念的な重複（conceptual overlap）の検出について述べます。一般に，心理学では知能やパーソナリティ，社会的態度といった物理的な実体のない構成概念を研究の対象とします。そのため，当該の構成概念を反映することが理論的に想定される，客観的に観察可能な行動（質問項目への回答や，課題への反応）を観測することを通じ，構成概念を実証的な分析の俎上に乗せようとします。その際，研究で扱う複数の構成概念間で，理論的な定義は異なっていても，測定に用いられる質問項目の内容が，構成概念間で重複している場合があります。例えば，次章 7.1 節では，神経症傾向（パーソナリティ），精神的健康，主観的幸福感という 3 つの構成概念について，**概念の重複**を検証しています。これらの構成概念は，それぞれ理論的な定義は異なります。しかし，測定項目の内容を細かく検討していくと，例えば精神的健康の「幸せ」（項目：GHQ）という項目は，主観的幸福感を表す項目といっても差し支えありません。実際に分析をしてみると，主観的幸福感の因子（HAPPY）から，GHQ の項目に大きな交差負荷の値が見られます（7.1 節）。このように，構成概念の名称や定義は異なるものの，観測データにおいて構成概念同士に重複が見られることは，心理学者がよく遭遇する悩ましい問題です[2]。

もし，ある潜在変数（因子）と別の潜在変数をまたいで，項目の内容や表現が類似しており，相関が高い項目があるにもかかわらず，当該項目間に**誤差相関**を引かなかったり，**交差負荷**のパスを引かなかったり，当該項目を分析から除外せずに分析を行うと，どのようなことが起こるでしょうか。SEM では，標本共分散行列と，研究者が設定したモデルによって導かれた共分散構造のズレを小さくするようにパラメータが推定されます（1.2 節参照）。そのため，潜在因子をまたいで項目同士の内容が重複していること（異なる因子に含まれる項目同士の強い相関）を無視した場合，本来は項目同士の重複により生じた相関が，潜在因子間の相関として現れてしまいます。すなわち，潜在因子間の関連が不当に強く推定されてしまうのです。いいかえると，項目同士の重複を無視したことの「つじつま合わせ」の結果，潜在変数間の因果関係を誤って結論づけてしまう危険性があります。

本章の冒頭で述べたように，**パス解析**（第 3 章）とフル SEM の違いは，尺度得点化した観測変数間の関連を分析するか，確認的因子分析（測定モデル）により潜在因子として表現した潜在変数間の関連を分析するかという点にあります。観測変数間のパス解析では，構造モデルの検証の前に，構成概念ごとに尺度得点化してしまうため，変数間の因果関係を分析する段階で概念間の重複があることを検出することができません。一方，確認的因子分析（測定モデル）によって構成された潜在変数間のパス解析（構造モデル）を行うフル SEM では，概念の重複を検出することが可能です。具体的には，概念の重複の問題が，モデルの適合度の低さや，本来想定していなかった潜在因子からの因子負荷のパス（交差負荷）を引くよう修正が示唆されたり，異なる因子に含まれる項目との相関が高く誤差相関を引くよう修正が示唆される，といった形で現れてきます。さらに，フル SEM では，上記の問題に対し適切な対処が可能であるため，潜在変数間のパラメータ推定値を過大推定することを防ぐことができます（6.2.1 節・7.1.3 節参照）。この点が，観測変数間のパス解析ではなくフル SEM を用いることの最大の優れたポイントであるといっても過言ではありません。

概念の重複は，尺度開発など構成概念を提案するような研究の段階では見つかりにくいものです。研究で扱っている構成概念に関する理解がある程度深まり，その他の構成概念との因果関係を検証するという応用的な研究段階に移行した場合に，概念の重複という問題が露見してきやすいと考えられます。交差負荷があることは，モデルに含まれる潜在変数の妥当性に問題があることを意味しますので適切に対処することが必要です[3]。研究の応用的な段階において，ある構成概念と別の構成概念との間に重複が生じている

---

[2] フル SEM を使っていて，この点をあまり意識したことがない方（気づいていない方）もいるかもしれません。しかし，おそらく「フル SEM で分析してみたけど適合度が低かった」ことの主要な原因の 1 つは，概念の重複によるものだと思われます。誤差分散や交差負荷など，「データからは，相関・パスを引くことが推奨される箇所に，それらを引かない」ことは，適合度を著しく低下させます。

ことに気づいてしまうのは，研究者にとって悩ましい問題に思われます。その結果，フル SEM ではなく観測変数間のパス解析を行うなどして，概念の重複の問題を隠してしまいたい誘惑にかられるかもしれません。しかし，7.1.3 節の分析例で示すように，フル SEM では適切な対処を行うことが可能です。さらに，構成概念の重複を発見することで，構成概念の定義や測定道具（心理尺度）の内容を見直すことにつながり，自身の研究や当該領域の理論的な発展に貢献できるチャンスを得られるのです。このように，フル SEM を用いることで概念間の重複を検出できることは，誤った分析結果を報告することを避けるだけでなく，研究の発展にも寄与しうるというメリットがあります。

6.1.3　潜在変数の柔軟な表現によるモデルの自由度の高さ

フル SEM は，パス解析と同様に，複数の従属変数を含んだモデルや，媒介変数（間接効果）を含むモデルを検討することができる点で，研究者が考える仮説を柔軟にモデルとして表現しやすい解析方法であると言えます。さらに，フル SEM には，**潜在変数**を柔軟に扱うことができ，モデリングの自由度が高いという特徴があります。一般的に，複数の項目によって測定された「構成概念そのもの」を潜在変数としてモデル化しようとすることが多いと思われます。例えば，第 5 章では Big Five 尺度の分析例を紹介しました。Big Five 尺度では，「外向性」という構成概念を測定するために，「外向性を反映すると考えられる項目（群）」が用いられています。そして，その項目群の背後に「外向性」という潜在因子を想定し，分析を行ったわけです。このように，「構成概念を反映すると考えられる項目や何らかの課題に対する反応を観測し，間接的に構成概念を測定する」という発想は，心理学者にとっては馴染み深いものです。

一方で，SEM の枠組みでは，潜在変数をより広い意味でとらえることが可能です。すなわち，項目内容と直接対応する構成概念でなくとも，理論的にありうる構成概念を潜在変数として扱うことが可能なのです (Raykov & Marcoulides, 2006)。このように潜在変数を理解することにより，より柔軟なモデリングが可能となります。かなり抽象的な表現となってしまいましたので，以下に具体例を 2 つ挙げます。

1 つめは，縦断的・時系列的な変化の個人差をモデリングする方法です。潜在成長曲線モデル（LGCM: latent growth curve model）は，個人の縦断的な変化を，個人の初期値を表す切片と，時点による得点の変化を表す傾きによって表現します。このとき，切片と傾きは，潜在変数としてモデリングされます。測定項目の中に「切片や傾きを測定する項目そのもの」が含まれているわけではありません。

2 つめは，方法論上の性質・制約により生じた項目得点の変動を潜在変数としてモデリングする方法です。**方法の因子**（**methodological factor**）や**方法の効果**（**method effects**）とよばれます。例として，「逆転項目の因子」が挙げられます。因子分析の結果，**逆転項目**のみが因子としてまとまってしまうことがあります。この結果に対しては，以下の 2 つの解釈ができるでしょう。1 つは，逆転項目と順項目[4] の背後に，それぞれ実質的に異なる構成概念が想定されるという解釈です。もう 1 つは，複数の逆転項目が，概念的に意味のある因子というよりも，「○○ではない」といった逆転項目特有のワーディングの類似性に基づき，1 つの因子を構成したという解釈です。因子分析は，項目への反応の背後にある構成概念を抽出しようとする分析です。しかし，因子分析の結果それ自体は，項目群の背後に<u>何らかの</u>因子（構成概念）があることを示唆するものであり，<u>仮説どおりの</u>因子があることを保証するわけではありません。ワーディングの類似性といった，研究の関心からすれば本質的ではない要因によって生じた逆転項目同士の局所的な相関が，他の順項目との相関よりも相対的に高くなり，結果として因子としてまとまってしまう場合があります。このような解釈が妥当であると考えられる場合，「逆転項目の因子」を潜在変数として設定し，方法論上の制約によって生じる系統的な変動としてモデルに組み込むことができます。それによって，仮説の因子構造を適切に評価することが可能となります。「逆転項目の因子」は，もともと当該の心理尺度に

---

[3] ここでは，複数の尺度を用いた場合の構成概念間の重複を扱いましたが，単一の尺度でも，同様の問題が生じえます。すなわち，下位因子をまたいだ交差負荷や，項目間の誤差相関です。たとえ先行研究で「信頼性と妥当性がある」と言われた既存の尺度を利用する場合でも，分析時にこうした因子的妥当性に問題が見られたら，交差負荷のパスや誤差相関を設定したり，探索的因子分析により因子構造を検討し直すといった対処が必要です。

[4] 特に決まった用語はないようですが，逆転項目ではない通常の項目を指しています。

よって測定しようとした構成概念には含まれていません。このように，理論的に考えうる構成概念を潜在変数として表現できることはSEMの強みであると言えます。ここでは，逆転項目の因子を紹介しましたが，複数の心理特性を複数の方法で測定し，構成概念の妥当化を図る多特性多方法（Multitrait-Multimethod）を用いた研究においても，心理特性の因子と方法の因子を潜在因子としてモデリングすることで，心理特性の因子の収束的妥当性と弁別的妥当性を検証します。

従来は，項目群の背後にあると考えられる構成概念を潜在変数としてモデリングし，その他の成分は誤差とされてきました。しかし，以上のように潜在変数をより広い意味でとらえることで，柔軟に潜在変数を構成し，研究目的に適ったモデリングを行うことが可能となります。

こうしたモデリングの自由度の高さがもたらすベネフィットは，単に分析の幅が広がることを意味するだけではありません。心理学は，理論と実証の両輪で，心のしくみや社会の成り立ちを明らかにすることを目的としています。研究活動の中でデータ解析は，理論モデルの検証および改良という重要な位置を占めます。そのため，解析手法それ自体が，研究者の思考やモデルの立て方・研究の進め方に，少なからず制約を課すと言えます。研究を進める上では，研究者の思考の自由度に適う分析モデルが必要であると同時に，自由度の高い分析方法を身につけることで，柔軟な思考を行えるようになるでしょう。たとえば，狩野（1997）は，1990年代以降に発展した潜在成長曲線モデルは，いわば「第2世代」のSEMであると述べています。実際に，潜在成長曲線モデルを用いた研究は盛んに行われており，解析法の発展によって，それまで扱うことが困難であった「個人の変化の軌跡」というテーマに研究者の目を向けさせ，実証的な検討が行われるようになったと考えられます。なお，上記に挙げた多特性多方法行列の分析と潜在成長曲線モデルについては本書発展編で扱う予定です。

6.1.4　欠測値への対応

尺度ごとに，項目得点を合計（平均）した尺度得点を算出し，観測変数間のパス解析を行う場合，例え複数の項目からなる尺度に含まれる1項目だけでも欠測値が含まれると，その回答者の当該の尺度得点も欠測値となってしまいます。たった1項目の欠測により，その個人の当該尺度すべての情報を分析から欠落させることは，検定力を低下させ，せっかく研究参加者に協力してもらって得たデータを減らすことになり非効率的です。一方，フル SEMでは，主に最尤推定法により，内生変数の欠測値への対処を行います。すなわち，測定モデルによって潜在因子を構成することで，たとえ潜在変数を構成する一部の項目に欠測値があっても，当該個人の（当該の潜在変数に関する）情報をすべて欠落させることにはならず，得られたデータを無駄なく活用することが可能です。なお，M*plus*では，デフォルトの設定として，完全情報最尤推定（FIML: full information maximum likelihood）により欠測値への対処を行います[5]。

6.2　フル SEMを用いる際の注意点

これまで述べてきたように，フル SEMを用いることには，多くのベネフィットがあります。ただし，SEMを実際に使う際に，気をつけるべきこともあります。本節では，フル SEMを適切に用いるための特に重要なポイントを紹介します[6]。

6.2.1　測定モデルと構造モデルを2段階で検証する

フル SEMによるモデルは，大きく分けると各潜在変数を構成する測定モデルと，潜在変数間の因果関係を表す構造モデルの2つのパーツで構成されます。フル SEMを用いる主要な目的は，潜在変数間の関連である構造モデルの妥当性の高さを検証することです。そのため，各潜在変数の心理測定学的な妥当性

5　ただし，欠測値が生じたメカニズムについては考慮が必要です（1.2.10節参照）。

6　ここで紹介するポイントは，SEMの中でも特にフル SEMに焦点を当てたものです。SEM全般における注意点は第9章を参照してください。また，Thompson（Grimm & Yarnold, 2001 小杉訳，2016の第8章）による「良いSEMのための十ヶ条」は，コンパクトにまとめられており参考になります。

は非常にクリティカルな問題です。潜在変数を構成する測定モデルの適合度が十分に高いことは，モデルに含まれる潜在変数の因子的妥当性を意味し，構造モデルを検証する前提となるのです。そのため，フルSEM では，測定モデルの検証と構造モデルの検証という，少なくとも 2 段階で分析を行うことが必要となります（Anderson & Gerbing, 1988）。測定モデルと構造モデルを 2 段階に分けて検証せず，1 段階でモデル全体を分析した場合，適合度が悪かったとしても，測定モデルに問題（例えば，**概念の重複**）があるのか，構造モデルに問題があるのかを把握することができず，適切なモデル修正を行うこともできなくなってしまいます。

以下に，測定モデルと構造モデルを分離し，2 段階で検証する手続きの概略を述べます。具体な分析例は，次章 7.2 節を参照してください。第 1 段階は，測定モデルの検証です。まず，事前準備として各潜在変数の測定モデルを検証します。次に，すべての潜在変数を同時に分析します。すなわち，最終的なモデルに含めるすべての変数を含めた確認的因子分析モデル（すべての潜在変数間に相関（共分散）を引き，構造モデルの部分を飽和モデルとしたモデル）を分析します。潜在変数間の関連を表す構造モデルの部分は，**飽和モデル**であるため，測定モデルの適合度には影響を及ぼしません。この段階で適合度が低かった場合，修正指標を確認することで，仮説では想定されていなかった他の潜在変数からの交差負荷や，指標間（項目間）の誤差相関を検出することができます。また，適合度が経験的基準を超えていても，残差行列や修正指標によって局所的な適合の問題がないか確認します。そして，必要に応じて測定モデルの修正を行います（6.2.2.2 節参照）。

測定モデルの適合度が十分に高いことが確認されたら，第 2 段階の構造モデルの検証に進みます。第 2 段階では，全潜在変数間にパスを引いた飽和モデルから，研究者の仮説に沿って，パスに制約を課したモデルの適合度を求めます[7]。このモデルは，飽和モデルにネストされているため，モデルに制約を課したことによる適合度の悪化を，対数尤度比検定（カイ二乗差異検定）によって統計的に検証することが可能です（1.3.2 節）。研究者の仮説に基づくネストされたモデルが，一定の基準のもとで，飽和モデルから悪化していなければ（例えば，5 % 水準で有意でない），飽和モデルよりも倹約的である仮説モデルを採択することができます。もし，検定の結果が有意だった場合には，モデルの修正を行うことになります。

以上のように，測定モデルと構造モデルを 2 段階で検証するという手続きをとることで，測定モデルの部分の適合度と，構造モデルの部分の適合度を完全に分離して検討することが可能となります。

6.2.2　フル SEM における適合度とモデル評価

これまで述べてきたように，**適合度**によって**モデル評価**ができる点は，SEM の利点です。一方で，「適合度による評価」が独り歩きしてしいまい，「CFI が .95 以上か」，「RMSEA は 0.05 以下か」といったように適合度指標の値が一定の経験的基準に収まるかどうかのみに注意を向け，基準を満たせば「妥当なモデルである」と結論づけてしまう「適合度至上主義」ともいうべき状況が広まっているようにも思います。適合度によるモデル評価も，適切に行わないと，理論的に意味のあるモデルを棄却し，何ら意味のないモデルを採用してしまったり，不適切なモデル修正を行うことにつながりかねません。そこで本節では，主にフル SEM における適合度の使い方に焦点を当て，分析プロセスの中で適切にモデル評価を行えるようにしたいと思います。

6.2.2.1　測定モデルと構造モデルを異なる基準や観点で評価する

フル SEM において適合度の解釈にあたり重要なことは，分析の段階が測定モデルの検証なのか，構造モデルの検証なのかに応じて評価の観点や基準を使い分けるということです。CFI や RMSEA といった，標本共分散行列とモデルによって導かれた共分散構造のズレを定量化した適合度は，当該モデルの絶対的な適合度[8]として解釈されます。そして，これらの指標には，適合がよいというための目安（経験的基準）があります。SEM を用いた論文では，ほぼ必ず，その目安に照らし合わせたモデル適合に関する記述が

[7] 例えば，第 7 章図 7.4 のモデルでは，2 つの対人関係が，外向性から主観的幸福感の影響を完全に媒介するという仮説が表現されています。パス図では，外向性から主観的幸福感へのパスが引かれていませんが，モデル上は，当該のパスを 0 に固定するという制約をおいていることになります。

見られます。適合度の経験的基準は，測定モデルを評価するために想定されたものです。そのため，測定モデルの検証において，CFIやRMSEAといった適合度が経験的基準を下回っていたとすれば，交差負荷や誤差相関によって潜在変数の妥当性に問題があることを意味しています。すなわち，測定モデルの改善（6.2.1節参照）をしなければ，構造モデルの検証に進むことができません。

構造モデルにおける適合度の高さは，前節に述べたように，「飽和モデルから，モデルに制約を加えても，適合度が悪化したとは言えない」という，消極的な意味で解釈されるものです。例えば，ある潜在変数から別の潜在変数への直接効果のパスを引かず（パス係数を0とする制約をおく），別の変数を介した完全媒介を想定したモデルの適合度が高いことは，「飽和モデルと比較して，直接効果のパス係数を推定しても推定値が0に近く，適合度を著しく下げるほどのインパクトがない」程度の意味しかありません。一般に，因果関係を検証する研究では，潜在変数から別の潜在変数への影響があることを示すことが目的です。したがって，構造モデルについて，そもそも理論的に影響がないことが想定されたパス係数を除外した分析を行い，適合度が「悪化していない」ことのみを根拠として，構造モデルの妥当性を強く主張することは，基本的には難しいと言えます[9]。適合度の経験的基準は，測定モデルを評価するための目安であるため，構造モデルの評価には必ずしも適しているわけではないのです。ある変数から別の変数への影響があることを積極的に主張するためには，**パス係数**の大きさ自体を議論すべきです。また，多くの研究は，いかに独立変数が従属変数を説明するかということも目的としています。この観点からは，従属変数の分散説明率（R^2）が高いモデルが，予測の精度が高くよいモデルであると言えます。したがって，構造モデルでは，パス係数の符号や影響の強さ，従属変数の分散説明率を確認し，変数間の影響に関する定性的な仮説を，定量的に評価することこそが重要であると言えます[10]。

実は，モデル評価の際に，パス係数と従属変数の分散説明率を重要視することは，重回帰分析を行った場合には自然とやっていたことです。どうやらSEMを用いると，適合度ばかりに心が惹かれてしまい，パス係数や分散説明率には目がいきにくくなってしまうようです。実際，重回帰分析を行った場合には必ず従属変数の**分散説明率**（R^2）が報告されるのに対し，SEMにより因果モデルを検討した研究では，R^2が報告されていないケースが多くありました（平島，2015)。適合度は，あくまでデータに基づく標本共分散行列と，モデルに基づく共分散行列の一致度を定量化したものです。そのため，たとえパス係数が小さくても，モデルが変数間の弱い関連を再現できさえすれば，必然的に適合度は高くなります。適合度の高さのみに着目してモデルを評価すると，「従属変数の説明率が低く，変数間の関連が弱い」モデルを採用してしまう危険があります。適合度の高さは，因果関係の強さを担保しません。果たして，適合度のみに基づくモデル採択は，「現象のメカニズムを明らかにする」という本来の研究目的に合致しているといえるでしょうか？　以上の理由から，測定モデルと構造モデルを明確に分離して検証・評価することが重要であると言えます。

6.2.2.2　局所的な適合や１つ１つのパラメータ推定値を確認する

CFIやRMSEAといった適合度指標はデータとモデルの全体的な適合度を評価するものです。適合度指標は，**残差行列**（標本共分散行列とモデルから推定された共分散行列の要素間の差）のままではデータとモデルの乖離度を把握しにくいため，残差行列を１つの指標に縮約することで，データとモデルの乖離度を解釈しやすくするために開発されました。

しかし，全体的な適合度が高く経験的基準を満たしており，一見問題がないように見えるモデルでも，

---

[8]「絶対的な適合度」とは，CFIやRMSEAといった適合度は，当該モデルとデータとのズレの程度であるため，他のモデルと比較した場合の相対的な適合のよさではない，という意味です。

[9] 媒介モデルでは，直接効果が「ない」ことを主張することが目的となる場合がありますが，やはり，適合度の悪化度だけでなく，間接効果や総合効果の大きさを評価することが重要です。また，理論的に有力な他のモデルとの比較においては，AICやBICといった相対的な適合度指標を用いることができます。ネストされたモデル間であれば，χ^2値を使い，モデル適合の差の有意性を検討できます（カイ二乗差異検定）。

[10] ただし，構造モデルにおいてパス係数や分散説明率（R^2）の評価は，あくまで測定モデルの適合度が高く，データとモデルに矛盾がないことが前提となります。「フルSEMでは，適合度を気にせず，パス係数と分散説明率（R^2）だけ見ればよい」という意味ではないので注意してください。

局所的にモデルとデータが合っていないことがあります。そのため，残差行列を検討し，部分的に大きな残差が見られないかを確認する必要があります。観測変数の数やパラメータ数が多くなると，部分的な適合の悪さが全体的な適合度に反映されにくくなります。残差行列を検討することで，具体的にモデルのどの部分に問題があるのかを把握することが可能となります。

また，先に述べたように，適合度の高さは変数間の関連の強さを意味するわけではないため，各因子負荷量やパス係数を確認する必要があります。測定モデルでは，各因子負荷量の大きさおよび信頼区間を検討し，因子負荷量の有意性を Wald 検定によって確認し，交差負荷が見られないかを**LM 検定**（修正指標の有意性）や残差行列によって確認します。また，構造モデルでは，LM 検定の結果を確認することで，本来は係数が大きく統計的に有意であるにもかかわらず，推定していない（引いていない）パスがないかを検討します。さらに，構造モデルでは，潜在変数間の因果関係の検証が目的となるため，パス係数の大きさや従属変数の分散説明率（R^2）をもとに，定量的な観点からモデル評価を行う必要があります（6.2.2.1 節参照）。

繰り返し述べるように，適合度指標は，データに対するモデルの全体的な一致度を表します。当該モデルがデータとどの程度矛盾がないのかを確認する際には有用な情報です。ただし，局所的な適合のよさや，パラメータ推定値の大きさについては，残差行列や１つ１つのパラメータ推定値に関する結果を検討しない限り，問題を発見できません。モデルを推定した結果が，実質的に仮説と一致していることを確認するためにも，モデル推定の部分的な結果を確認する必要があります。

6.2.3 モデルの修正

6.2.1 節と 6.2.2 節では，フル SEM において，測定モデルと構造モデルを分けて分析・評価することの重要性を述べてきました。モデルの修正を考えるにあたっても，測定モデルと構造モデルを分けることが重要です。まず，測定モデルの修正について考えていきます。測定モデルの適合度が低くなる原因は，交差負荷と誤差相関によるものです（6.2 節参照）。修正指標を確認し，大きな値が見られた箇所にパラメータを推定するようパスを設定すれば，適合度は向上します[11]。項目の内容や表現を検討し，誤差相関や交差負荷のパスを追加することの実質的な意味を説明できる場合に，これらのパスを追加することができます。6.2.1 節や 7.2 節で示したように，誤差相関や交差負荷を無視して構造モデルを分析した場合，パス係数の過大推定という深刻な問題が生じます。フル SEM では，潜在変数間の因果関係の検証が目的であり，構造モデルにおいて正しいパラメータ推定値を得る必要があるため，誤差相関や交差負荷については，妥当な範囲でモデル修正をすることが望まれます。ただし，測定モデルの適合度が，理論的に解釈可能な修正を施してもなお低い場合，モデルに含めようとしている潜在変数の因子的妥当性が低いことになりますので，構造モデルの検証に進めません。そのような場合は，強引に構造モデルの検証に進んだり，尺度得点化してパス解析を行うといった「ごまかし」をしたりせず，いったん尺度の内容や構成概念の定義，構成概念同士の関係などを見直す必要があります[12]。測定モデルの適合度が低かった場合，いかなる状況でも，積極的に誤差相関や交差負荷を設定することが望ましいことを主張しているわけではないことには注意をしてください。

次に，構造モデルの適合度が低い場合の**モデル修正**について考えます。フル SEM において，測定モデル（構造部分は飽和モデル）と比較して，仮説に基づきパスに制約を加えた構造モデルの適合度が，カイ二乗差異検定で有意になった場合，モデルの改善を行います。修正指標の値が大きい箇所について，新たに推定するパラメータを増やすべきかどうかを判断します。修正指標は，因果の方向が逆のパスなどについても，機械的に算出されます。そのため，修正指標の大きさだけでなく，パスの意味が実質的に説明できる箇所についてモデルの修正を行うことができます。

なお，修正指標をもとにモデルの修正を行うということは，理論的に導出されたモデルを手元のデータ

[11] 誤差相関を追加することは，因子により説明できない分散を推定することになるため，適合度が上がるのは当然です。

[12] 理論的な検討以外としては，全項目を用いた探索的因子分析（ジョイント因子分析）を行い，因子構造を検討しなおすといった対処が挙げられます。

に合わせて変更するということを意味します。そのため，修正指標の数値だけを頼りに，むやみにパスを足したり削ったりすると，たまたま手元のデータだけで有意になるパスを拾ってしまったり，本来は意味のあるパスを消してしまうといったことが生じます。必ず理論的な説明が可能な箇所についてのみ，修正をするようにしてください。そのためには，データを収集する前に，理論的な観点からモデルの検討を精緻に行うことが重要です。また，モデルを大幅に修正した場合，データにモデルを合わせることになるので，適合度が高くなるのは当然です。そのため，大きくモデルを修正して適合度が向上したからといって，「自らのモデルの妥当性が支持された」ことにはならず，新たなモデルを探索したことになります。モデルを大きく修正した時点で，研究としては「モデルの検証」ではなく「モデルの探索」を行った段階となります。そのため，修正後のモデルを検証したいのであれば，再度データを収集し，異なるサンプルでモデルが適合するかを確かめる必要があります。モデルの修正については，研究の局面や目的によって適切な対処が異なるため，状況に応じた対処法の選択については，第9章17を参照してください。

6.2.4　希薄化修正に関する注意点

ランダム誤差を分離してモデリングすることで，相関の希薄化が修正されるのはフルSEMを利用する大きなベネフィットです。ただし，このことは，誤差を多分に含む信頼性の低い測定を正当化するわけではない点に注意が必要です。フルSEMは，精度の低い測定をごまかすための解析法ではありません。また，いくら希薄化の修正が可能であるとは言え，そもそも誤差の多い測定では，推定が不安定になってしまいます。信頼性・妥当性の高い測定を行うことは，フルSEMに限らずいかなる解析法を用いる場合でも怠ってはいけません。

6.2.5　サンプルサイズ

フルSEMでは，測定モデルにより潜在変数を構成するため，尺度得点間のパス解析よりも必然的に推定するパラメータ数が多くなり，複雑なモデルを推定することになります。そのため，フルSEMを用いた分析では，大きなサンプルサイズが必要となります。具体的に，必要となる最低限のサンプルの大きさについては統一された見解がないようですが，Thompson（2001 小杉訳，2016）では，いくつかの先行研究を引用しながら，少なくとも100〜200人，あるいは，測定変数の数の10〜15倍の人数が必要であろうと述べられています。また，モデルの探索や修正を行う場合は，さらに大きなサンプルサイズを要することになります。例えば，モデルの修正後，モデルの妥当性を検証しようとするなら，別のサンプルによる交差妥当化の手続きが必要となります。あるいは，1つのサンプルを，モデル探索用とモデル検証用のサンプルに分けて分析に用いる方法（ホールドアウトサンプル）でも，サンプルを分割するために大きなサンプルサイズが必要となります。以上のように，フルSEMを用いた分析においては，大きなサンプルサイズが必要となります。

6.2.6　複数の研究間での結果の比較

ここまで，主に単一の研究（1つのデータに対する一連の分析）の中でのフルSEMの運用についての注意点を検討してきました。最後に，先行研究や自らが行う一連の研究を含め，他の研究との結果の比較という観点から，研究プロセスにおけるフルSEMの位置づけを考えたいと思います。

6.5.1節において，フルSEMはパス解析と比較して，パスの引き方や潜在変数の構成において解析の自由度が非常に高いことを述べました。このことは，フルSEMのメリットであると同時にデメリットになりうる可能性も孕んでいます。例えば，フルSEMは，パラメータ数が非常に多くなるため，同じモデルが他の研究（サンプル）で再現されることが困難である可能性が考えられます。また，同じ尺度や変数を用いたとしても，誤差相関の引き方などパラメータの細かな設定が異なることで，研究間での結果の比較を単純には行いにくくなってしまいます。さらに，モデルの自由度が高いことで，手元にある単一のデータセットを吟味した結果，過剰にそのデータに適合するモデルにたどり着いてしまうことも起こりうるでしょう。これらのことは，1人の研究者（1つの研究グループ）が行う一連の研究においてさえも，研究によって結果が一貫しないといった問題として現れてくるおそれがあります。ただし，こうした懸念も，事前に理論的な検討をしっかりと行うことや，やみくもなモデル修正をしないなど，堅実な研究活動を行うことで一定程度は解消されると思われます。

本章では，観測変数間のパス解析と比較した潜在変数間のパス解析であるフルSEMの利点と，運用上の注意点について述べました。フルSEMには，希薄化の修正や概念の重複の検出といった多くの重要なメリットがあります。しかし，日本の心理学研究（特に，社会心理学・パーソナリティ心理学領域）では，フルSEMはほとんど用いられず，尺度得点間のパス解析が用いられることが圧倒的に多い現状にあります[13]。おそらく，その背景には，フルSEMで分析をしても適合度が「経験的基準」を下回ってしまいモデルを採択できなかったため，尺度得点化しパス解析を行っているという事情があるのではないかと推察されます。フルSEMで適合度が低くなることの主要な原因の1つは，本章で強調した**概念の重複**の問題です。本来，交差負荷により因子負荷を指定すべき潜在因子からの項目へのパスや，誤差相関を引くべき項目同士の相関（共分散）を推定しないことは，モデルの適合度を著しく低下させます。「フルSEMで分析して適合度が低かった場合，尺度得点化して観測変数間のパス解析を行えばよい」というアドバイスを聞いたことがある方も少なくないと思われます。もし，フルSEMがパス解析と比較して積極的には用いられていない理由が，上記の状況によるのであれば，概念の重複の問題を隠ぺいし，SEMが濫用されていることとなります。

フルSEMを用いる際の注意点として，特に，測定モデルと構造モデルの検証を2段階で行い，異なる基準・観点から評価することを強調しました。測定モデルと構造モデルを明確に分離して検討することで，モデルのどの箇所で，なぜ適合度が低下しているかを把握し，対処することが可能となります。SEMに関する書籍や分析ソフトのマニュアルでは，測定モデルの妥当性の高さは暗黙に前提とされ，測定モデルと構造モデルを（少なくとも）2段階で検証することや，測定モデルの適合度が低い場合の対処法が明確に示されていないことも多く，結果としてフルSEMを活用できていないという状況が，（日本の社会心理学・パーソナリティ心理学研究に携わる）研究者の間で広まっているのではないかと推察されます。次章では，測定モデルの検証を行い，交差負荷の問題に対処したうえで，構造モデルの検証をした分析例が示されています。適合度が低下する原因を突き止めることは，SEMの誤用を防ぐだけでなく，概念の重複といった理論的に重要な情報を提供してくれるため有益です。さらに，適切な対処をすることで，消極的にパス解析に移行するのではなく，フルSEMの強みを生かし，より妥当な方法で，構成概念間の因果関係を検討することができるのです。

文 献

Anderson, J. C., & Gerbing, D. W. (1988). Structural equation modeling in practice: A review and recommended two-step approach. *Psychological Bulletin*, *103*, 411.

平島 太郎（2015）．社会心理学におけるSEMの応用　伊藤 大幸（企画・話題提供）・平島 太郎（話題提供）・行廣 隆次（話題提供）・大津 起夫（指定討論）・谷 伊織（司会）心理学研究における構造方程式モデリング（SEM）の役割とピットフォール――SEMとの「正しい付き合い方」とは――日本心理学会第79回大会公募シンポジウム（名古屋国際会議場）

狩野 裕・三浦 麻子（2002）．グラフィカル多変量解析――目で見る共分散構造分析――　現代数学社

Raykov, T., & Marcoulides, G. A. (2006). *A first course in structural equation modeling* (2nd ed.). Mahwah, NJ: Lawrence Erlbaum Associates.

Thompson, B. (2001). Ten Commandments of structural equation modeling. In L. G. Grim & P. R. Yarnold (Eds.), *Reading and understanding more multivariate statistics* (pp. 261-284). Washington, DC: American Psychological Association.（L. G. グリム・P. R. ヤーノルド（編著）・小杉考司（監訳）(2016)．構造方程式モデリングの十ヶ条　研究論文を読み解くための多変量解析入門　基礎篇――重回帰分析からメタ分析まで――（第8章）北大路書房）

[13] 2009-2014年度の社会心理学研究・パーソナリティ研究に公刊された論文180篇のうち，SEMを使っていた論文は68篇でした。さらに，因果モデルを検証した52篇の論文のうち，潜在変数を用いたフルSEMを使った論文は16篇に留まっていました（平島，2015）。

第7章 潜在変数間のパス解析（フル SEM）：分析編

前章で述べたように，潜在変数をともなうパス解析（フル SEM モデル）には通常のパス解析に比べて様々な利点がありますが，その中でも中心的なものは，(1) 測定モデル（因子モデル）の妥当性を確認したうえで，構造モデル（因果モデル）の検証ができること，(2) ランダムな測定誤差（信頼性の問題）による相関の希薄化を修正し，構成概念間の関連をより正確に推定できること，の2点です。つまり，フル SEM モデルでは，測定の妥当性と信頼性の両者について，従来のパス解析に比べ優れた対処の手段を提供すると言うことができます。本章では，これらの利点の重要性を示すために2つの分析例を取り上げます。

7.1 SEM の分析例1：測定モデルの事前検証

最初の分析例では，測定モデルの妥当性をあらかじめ確認できるというフル SEM モデルの利点について議論します。改めて原理的な側面について整理しておくと，従来のパス解析では，観測変数（多くの場合，複数の項目の得点を合計した尺度得点）が構成概念に直接対応するものとして扱われます。したがって，解析上は，観測変数が構成概念を忠実に反映するものと見なされており，測定の信頼性・妥当性が不完全である可能性については考慮されません。そのため，測定の信頼性・妥当性は，パス解析を行う前に検証しておく必要があります。しかし，多くの場合，個々の尺度は，それぞれ独自の研究の文脈で開発され，異なるデータによって信頼性・妥当性の検証が行われます。したがって，尺度開発の際に示された信頼性・妥当性が，パス解析を行うデータにもあてはまる保証は必ずしもありません。

また，より重要な問題は，個別の研究で確認された尺度の因子構造が，すべての尺度を同時に分析した場合にも再現されるとは限らないということです。心理学などの社会科学領域で扱われる仮説構成概念は実体のない概念であり，異なる名称で呼ばれている概念が，実際には同じ概念であったり，互いに重複しているということも十分にありえます。例えば，精神的健康，幸福感，満足感，ウェルビーイング，ストレス反応，抑うつ，QOL，自尊心などの概念は，実証的に明確な差異がある独立した概念というよりも，実際には共通もしくは重複した概念であり，個々の研究領域の慣習によって，どの呼称が用いられるかが異なるだけのようにも思われます。もしこのような概念的重複がある場合，通常のパス解析を使用すれば，概念的重複によって生じている相関を，誤って因果関係と見なしてしまう危険性があります。概念的に重複した変数が相関するのは，単なる同語反復（**トートロジー**）であり，因果関係を示すものでないことは明らかです。一方，フル SEM モデルでは，あらかじめすべての尺度を含んだ測定モデルを検証できるため，このような概念的重複の問題を事前に検出することができます。

この点について議論するため，ここでは概念の重複が予想される神経症傾向（ビッグファイブモデルの下位因子），精神的健康（GHQ12），主観的幸福感（以下，幸福感）という3つの構成概念を扱うことにします。各因子の指標の項目内容（精神的健康については要約）を表7.1に示します。理論的には，神経症傾向は安定的なパーソナリティ特性であり，気分状態である精神的健康や幸福感に影響を及ぼす関係にあると想定できます（図7.1）。比較のため，ビッグファイブの他の4因子も同時に分析に含めることとします。

表 7.1　各因子の指標の項目内容

因子	番号	項目内容
精神的健康（ネガティブ）	2	心配・不眠
	5	ストレス
	6	困りごと
	9	ゆううつ
	10	自信喪失
	11	自己否定
精神的健康（ポジティブ）	1	集中
	3	生きがい
	4	判断
	7	楽しい
	8	問題解決
	12	幸せ
主観的幸福感	1	全般的に見て，あなたは自分のことをどの程度幸せであると感じますか
	2	あなたは，自分と同年代の人と比べて，自分をどの程度幸せであると感じていますか
	3	自分の今の暮らしに満足していますか
	4	今の生活が楽しく，やりがいのあるものだと感じますか
神経症傾向	3	不安になりやすい
	8	心配性
	13	弱気になる
	18	緊張しやすい
	23	憂鬱な

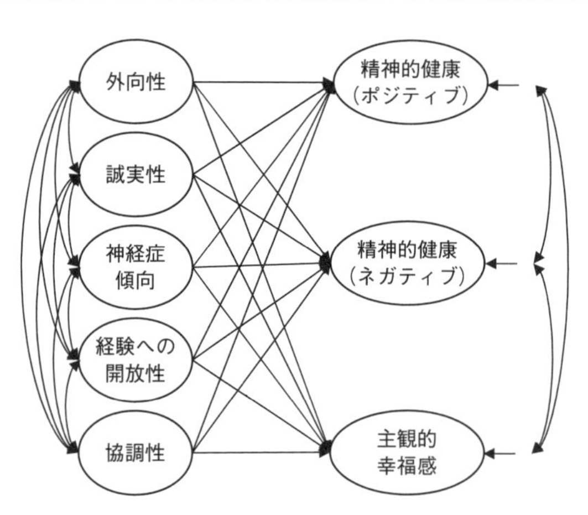

図 7.1　フル SEM モデルのパス図（観測変数は省略）

7.1.1　初期モデルの検証

図 7.2 に初期モデルのシンタックスを示します。`MODEL` コマンドでは，まず BY オプションを用いて測定モデル部分を指定しています。パーソナリティの測定モデルは 5.3 節の最終モデル，精神的健康（GHQ12）の測定モデルは 5.2 節の最終モデルを使用しています[1]。幸福感については尺度の全 4 項目が 1 因子に負荷するモデルを仮定しています。モデルの識別のため，すべての因子の分散（従属変数の精神的健康と幸福感については誤差分散）を 1 に固定しています。最後に ON オプションで構造モデル部分を指定しています。本来，フル SEM モデルの検証では，第 1 段階として測定モデル部分のみ（すべての潜在変数間に相関を仮定した CFA モデル）の検証を行い，第 2 段階として構造モデル部分（測定モデルからの適合度の変化）の検証を行いますが，今回は構造モデル部分が飽和モデル（すべての変数間にパスが引かれたモデル）となっており，構造モデル部分の適合度の検証が必要ないため，初めから構造モデル部分

[1] 厳密には 5.2 節や 5.3 節と同様に，訓練データとテストデータを分けて交差検証を行う必要がありますが，ここでは説明を簡略化するため交差検証は行いません。

```
DATA: FILE = data7.1.csv;

VARIABLE: NAMES = id gender age grade person1-person29 ghq1-ghq12 happy1-happy4;
          MISSING = ALL(999);
          USEVAR = person1 person6 person16 person21
          person2 person7 person12 person17 person26
          person3 person8 person13 person18 person23
          person4 person9 person14 person24
          person5 person10 person15
          ghq1-ghq12
          happy1-happy4;

ANALYSIS: ESTIMATOR = MLR;

MODEL: extraf BY person1* person6 person16 person21;
       consf BY person2* person7 person12 person17 person26;
       neurof BY person3* person8 person13 person18 person23;
       openf BY person4* person9 person14 person24;
       agreef BY person5* person10 person15;

       ghqf1 BY ghq2* ghq5 ghq6 ghq9 ghq10 ghq11;
       ghqf2 BY ghq1* ghq3 ghq4 ghq7 ghq8 ghq12;

       happyf BY happy1* happy2-happy4;

       extraf-happyf@1;

       ghqf1-happyf ON extraf-agreef;

OUTPUT: SAMP STDYX MOD(0) RESIDUAL;
```

図 7.2　初期モデルのシンタックス

を含むフル SEM モデルを指定しています。したがって，このモデルの適合度は，測定モデル部分のみの適合度を表すことになります。

分析の結果，適合度指標は，RMSEA が .052，CFI が .869，SRMR が .067 でした。RMSEA はわずかに経験的基準に達しておらず，CFI もあまり良好な数値とは言えません。SRMR のみが経験的基準を満たしています。これらを総合すると，モデルの適合には若干，改善の余地があると言えそうです。

7.1.2　修正指標の確認

モデルの部分的適合を検討するため，修正指標を確認します。図 7.3 に因子負荷に関する修正指標（LM 統計量）の出力（修正指標で降順に並び替え）を示します。まず幸福感の項目 4（HAPPY4）が精神的健康

```
                         M.I.    E.P.C.  Std E.P.C.  StdYX E.P.C.
GHQF2    BY   HAPPY4     64.541  -0.675  -0.911      -0.597
GHQF2    BY   PERSON23   64.412   0.477   0.643       0.4
HAPPY    BY   PERSON23   46.362  -0.425  -0.466      -0.29
HAPPY    BY   GHQ12      38.826  -0.345  -0.378      -0.545
GHQF1    BY   PERSON8    31.189  -0.364  -0.556      -0.379
GHQF1    BY   PERSON23   27.026   0.412   0.631       0.392
EXTRA    BY   PERSON23   26.391  -0.349  -0.349      -0.217
GHQF2    BY   PERSON17   25.141   0.23    0.31        0.222
GHQF1    BY   PERSON17   23.023   0.194   0.297       0.213
GHQF2    BY   PERSON21   21.125  -0.233  -0.315      -0.227
```

図 7.3　因子負荷に関する修正指標（LM 統計量）の出力（修正指標で降順に並び替え）

の因子2（GHQF2：ポジティブ因子）に交差負荷を示しています。標準化推定値の期待値（StdYX E.P.C.）は −.597 と非常に大きくなっています。この項目は，「今の生活が楽しく，やりがいのあるものだと感じますか」というもので，確かに精神的健康のポジティブ因子の項目（「生きがい」，「楽しい」など）と内容的な重複が大きいと言えます。また，GHQ の項目 12（GHQ12）が幸福感（HAPPY）に交差負荷を示しており，こちらも標準化推定値の期待値は −.545 と大きい値です。この項目は「幸せ」に関する項目で，やはり主観的幸福感の項目と重複が大きい内容と言えます。神経症傾向の項目は複数が登場していますが，特に項目 23（PERSON23）は精神的健康のポジティブ因子（GHQF2）およびネガティブ因子（GHQF1）と幸福感（HAPPY）のいずれにも交差負荷を示しています。この項目は「憂鬱な」であり，他の項目（不安になりやすい，緊張しやすいなど）と比べると，パーソナリティのような安定的な特性というよりは，精神的健康や幸福感と同様の一時的な気分状態を尋ねていると解釈されかねない項目内容と言えます。

7.1.3　最終モデルの検証

こうした概念的重複が見られた場合，対処の方法は2通りあります。1つは，重複が見られた項目を削除すること，もう1つは，モデル上で交差負荷を仮定する修正を行うことです。第5章で述べたように，尺度開発の文脈（主に CFA）では，単純構造を乱す項目は尺度の内容的妥当性を低めるため，前者の方法を取ることが望ましく，それにより信頼性の低下が生じる場合には項目の補充を行う必要があります。一方，既存の尺度を用いて，構成概念間の関連を検証するという文脈（主にフル SEM モデル）では，慣習的に，尺度自体に手を加えることは好まれないため，後者の方法を取ることが一般的です。この文脈では，測定モデルを検証すること自体に目的があるのではなく，その先にある構造モデルの検証が中心的な目的であるため，構造モデルをより正確に検証するために測定モデルに軽微な修正を加えることは許容されます。

ここでは両者の方法で，どの程度結果に違いが生じるかを確認してみます。まず，重複が見られた3項目（HAPPY4，GHQ12，PERSON23）を除外した場合，モデル適合度は RMSEA が .049，CFI が .891，SRMR

表 7.2　初期モデルと最終モデルの標準化パラメータ推定値（SEM）

独立変数	従属変数 精神的健康（ネガティブ）		精神的健康（ポジティブ）		主観的幸福感	
	β	p	β	p	β	p
初期モデル						
外向性	−.043	.393	−.325	<.001	.247	<.001
誠実性	−.084	.081	−.174	.005	.102	.075
神経症傾向	.706	<.001	.351	<.001	−.173	.006
経験への開放性	−.055	.341	−.193	.013	.051	.523
協調性	−.029	.524	.003	.960	.087	.098
R^2	.573	<.001	.451	<.001	.168	<.001
重複項目を除外した場合						
外向性	−.070	.166	−.332	<.001	.242	<.001
誠実性	−.096	.051	−.213	.001	.091	.113
神経症傾向	.674	<.001	.309	<.001	−.132	.035
経験への開放性	−.054	.361	−.264	.001	.041	.610
協調性	−.047	.293	.003	.953	.116	.025
R^2	.549	<.001	.489	<.001	.144	<.001
重複項目に交差負荷を仮定した場合						
外向性	−.060	.235	−.361	<.001	.242	<.001
誠実性	−.093	.057	−.208	<.001	.088	.122
神経症傾向	.684	<.001	.274	<.001	−.132	.035
経験への開放性	−.061	.300	−.190	.014	.030	.714
協調性	−.037	.413	−.006	.907	.108	.039
R^2	.555	<.001	.423	<.001	.138	<.001

が.061となり，全体的に初期モデルから改善が見られました。一方，重複が見られた3項目について，修正指標に基づいて交差負荷（HAPPY4 → GHQF2，GHQ12 → HAPPY，PERSON23 → GHQF1・GHQF2・HAPPY）を仮定した場合，モデル適合度はRMSEAが.047，CFIが.896，SRMRが.060となり，項目を除外した場合とほぼ等しい値が得られました。いずれの場合も，CFIはわずかに経験的基準を下回っていますが，RMSEAとSRMRは基準を満たし，全体として許容しうる範囲の適合度に収まっていると言えます。

表7.2は各モデルの標準化パラメータ推定値の出力を整理したものです。項目を除外した場合も交差負荷を仮定した場合も，神経症傾向から精神的健康や幸福感への効果は全体的にやや小さくなっていることが見て取れます。初期モデルでは，項目レベルの重複が因子間の関連として表現されていたため，神経症傾向から各従属変数への効果が過大推定されていたと言えます。一方，項目を除外した場合と交差負荷を仮定した場合では，互いに推定値に大きな違いは見られません。このように，CFAやフルSEMモデルには，単純構造を乱す項目があっても，それを適切にモデリングすれば結果には大きく影響しないという好ましい性質があります。つまり，項目を削除する方法を取っても，モデルを修正する方法を取っても，結果には大きな違いが生じないため，前述のように，研究の文脈に応じて両者を使い分けることが可能だということになります。

表7.3はフルSEMモデルではなく，項目の単純合計である尺度得点を用いたパス解析の結果です。尺度得点を用いる場合，モデル上で交差負荷を仮定することはできないため，項目を除外するしか方法がありません。いずれの従属変数についても，フルSEMモデルに比べ，項目の除外にともなう神経症傾向の効果の変化が大きいことがわかります。一般に，尺度得点を用いたパス解析では，潜在変数を用いるフルSEMモデルに比べ，項目を除外することによる推定値の低下が大きくなります。これは項目数が減少することにより尺度の信頼性が低下し，相関の希薄化が強まるためです。つまり，概念的重複が見られた場合，尺度得点を用いた分析では，内容的妥当性を重視して項目を除外するか，信頼性を重視して項目を残すかというジレンマに迫られることになります。一方，フルSEMモデルでは，信頼性を低下させるランダム誤差をモデル上で分離しているため，項目数の減少そのものによる推定値の低下は生じず，こうしたジレンマを避けることができます。

今回はフルSEMモデルを用いたことで，尺度間の項目の重複を検出し，項目の除外やモデルの修正により，概念間の関連の過大推定を回避することができましたが，尺度得点を用いた分析では，事前に項目内容を精査したり，ジョイント因子分析（複数の尺度を同時にEFAにかける手法）などにより交差負荷

表7.3 初期モデルと最終モデルの標準化パラメータ推定値（パス解析）

独立変数	従属変数					
	精神的健康（ネガティブ）		精神的健康（ポジティブ）		主観的幸福感	
	β	p	β	p	β	p
初期モデル						
外向性	−.058	.129	−.298	<.001	.259	<.001
誠実性	−.060	.087	−.152	<.001	.088	.032
神経症傾向	.579	<.001	.304	<.001	−.181	<.001
経験への開放性	−.026	.473	−.161	<.001	.025	.566
協調性	−.055	.129	−.023	.542	.099	.020
R^2	.397	<.001	.337	<.001	.168	<.001
重複項目を除外した場合						
外向性	−.099	.011	−.311	<.001	.249	<.001
誠実性	−.079	.028	−.173	<.001	.074	.077
神経症傾向	.526	<.001	.239	<.001	−.114	.010
経験への開放性	−.022	.565	−.200	<.001	.009	.833
協調性	−.089	.017	−.032	.410	.140	.001
R^2	.361	<.001	.318	<.001	.131	<.001

の有無を確認しない限り，このような問題を検出することができません。また，重複が見られた場合，尺度得点を用いた分析では項目を除外するしか方法がなく，既存の尺度に手を加えるという「タブー」を破る必要がある上に，信頼性の低下による相関の希薄化を避けられません。今回の分析例は，全体のごく一部の項目が重複を示すにすぎませんでしたが，それでも無視できない程度の推定値の変化が生じました。場合によっては，より多くの項目が重複している状況や，因子の独立性そのものが保たれない状況も生じ得ます。そのような場合には，尺度得点を用いた分析では全く誤った結論が得られ，また，その誤りに気づくことすらできない危険性が高いと言えます。フル SEM モデルでは，構造モデルの検証に先立って測定モデルを検証することで，こうした問題を回避できます。これは実体のない仮説構成概念を扱う心理学などの社会科学領域においては，非常に大きな利点と言えるでしょう。

7.2　SEM の分析例 2：相関の希薄化の修正

フル SEM モデルのもう 1 つの利点は，測定のランダム誤差による相関の**希薄化**を修正できるという点です。一般に，ある 2 つの観測変数 x と y の相関係数 r_{xy} は，各変数の信頼性係数 ρ_x，ρ_y と真の相関 r_{txty} を用いて，以下のような式で表されます。

$$r_{xy} = \sqrt{\rho_x \rho_y}\, r_{t_x t_y}$$

つまり，観測変数間の相関は，真の相関に両者の信頼性係数の幾何平均を掛け合わせた値に等しいということです。したがって，個々の観測変数の信頼性が低くなるほど，両者の相関係数も低下することになります。これが相関の希薄化と呼ばれる現象です。第 1 章や第 3 章で述べたように，パス解析において，個々のパス係数は観測変数間の相関（共分散）に基づいて算出されるため，相関の希薄化はパス係数の過小推定をもたらします。

尺度得点を用いた分析では，複数の項目の得点を合計することによって尺度としての信頼性を高めるアプローチを取ります。しかし，現実的には，項目数を増やすほど回答に多くの時間を要することになるため，特に多数の構成概念を扱う研究や実施時間に制約がある研究などでは，個々の尺度の項目を無制限に増やすことはできません。慣習的には，α 係数などに基づく信頼性係数が .70 程度あれば，ひとまず一定の信頼性がある尺度と見なされ，研究に使用されています[2]。しかし，2 つの変数の信頼性係数がともに .70 である場合，観測される相関係数は，真の相関の 7 割にまで低下することになります。

また，すべての変数の相関が均質に低下するのであれば問題は比較的小さいのですが，実際には尺度によって信頼性係数の値が異なるため，信頼性が比較的高い尺度は他の尺度との関連が見られやすく，信頼性が比較的低い尺度は関連を見出しにくいという不均質な影響が生じてしまうことになります。これにより，どの変数がどの変数に影響を及ぼすか，またその影響はどのような媒介プロセスによって生じるかといったパス解析における中心的な関心事に関する結論が，各尺度の信頼性によって複雑な影響を受けるという深刻な問題が発生することになります。これは多数の変数を同時に扱うパス解析では致命的な欠陥になりえます。

一方，フル SEM モデルでは，尺度内の全項目の共通変動を潜在変数としてモデル化し，各項目の独自の変動を誤差項として分離することで，ランダム誤差をコントロールすることを試みます。7.1 節で述べたようなプロセスを経てモデルが適切に指定されていれば，相関の希薄化を修正し，正確なパス係数の推定値を得ることができます。

そこで本節では，3.5 節で扱った媒介モデルを取り上げ，通常のパス解析とフル SEM モデルでどのような結果の違いが生じるかを検討してみたいと思います。フル SEM モデルの検証では，まずすべての潜

---

[2] ただし，これは集団を対象とした研究における基準であり，テストやアセスメントのように個人の評価を目的とする場合には，より高い水準の信頼性が求められます。

在変数間に相関を仮定する測定モデルの検証（CFA）を行った後，潜在変数間の構造モデルの検証を行うという2段階の検証プロセスを取ります。これにより，測定モデルと構造モデルが共存するフルSEMモデルにおいても，両者の適合を個別に検証することができます。

7.2.1 測定モデルの検証

図7.4に測定モデルのシンタックスを示します。3.5節と同じく，パーソナリティの外向性（extra），対人関係の結束型（socf1）および橋渡し型（socf2），幸福感（happyf）をモデルに含めています。対人関係については，当初，各因子10項目からなる因子構造を想定していましたが，事前に単独で測定モデルを検証した結果，項目12〜15が有効に機能していないことが示唆されたため，これらの項目を除いて使用しています[3]。このように，複数の尺度を同時にモデルに含める際は，事前に個々の尺度の測定モデルを検証しておくことを推奨します。と言うのも，適合度指標はモデル全体の適合を示す指標であるため，特定の尺度のモデルに適合の問題があっても，他の尺度のモデルがよく適合していれば，その部分的な適合の問題が見過ごされてしまう可能性があるためです。複雑なモデルの検証では，できるだけ細かい部分の検証から始め，少しずつモデルの複雑さを高めながら段階的な検証を行うのが基本原則です。

分析の結果，適合度指標はRMSEAが.048，CFIが.929，SRMRが.054であり，いずれも経験的基準を満たしていました。ひとまず今回の測定モデルの適合は良好であると判断できそうです。

各構成概念を潜在変数としてモデル化することで，実際に相関の希薄化が修正されているかを確認するため，表7.4に尺度得点間の相関（対角線の左下）と潜在変数間の相関（対角線の右上）を示します。い

```
DATA: FILE = data7.2.csv;

VARIABLE: NAMES = id gender age grade person1-person29 social1-social20  happy1-
          happy4;
MISSING = ALL(999);
          USEVAR = person1 person6 person16 person21
          social1 social3 social5 social7 social9 social11 social17 social19
          social2 social4 social6 social8 social10 social16 social18 social20
          happy1-happy4;

ANALYSIS: ESTIMATOR = MLR;

MODEL: extra BY person1 person6 person16 person21;

       socf1 BY social1 social3 social5 social7 social9 social11 social17 social19;
       socf2 BY social2 social4 social6 social8 social10 social16 social18 social20;

happyf BY happy1-happy4;

OUTPUT: SAMP STDYX MOD(0) RESIDUAL;
```

図7.4 測定モデルのシンタックス

表7.4 尺度得点間の相関と潜在変数間の相関

	外向性	結束型	橋渡し型	幸福感
外向性		.464	.640	.317
結束型	.443		.614	.427
橋渡し型	.530	.488		.416
幸福感	.309	.388	.353	

注：対角線の左下が尺度得点間の相関，右上が潜在変数間の相関

[3] 3章の尺度得点も，これらの項目を除いた得点となっているため，比較が可能です。

表7.5　修正モデルにおける潜在変数間の相関（尺度得点間の相関は再掲）

	外向性	結束型	橋渡し型	幸福感
外向性		.523	.678	.383
結束型	.443		.614	.452
橋渡し型	.530	.488		.437
幸福感	.309	.388	.353	

注：対角線の左下が尺度得点間の相関，右上が潜在変数間の相関

ずれの変数対についても，潜在変数間の相関が尺度得点間の相関よりも高く，希薄化が修正されていることが見て取れます。しかし，結束型 - 橋渡し型（.488 と .614）のように両者の相関の差が大きい対もあれば，外向性 - 幸福感（.309 と .317）のように差が小さい対もあり，不均質な形で相関の差が生じています。

このような不均質な差が生じる原因の1つは，すでに述べたように，個々の尺度の信頼性に違いがあり，信頼性が低い尺度ほど，希薄化の修正による「恩恵」を大きく受けることになるためです。しかし，両者の差の不均質性は，尺度の信頼性の差だけで説明するにはあまりに大きすぎるように思われます。もう1つの原因は，一部の項目間の誤差相関です。5.2.4 節で見たように，誤差相関は尺度の誤差分散を拡大させ，信頼性を低下させるため，もし誤差相関が存在するのに，それをモデル上で考慮しなかった場合，尺度の信頼性を過大に見積もることになり，結果的に潜在変数間の相関が過小推定されることになります。つまり，尺度得点間の相関と潜在変数間の相関の差の不均質性には，尺度の信頼性そのものの違いによる不均質性と，尺度の信頼性に関する見積もりの正確さ（誤差相関によって影響される）の違いによる不均質性が混在しているということです。前者は潜在変数を用いることのメリットと言えますが，後者は潜在変数を用いるうえでの危険性と言えます。しかし，この危険性については，誤差相関の有無を確認し，モデル上で適切に表現することで回避することができます。

今回，修正指標を検討した結果，幸福感尺度の項目1（全般的に見て，あなたは自分のことをどの程度幸せであると感じますか）と項目2（あなたは，自分と同年代の人と比べて，自分をどの程度幸せであると感じていますか），および，ビッグファイブ尺度の外向性の下位尺度に属する項目6（社交的）と項目16（外向的）の間で，誤差相関の期待値（`StdYX E.P.C.`）が .40 程度の比較的高い値を示していました。これらの項目は，内容的にも類似性が高く，誤差相関を仮定することは妥当であると考えられたため，これらの誤差相関をモデルに含めて再分析をすることにしました。その結果，適合度指標は `RMSEA` が .045，`CFI` が .937，`SRMR` が .050 とわずかに改善した程度でしたが，表7.5に示すように潜在変数間の相関には比較的大きな変化が生じました。表7.4と比べると，指標間の誤差相関を追加した外向性と幸福感をともなうすべての変数対で相関が高くなっていることが見て取れます。これにより，尺度得点間の相関との差の不均質性も小さくなり，全般的に潜在変数間の相関の方が大きい値になりました。誤差相関をモデルに含めたことで，相関の希薄化がより正確に修正されたと考えられます。そこで，以降の分析はこの修正モデルをベースに進めていきます。

7.2.2　フル SEM モデルの検証

次に，3.5 節と同様に，図7.5の構造モデルについて検証します。ただし，個々の構成概念は前節の測定モデルに基づいて潜在変数としてモデル化します。図7.6にシンタックスを示します。前節の測定モデルのシンタックスに太字の部分が加わっています。`ON` オプションを用いて対人関係から幸福感，パーソナリティから対人関係のパスを指定しています。また，`WITH` オプションによって，対人関係の結束型と橋渡し型の誤差相関を指定するとともに，前節の修正モデルで追加した2組の指標間の誤差相関を指定しています。`MODEL INDIRECT` コマンドでは，パーソナリティから幸福感の間接効果の出力を要求しています。

分析の結果，適合度指標は `RMSEA` が .045，`CFI` が .937，`SRMR` が .050 となり，前節の修正モデルに制約を1つ加えている（外向性と幸福感の相関を設定していない）にもかかわらず，同一の値を示しました。`AIC`（34116.4 → 34116.2），`BIC`（34456.8 → 34452.4），`ABIC`（34202.9 → 34201.7）は，前節のモデルより

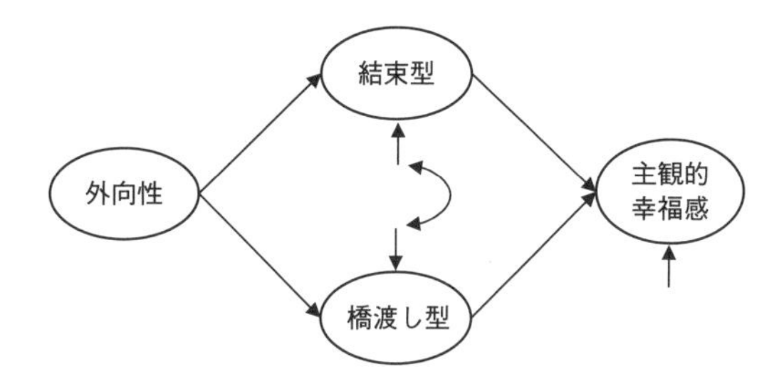

図 7.5　フル SEM モデルのパス図（観測変数は省略）

```
DATA: FILE = data7.2.csv;

VARIABLE: NAMES = id gender age grade person1-person29 social1-social20  happy1-happy4;
          MISSING = ALL(999);
          USEVAR = person1 person6 person16 person21
          social1 social3 social5 social7 social9 social11 social17 social19
          social2 social4 social6 social8 social10 social16 social18 social20
          happy1-happy4;

ANALYSIS: ESTIMATOR = MLR;

MODEL: extra BY person1 person6 person16 person21;

       socf1 BY social1 social3 social5 social7 social9 social11 social17 social19;
       socf2 BY social2 social4 social6 social8 social10 social16 social18 social20;

       happyf BY happy1-happy4;

       happyf ON socf1-socf2;
       socf1 socf2 ON extra;
       socf1 WITH socf2;

       happy1 WITH happy2;
       person6 WITH person16;

MODEL INDIRECT: happyf IND extra;

OUTPUT: SAMP STDYX MOD(0) RESIDUAL;
```

図 7.6　フル SEM モデルのシンタックス

やや数値が改善しています。

カイ二乗値は，前節のモデルが $\chi^2(244) = 503.759$，今回のモデルが $\chi^2(245) = 505.344$ でした。これらの数値を用いて対数尤度比検定によるモデル比較を行うことができます。本来，対数尤度比検定は，2 つのモデルのカイ二乗値と自由度の差をそれぞれ算出して，それらをカイ二乗分布と照合するというだけの単純な手順によって行うことができます。例えば，今回，初期モデルの自由度が 244 でカイ二乗値が 503.759，修正モデルの自由度が 245 でカイ二乗値が 505.344 なので，両者の差を取ると，自由度が 1，カイ二乗値が 1.585 となります。自由度 1 のカイ二乗分布において，1.585 以上のカイ二乗値が得られる確率は 20.8%であるため[4]，今回のフル SEM モデルは測定モデルから有意に適合が悪化していないことが示唆されます。

しかし，今回のように MLR などのロバスト推定法を使用した場合，上のような通常の方法で対数尤度比検定を行うことはできません。なぜなら，ロバスト推定法では，分布の非正規性を調整するためカイ二

[4] 任意のカイ二乗値の p 値は Excel の CHISQ.DIST.RT 関数によって求められます。

乗値の補正が行われており，異なるモデルのカイ二乗値を比較するためには，その補正を考慮したうえで比較を行う必要があるためです。そのためには，まず出力に表示されるスケール補正因子（Scaling Correction Factor）を用いて，以下の指標 cd を算出します。

$$\mathrm{cd} = (df_0 \times c_0 - df_1 \times c_1) \div (df_0 - df_1)$$

ここで df_0 と df_1 は，ネストされたモデル（制約が多い方のモデル）および比較モデル（制約が少ない方のモデル）の自由度，c_0 と c_1 はネストされたモデルおよび比較モデルのスケール補正因子を意味します。今回は，フル SEM モデルのスケール補正因子が 1.1698，測定モデルのスケール補正因子が 1.1697 であったため，cd = (245 × 1.1698 − 244 × 1.1697) ÷ (245 − 244) = 1.1942 となります。さらに，以下の式によって，対数尤度比検定のための検定統計量 TRd を算出します。

$$\mathrm{TRd} = (T_0 \times c_0 - T_1 \times c_1) \div \mathrm{cd}$$

ここで T_0 と T_1 は，ネストされたモデルおよび比較したいモデルのカイ二乗値を指します。今回は，TRd = (505.344 × 1.1698 − 503.759 × 1.1697) ÷ 1.1942 = 1.5948 となります。この TRd は 2 つのモデルの自由度の差を自由度とするカイ二乗分布に従うため，カイ二乗分布を用いて有意性の判定を行うことができます。自由度 1 のカイ二乗分布において 1.5948 以上のカイ二乗値が得られる確率は 20.7% なので，やはり今回のフル SEM モデルは測定モデルから有意に適合が悪化していないことがわかりました[5]。

以上を要約すると，今回のモデルでは，前節の測定モデルより自由推定パラメータが 1 つ減っている（外向性と幸福感の相関）にもかかわらず，モデル適合の悪化は生じていないことが示されました。言い換えれば，今回のモデルにおける構造モデル部分の適合はほぼ完全であることが示されたと言えます。

この結果は，3.5 節の結果とは対照的です。3.5 節のパス解析ではカイ二乗検定の結果が有意となり，RMSEA も .078 という中間的な値を示したため，外向性から幸福感への直接効果をモデルに追加することになりました（3.6 節）。つまり，尺度得点を用いた分析では，部分媒介モデルが支持されました。一方，今回のフル SEM モデルでは，外向性から幸福感への直接効果を設定しなくても，モデルはほぼ完全な適合を示しました。このことは，今回のモデルにおいて，外向性から幸福感の直接効果がないという仮定が妥当であることを意味しています。つまり，潜在変数を用いた今回の分析では，外向性から幸福感への影響は，対人関係を完全媒介することが示唆されたと言えます。

表 7.6　パス解析とフル SEM モデルの標準化パラメータ推定値

独立変数	従属変数 対人関係（結束型）β	p	対人関係（橋渡し型）β	p	主観的幸福感 β	p
パス解析						
外向性	.443	<.001	.530	<.001	.103	.040
結束型					.258	<.001
橋渡し型					.172	.006
R^2	.196	<.001	.281	<.001	.193	<.001
フル SEM モデル						
外向性	.523	<.001	.681	<.001		
結束型					.290	<.001
橋渡し型					.266	<.001
R^2	.274	<.001	.463	<.001	.249	<.001

[5] カイ二乗値が出力されない場合は，対数尤度を用いて同様の検定を行うことができます。その手順は開発者のウェブページ（http://www.statmodel.com/chidiff.shtml）を参照ください。

表7.7　各独立変数の主観的幸福感への効果の内訳

	パス解析		フルSEMモデル	
	推定値	p	推定値	p
総合効果	.309	<.001	.333	<.001
直接効果	.103	.040		
総合間接効果	.206	<.001	.333	<.001
外向性→結束型→幸福感	.114	<.001	.152	<.001
外向性→橋渡し型→幸福感	.091	.007	.181	.001

表7.6にパス解析とフルSEMモデルの標準化パラメータ推定値を示します。フルSEMモデルでは，相関の希薄化の修正により，パス解析よりも全体的にパス係数や説明率の値が大きくなっています。

表7.7に外向性から幸福感への効果の内訳を示します。総合効果については，いずれの分析も同様の値を示していますが，その内訳は大きく異なっています。パス解析では，外向性の効果の約3分の1を直接効果が占めていましたが，フルSEMモデルでは直接効果は見られず，対人関係を媒介した間接効果のみが見られました。その間接効果の推定値は，パス解析における推定値の1.5倍以上になっています。

以上のように，フルSEMモデルではパス解析と異なる結果が得られました。その結果の違いは，単純にフルSEMモデルの方がパス係数の推定値が大きいというものではなく，外向性から幸福感への直接効果が消失した一方で，対人関係を介した間接効果が1.5倍以上に増加するという複雑な様相を呈しています。こうした複雑な結果の違いは，尺度得点を用いたパス解析において，個々の尺度の信頼性の程度が異なることや指標間の局所的な相関が存在することにより，不均質な形で推定値のバイアスが生じていることを示唆しています。したがって，信頼性の程度が異なる多数の尺度を含む分析では，尺度得点を用いたパス解析の推定値を単に保守的（控えめ）な結果と見なして解釈することは適切でなく，フルSEMモデルによって推定値の不均質なバイアスを取り除く必要性が高いと言えます。特に媒介分析の文脈では，部分媒介か完全媒介かという問題は重要な論点であり，媒介変数の信頼性の問題により結論に影響が生じることを回避できる点で，フルSEMモデルが適していると言えます。

ただし，7.2.1節で検討したように，一部の項目間に誤差相関が存在する場合，それをモデル上で適切に表現しなければ，潜在変数間の相関は過小推定され，誤った結論につながる可能性があります。この場面に限らず，SEMは，研究者が想定するモデルを積極的に利用する手法であり，そのモデルが正しい限りにおいては，従来の方法（回帰分析や探索的因子分析）よりも正確な結果をもたらす一方，モデルが誤っている場合には荒唐無稽な結果をもたらす危険性を持った手法であるという意識を強く持つことが必要です。

第8章 カテゴリカルデータの分析

これまでの章では，従属変数が連続変数であるケースのみを扱ってきました。この章では，従属変数が質的変数（名義尺度または順序尺度）であるケースについて議論していきます。（従属変数ではなく）独立変数が質的変数である場合の分析手法は，*t* 検定，分散分析などかなり古くから開発され，使用されてきましたが，従属変数が質的変数である場合の分析手法が発展してきたのは比較的最近になってからです。*t* 検定，分散分析，重回帰分析など，単一の量的な従属変数を扱う手法は，近年，**一般線形モデル**という1つの枠組みに統合されていますが，さらに，ロジスティック回帰分析など，質的な従属変数に対する分析手法までをカバーする**一般“化”線形モデル**という枠組みが，Nelder & Wedderburn (1972) によって提唱されました。SEM は，複数の量的または質的な従属変数を同時に扱うことができる点で，一般化線形モデルのさらに上位にある包括的枠組みであると言えます。

しかし，SEM のソフトウェアの多くは質的な従属変数（特に名義変数）を扱う分析手法に十分に対応していません。そのような中で M*plus* は質的な従属変数にも柔軟に対応しており，量的な従属変数と同様の手順で簡単に扱うことができます。カテゴリカルデータの柔軟なハンドリングは M*plus* の主要な特長の1つと言えます。

本章では，まず質的変数の分析において必要となるいくつかの予備知識について解説したうえで，構造モデル（回帰分析モデル）の文脈から，質的な従属変数の分析に使用される**ロジスティック回帰分析**および**プロビット回帰分析**の手法について紹介します。また，測定モデル（因子分析モデル）の文脈にこれらの手法を援用した**カテゴリカル因子分析**の手法について述べます。

8.1 予備知識

8.1.1 変数の種類

一般に，変数は4つの尺度水準のいずれかによって表されます。最も情報量が少ない**名義尺度**は，数値が大小関係を表すためでなく，単にカテゴリ（性別，国籍，障害の有無など）を識別するために割り振られているものです。**順序尺度**は，数値の順序（大小関係）には意味があるものの，間隔が一定とは限らないものです。例えば，あるテストの得点で順位をつけたとき，1位と2位の得点差が，2位と3位の得点差と等しいとは限りません。**間隔尺度**は，原点が明確な意味を持たない連続的な測定値で，心理尺度の得点は，多くの場合，間隔尺度として扱われます[1]。**比尺度**は，重さ，長さ，絶対温度など，原点が明確な意味を持つ連続的な測定値です。まとめると，数値が対象の識別のみを可能とするものが名義尺度，それに順序の情報を加えたものが順序尺度，さらに数値の間隔に意味を持たせたものが間隔尺度，そして原点からの距離にも意味を持たせたものが比尺度であると言えます。

これら4つの尺度水準のうち，比尺度または間隔尺度で表された変数を**量的変数**，順序尺度または名義尺度で表された変数を**質的変数**と呼びます。上述のように，心理尺度の得点は便宜的に量的変数（間隔尺度）として扱われることが一般的ですが，心理尺度を構成する個々の項目の得点については，特に評定の選択肢が少ない場合（3件法など），質的変数（順序尺度）として扱うことが適切であると指摘されていま

[1] ただし，8.6 節で述べるように，厳密には心理尺度を構成する個々の項目得点は順序尺度です。

表 8.1　従属変数の種類と適した解析手法

従属変数の種類	例	適した解析手法
比尺度	重さ，長さ，時間，絶対温度	線形回帰
間隔尺度	摂氏・華氏，尺度得点	線形回帰
順序尺度	順位，（五件法以下の）項目得点	プロビット回帰
名義尺度	性別，疾患・障害の有無	ロジスティック回帰
回数	事故・災害の件数	ポアソン回帰
打ち切り	天井効果・床効果のある変数	トービット回帰

す。また，特定の疾患（うつ病，統合失調症など）への罹患，特定の行為・経験（不登校，非行，進学，就職，退職，結婚，離婚など）の有無など，社会科学で扱われる重要な結果変数の多くは質的変数です。したがって，質的変数を柔軟に扱うことのできる M*plus* は，社会科学データの分析において，きわめて有用なツールとなります。

表 8.1 に，従属変数の種類とそれぞれに適した解析手法についてまとめました。上で分類した 4 つの尺度水準に加えて，「**回数**」，「**打ち切り**」という 2 つの特殊な変数の種類が加わっています。回数データとは，（発生頻度の低い）特定の事象が一定時間内に生じた回数をカウントした変数，打ち切りデータとは，天井効果・床効果の生じている心理尺度の得点など，片側（または両側）が打ち切られたような形状の分布をなしている変数を指します。このように M*plus* では様々な種類の変数に対応することができますが，本書では社会科学領域の研究で特によく用いられる順序尺度と名義尺度の扱いについて議論していきます。

これらの解析を実行するうえで，M*plus* 上でそれほど複雑な手続きが必要になるわけではなく，従属変数の種類を指定すれば，プログラムが自動的に最適な手法を使用して，解析を実行してくれます。しかし，解析の前提条件がデータにあてはまるかを確認したり，解析の結果を正しく解釈するために，それぞれの解析手法に関する一定の原理的な理解が必要となることは言うまでもありません。

8.1.2　確率とオッズ

従属変数が量的変数である場合，第 3 章で述べたように，独立変数と従属変数の関係を表す回帰式は，従属変数の値そのものを予測する式となります。しかし，従属変数が質的変数である場合，従属変数の値そのものではなく，従属変数が特定のカテゴリに属する（例えば，0，1 の 2 つのカテゴリのうち，1 の値を取る）**確率**を予測する回帰式を立てることになります。

確率の概念については，詳しい解説は不要だと思いますが，例えば表 8.2 のクロス集計表において，抑うつが「低い」群の中で，自傷行為の経験が「あり」の人の割合は 40 ÷ 840 = 4.76%，抑うつが「高い」群の中で，自傷行為の経験が「あり」の人の割合は 60 ÷ 260 = 23.08% です。実際には，もっと多くのデータを集めれば，これらの割合は多少上下するはずですが，ひとまず手元にあるデータからの推定値として，抑うつが「低い」人は 4.76% の確率で，抑うつが「高い」人は 23.08% の確率で，自傷行為の経験をしているということが推定されます。このような確率の推定値のことを，**リスク**または**絶対リスク**と呼ぶことがあります。また，抑うつが「低い」群と「高い」群の自傷行為のリスクの比を取ると，23.08/4.76 = 4.85 となります。つまり，抑うつが「高い」人は，抑うつが「低い」人の 4.85 倍の確率で自傷行為を経験していると推定されます。このような 2 群間のリスクの比は，**相対リスク**，または，**リスク比**と呼ばれていて，変数間の関係を表す指標として，特に疫学の分野などで広く利用されています。

リスクに似た概念として，**オッズ**があります。オッズとは，ある事象が起こる確率と起こらない確率の比を意味します。例えば，表 8.2 では，抑うつが「低い」群における自傷行為のオッズは 40 ÷ 800 = 0.05，抑うつが「高い」群における自傷行為のオッズは 60 ÷ 200 = 0.30 となります。また，抑うつが「低い」群と「高い」群のオッズの比を取ると，0.30 ÷ 0.05 = 6.00 となります。このような 2 群間のオッズの比は**オッズ比**と呼ばれていて，リスク比と同様に，変数間の関係を表す指標として使われています。

オッズは確率の別表現であって，以下のように，相互に変換が可能です。

表 8.2 抑うつと自傷行為のクロス集計表（仮想データ）

抑うつ	自傷行為		計
	なし	あり	
低い	800	40	840
高い	200	60	260
計	1000	100	1100

$$Odds = \frac{p}{1-p}$$

$$p = \frac{Odds}{1+Odds} = \frac{1}{1+Odds^{-1}}$$

ここで p は確率，$Odds$ はオッズを指します。図 8.1 に示すように，確率の低い事象の場合（おおむね 10〜20%程度以下），確率とオッズはほぼ一致するため，リスク比の近似値としてオッズ比が用いられることがあります。数値の解釈としては，オッズ比よりもリスク比の方がわかりやすいのですが，オッズ比の方が利用しやすい局面がいくつか存在します。

第 1 に，医学分野における**症例対照研究（ケースコントロール研究）**のように，従属変数となる疾患を持つ対象者（症例群）と持たない対象者（対照群）をそれぞれ一定数集めて，独立変数と疾患の関連を検討するというデザインの場合，症例群と対照群の人数は，研究者が任意に設定したものであるため，「症例群÷(症例群＋対照群)」という割合（リスク）が実質的な意味を持たなくなります。このような場合，リスクやリスク比を議論することには意味がないため，オッズやオッズ比を用いる必要があります。例えば，表 8.1 で自傷行為の経験が「あり」の群の人数を 10 倍にしたとき，抑うつが「低い」群での自傷行為のリスクは 33.3%，抑うつが「高い」群での自傷行為のリスクは 75.0%となり，リスク比は 2.25 となります。この 2.25 というリスク比は，元のデータから求めた 4.85 という数値より，大幅に小さくなっています。一方，抑うつが「低い」群での自傷行為のオッズは 0.50，抑うつが「高い」群での自傷行為のオッズは 3.00 となり，オッズ比は 6.00 となります。この 6.00 というオッズ比は，元のデータから求めた数値と変わりません。このように，オッズ比は従属変数の各カテゴリの比率に影響を受けないため，従属変数の比率が恣意的なものである場合，リスク比の代わりにオッズ比が用いられます。

第 2 に，後述するロジスティック回帰分析では，推定される各独立変数の回帰係数をオッズ比に直接変換することができます。つまり，この分析では，独立変数の値が 1 単位変化するごとに，従属変数のオッズがどれだけ変化するか，という形で独立変数の効果を解釈することが可能です。

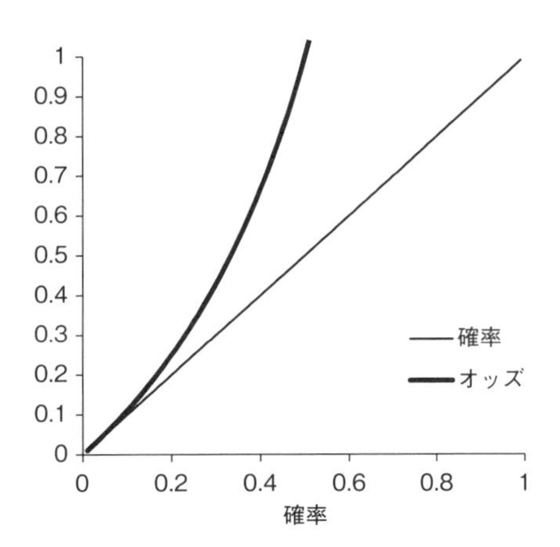

図 8.1 確率とオッズの関係

以上のような性質から，オッズ比をリスク比の近似値として利用することがしばしばあります。しかし，図8.1に示したように，確率が大きくなると（おおむね20%以上），確率とオッズの乖離は大きくなるため，オッズ比をリスク比の近似値と見なすことは難しくなります。そのような場合，オッズ比をそのまま解釈するのではなく，オッズを確率（リスク）に変換したうえで解釈するなどの工夫が必要です[2]。オッズ比の解釈にあたっては，この点に十分に気をつける必要があります。

8.2　二値変数の分析

8.2.1　リンク関数

ここではまず，ある事象が起こるか起こらないかというような，シンプルな二値の従属変数に関する分析について紹介します。二値変数は，厳密には，名義変数である場合（性別，国籍など，カテゴリが質的に異なる場合）と順序変数である場合（正解・不正解など，背後に量的な特性の存在が仮定される場合）に分けられますが，当面，両者の区別はせずに議論を進めていきます。

これまでの章で扱ってきた線形回帰では，独立変数と従属変数の間に直線的な関係を仮定していました。しかし，従属変数が質的変数となる場合，回帰式によって予測されるのは従属変数の値（程度）ではなく，従属変数があるカテゴリに属す確率（出現率）であるため，通常の線形回帰では，いくつかの不都合が生じることがわかっています。

第1に，線形回帰では，従属変数の予測値に制限がないため，0～1の範囲を超える確率が予測値として得られてしまうことがあります。図8.2は，ある製品の製造工程における熱処理時間（独立変数）と不良率（従属変数）の関係に関する仮想データです（内田，2011）。不良率の実測値が▲で示されていますが，これに線形回帰をあてはめると実線で示した回帰直線が得られます。この回帰直線は，熱処理時間が1のとき0を下回る不良率を予測し，熱処理時間が7のとき1を上回る不良率を予測しています。しかし，不良率は理論的に0～1の範囲の値しか取らないため，このような線形回帰の予測は不自然と言えます。

第2に，後で詳細に述べますが，独立変数の値と従属変数の出現率の関係は，一般的に，非線形であることが知られています。具体的には，出現率が低いうちは比較的傾きが小さく，出現率が50%程度のときに最大の傾きを示し，出現率が大きくなると再び傾きが小さくなるというS字型の曲線を描きます。直線ではこのような関係性をうまく表現することができません。

このような問題を解決するため，一般化線形モデルでは，**リンク関数**と呼ばれるものを用いて，出現率に変換を施したうえで，それを独立変数によって（通常の線形回帰と同様に）予測するという手順を踏み

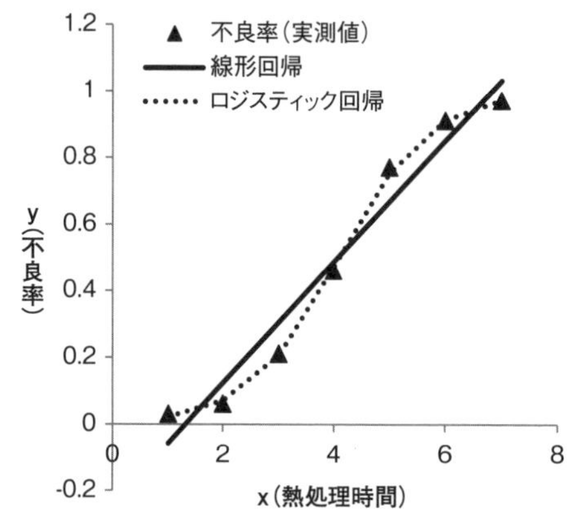

図8.2　線形回帰とロジスティック回帰

2　上述の第1のケース（後ろ向き研究）にあたる場合は，オッズを直接リスクに変換することができないので，一般母集団における有病率や経験率などを考慮に入れて，リスクの推定値を算出します。

ます。リンク関数には複数の種類のものがありますが，ロジスティック回帰分析では**ロジット関数**，プロビット回帰分析では**プロビット関数**という関数が用いられます。図 8.2 には，不良率のデータにロジスティック回帰分析をあてはめた場合の予測値の曲線（ロジスティック曲線[3]）を示していますが，予測値は 0 〜 1 の範囲におさまっており，実測値とも非常によくフィットしていることが見て取れます。このようにワンクッションとしてリンク関数を挟むことによって，独立変数の値と従属変数の出現率の関係をより的確に表現するという方法が，一般化線形モデルの骨子となっています。ロジスティック回帰分析とプロビット回帰分析の違いは，数学的には，このリンク関数の違いという一点のみです。

8.2.2 ロジスティック回帰分析

前述のように，**ロジスティック回帰分析**は，ロジットをリンク関数とする回帰分析です。ロジットとは，オッズの自然対数（e を底とする対数[4]）を意味します。つまり，ある事象の出現率のロジットは，以下のように表すことができます。

$$\mathrm{logit}\,(p) = \log_{\mathrm{e}}(Odds) = \log_{\mathrm{e}}\left(\frac{p}{1-p}\right)$$

ロジスティック回帰分析では，このロジットを独立変数によって予測する線形の回帰式を設定します。独立変数が j 個あるとき，回帰式は以下のような形になります。

$$\mathrm{logit}\,(p) = \log_{\mathrm{e}}\left(\frac{p}{1-p}\right) = \beta_0 + \beta_1 x_1 + \beta_2 x_2 + \ldots + \beta_j x_j$$

通常の線形回帰の場合，左辺は従属変数 y の値そのものになりますが，ロジスティック回帰では，左辺が従属変数の出現率をロジット変換した値となっています。右辺は通常の線形回帰と同じく，β_0 が切片，β_1 から β_j が各独立変数の回帰係数を表します[5]。このようにして，ロジスティック回帰では，従属変数の出現率をロジット変換した値について線形回帰をあてはめて，パラメータ（切片と回帰係数）を推定します。前節の熱処理時間と不良率のデータで実際にパラメータを推定すると，以下のような回帰式を得ることができます。

$$\mathrm{logit}\,(p) = -5.025 + 1.228x_1$$

いったんパラメータが推定されたら，回帰式に独立変数の値を代入すれば，独立変数の値に対応したロジットの予測値を得ることができます。また，そのロジットを，以下の出現率とオッズの関係式[6]に基づいて出現率に再度変換すれば，独立変数の値に対応した出現率の予測値を得ることもできます。

---

[3] このような，量的変数と確率の関係を表す S 字型の曲線を総称してシグモイド曲線と呼びます。プロビット回帰分析では，シグモイド曲線として累積正規分布曲線が描かれます。

[4] e はネイピア数と呼ばれ，自然対数の底として用いられる定数（2.71828 …）です。e^x は微分しても e^x となるという便利な性質があるため，対数の底としてよく用いられています。

[5] ただし，通常の回帰分析とは異なり，誤差項はありません。これはロジスティック回帰が，実際の値ではなく，確率という概念を予測するものであるためです。確率は，0 〜 1 までの連続的な値を取りますが，実際には，事象は起こる（1）か起こらない（0）かのどちらかしかありません。つまり，個々のデータ単位（この例では個々の製品）では，予測値（0 〜 1 までの確率）と実測値（0 または 1 の二値）の間には必然的に残差が生じることになります。言ってみれば，確率という概念そのものが，個々のデータとの対応においては，すでに残差を織り込んだ概念であるため，確率自体は偶然性（誤差）を含まない 1 つの数値として表す必要があるのです。これは確率を扱う他のモデルでも同様です。

[6] 式中の $\exp(x)$ は，e を底とする指数関数，つまり e^x（e の x 乗）を意味します。自然対数の逆関数であり，対数オッズを代入すれば，オッズに変換することができます。

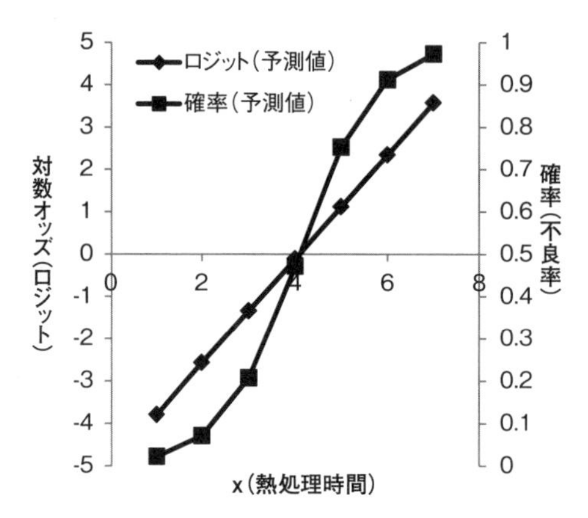

図 8.3　独立変数とロジットおよび確率（予測値）の関係

$$p=\frac{Odds}{1+Odds}=\frac{\exp(\mathrm{logit}(p))}{1+\exp(\mathrm{logit}(p))}=\frac{1}{1+\exp(-\mathrm{logit}(p))}$$

このことを図示したものが図 8.3 です。独立変数である熱処理時間と従属変数である不良率のロジット（対数オッズ）の関係は直線として表され，ロジットを確率（不良率）に逆変換すれば，独立変数と不良率（予測値）の関係はロジスティック曲線を描きます。

また，通常の線形回帰と同様，回帰式全体に基づく予測値だけでなく，回帰式を構成する個々のパラメータ（切片と回帰係数）についても評価を行うことができます。切片は，すべての独立変数の値が 0 のときの従属変数の対数オッズの期待値を意味し，指数変換すれば，すべての独立変数の値が 0 のときの従属変数のオッズの期待値となります。上の例では，切片が -5.025 となっていますので，独立変数の熱処理時間が 0 のとき，不良率のオッズの予測値は $e^{-5.025} \approx 0.007$ であることがわかります。

ロジスティック回帰において，切片（β_0）のみを変化させたときの独立変数と従属変数の確率の関係を図 8.4 に示します。このように，ロジスティック回帰では，切片の値が（正の方向に）大きくなるほど，独立変数の値と従属変数の確率を表すロジスティック曲線の位置が左側に平行移動していきます。

一方，ロジスティック回帰における独立変数の回帰係数は，当該の独立変数が 1 単位変化したときの従属変数の対数オッズの変化量と見なすことができます。これを指数変換すれば，独立変数が 1 単位変化したときの従属変数のオッズの変化率（オッズ比）となります。これは以下のように証明されます。

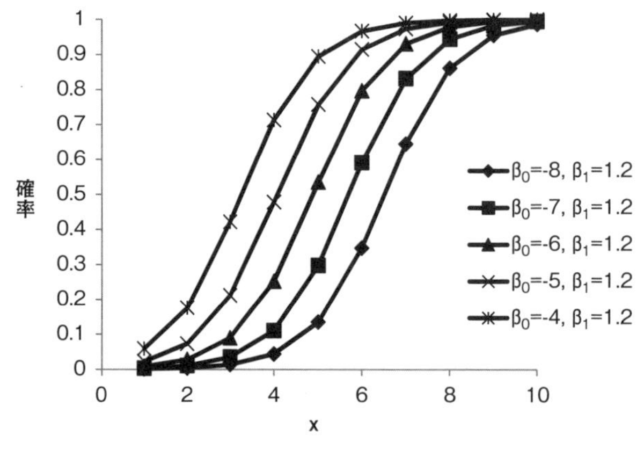

図 8.4　切片のみを変化させたときの独立変数と確率（予測値）の関係（ロジスティック回帰）

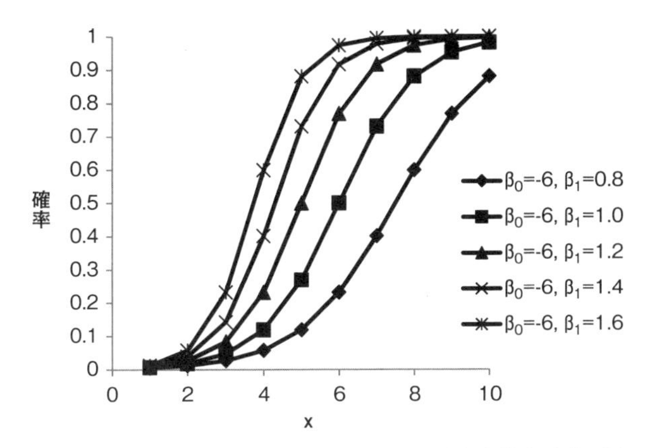

図 8.5　回帰係数のみを変化させたときの独立変数と確率（予測値）の関係（ロジスティック回帰）

$$\exp(\beta_1) = \exp(\mathrm{logit}(p_{k+1}) - \mathrm{logit}(p_k)) = \frac{\exp(\mathrm{logit}(p_{k+1}))}{\exp(\mathrm{logit}(p_k))} = \frac{Odds_{k+1}}{Odds_k} = OR$$

したがって，ロジスティック回帰によって得られる回帰係数を指数変換すれば，個々の独立変数の効果を，単位あたりのオッズ比という形で明確に解釈することが可能になります。上の例の場合，熱処理時間の回帰係数は 1.228 となっていますので，$e^{1.228} \approx 3.414$ というオッズ比を得ることができます。ここから，熱処理時間が 1 単位上昇するごとに，不良率のオッズが 3.414 倍に上昇するという結論を導くことができます。このような回帰係数の解釈の容易さは，ロジスティック回帰の主要な特長の 1 つです。また，複数の独立変数を含む場合，通常の線形回帰と同様，ロジスティック回帰の回帰係数も，他の独立変数の値を一定にしたときの当該独立変数の効果として解釈することができます。そのことを強調するために，ロジスティック回帰における回帰係数を指数変換した値を**調整オッズ比**と呼ぶこともあります。

ロジスティック回帰において，回帰係数（β_1）のみを変化させたときの独立変数と従属変数の確率の関係を図 8.5 に示します。図 8.4 とは異なり，回帰係数の値が（正の方向に）大きくなるほど，ロジスティック曲線の立ち上がりが急になることが見て取れます。

8.2.3　プロビット回帰分析

プロビット回帰分析は，プロビットをリンク関数とした回帰分析です。プロビットというのは，標準正規分布の累積分布の逆関数です。標準正規分布は，平均を 0，標準偏差を 1 とする正規分布で，以下のような式で表されます。

$$\varphi(z) = \frac{1}{\sqrt{2\pi}} \exp\left(-\frac{z^2}{2}\right)$$

ここで z は分布上の位置（正規偏差あるいは z 値），π は円周率（3.14159 …）を意味します。これは標準正規分布の確率密度関数と呼ばれるものです（図 8.6 の上）。この式は少し複雑な形をしているので，以下では，単に $\varphi(z)$ と書くこととします。この標準正規分布の確率密度関数 $\varphi(z)$ を積分すると，累積分布関数 $\Phi(z)$ を得ることができます（図 8.6 の下）。

$$\Phi(z) = \int_{-\infty}^{z} \varphi(z)\, dz = p$$

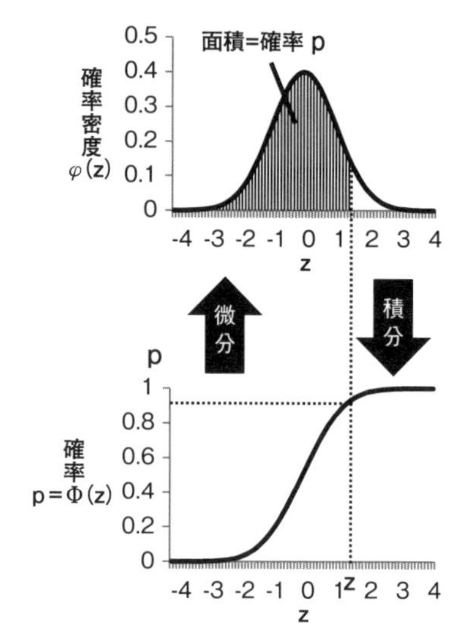

図 8.6　標準正規分布の確率密度関数（上）と累積分布関数（下）

この累積分布関数 $\Phi(z)$ は，図 8.6 のように確率密度関数の z 以下の領域の面積を表したもので，標準正規分布に従う変数が z 以下の値を取る確率 p を示しています。この累積分布関数が，プロビット回帰におけるシグモイド曲線（ロジスティック回帰におけるロジスティック曲線にあたるもの）になります。リンク関数となるプロビットは，この累積分布関数 $\Phi(z)$ の逆関数であり，以下のように表されます。

$$\mathrm{probit}(p) = \Phi^{-1}(p) = z$$

これは，標準正規分布の累積分布関数における確率 p の正規偏差 z を求める関数になっています[7]。累積分布関数 $\Phi(z)$ は図 8.6 下のグラフにおいて横軸 z の値から縦軸 p の値を求める形となっていますが，プロビット関数 $\Phi^{-1}(p)$ は，逆に縦軸 p の値から横軸 z の値を求めていることになります。なお，これらの関数は，いずれも Excel の関数に含まれているので，簡単に値を求めることができます。標準正規分布の確率密度関数 $\varphi(z)$ は「= norm.s.dist（z, false)」，標準正規分布の累積分布関数 $\Phi(z)$ は「= norm.s.dist (z, true)」，プロビット関数（標準正規累積分布の逆関数）は「= norm.s.inv(p)」という形式で使用します。

プロビット回帰では，このプロビットをリンク関数として，以下のような回帰式を設定します。

$$\mathrm{probit}(p) = \beta_0 + \beta_1 x_1 + \beta_2 x_2 + \cdots + \beta_j x_j$$

従属変数の確率をプロビット変換した値について，ロジスティック回帰と同様に，通常の線形回帰をあてはめます。実際に 7.2.1 節の熱処理時間と不良率のデータでプロビット回帰を行うと，以下のようなパラメータが得られます。

$$\mathrm{probit}(p) = -2.824 + 0.690 x_1$$

ロジスティック回帰と同様，回帰式に独立変数の値を代入すれば，独立変数の値に対応したプロビットの予測値を得ることができます。また，プロビットを標準正規分布の累積分布関数（プロビットの逆関数）を用いて確率に変換すれば，独立変数の値に対応した確率の予測値が得られます。

---

[7] 言い換えれば，標準正規分布における p パーセント点を求めているとも言えます。

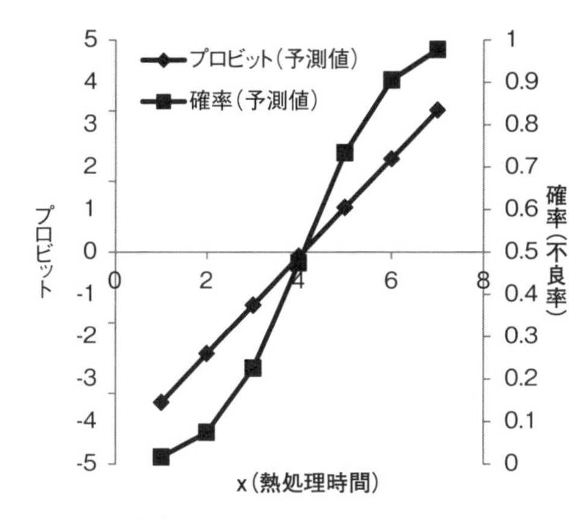

図 8.6 独立変数とプロビットおよび確率（予測値）の関係

$$p = \Phi(\mathrm{probit}(p))$$

図 8.6 に示したように，独立変数とプロビットの関係は直線として表され，プロビットを確率（不良率）に逆変換すれば，独立変数と不良率（予測値）の関係は標準正規分布の累積分布曲線を描きます。

プロビット回帰における切片は，すべての独立変数の値が 0 のときのプロビットの期待値を意味します。上の例では切片が -2.824 となっているので，これを標準正規分布の累積分布関数に代入すると，$\Phi(-2.824) \approx 0.002$ という確率を得ることができます。したがって，熱処理時間が 0 のときの不良率の期待値は約 0.2% であると言えます。図 8.7 はプロビット回帰の切片（β_0）のみを変化させたときの独立変数と確率の関係を示していますが，ロジスティック回帰と同様，切片が（正の方向に）大きくなるほど，プロビット曲線が全体に左に平行移動することがわかります。

プロビット回帰における回帰係数は，独立変数の値が 1 単位上昇したときのプロビット（標準正規分布上の偏差）の変化量の期待値を意味します。図 8.8 のように，回帰係数（β_1）が上昇するほど，累積分布曲線の傾きが急になります。ロジスティック回帰の回帰係数は，指数変換することでオッズ比として解釈することができましたが，プロビット回帰の回帰係数はオッズ比などの形に変換することができないため，回帰係数から独立変数の効果を直観的に理解することはやや難しくなっています。しかし，標準正規分布の形状が頭に入っていれば，例えば，独立変数が 1 上昇するごとに，標準正規分布における偏差が 0.690 上昇するといったことの意味は，ある程度直観的にイメージすることができます。切片の -2.824 から始まって，熱処理時間が 4 のときに偏差がほぼ 0（平均）になるため確率が 50% に近づき，7 のときには偏

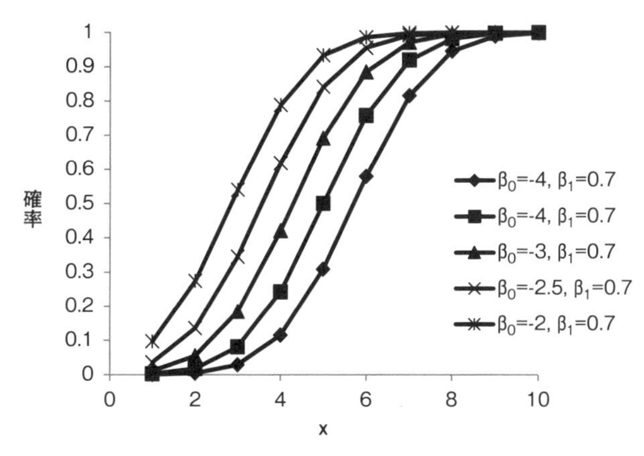

図 8.7 切片のみを変化させたときの独立変数と確率（予測値）の関係（プロビット回帰）

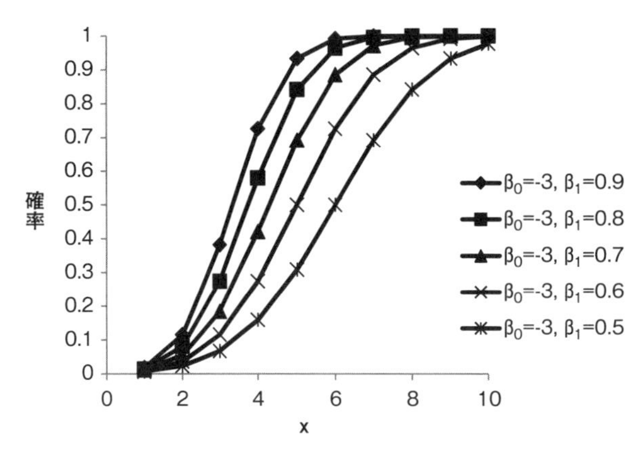

図 8.8　回帰係数のみを変化させたときの独立変数と確率（予測値）の関係（プロビット回帰）

差が2（平均＋2SD）を超えるので，ほぼ確実に不良が生じるといったイメージを生成することは，正規分布に慣れていればそれほど難しいことではありません[8]。

しかし，プロビット回帰は，ロジスティック回帰ほど広く知られていないため，その結果の意味をよりわかりやすく伝えるため，限界確率効果（MPE）という数値を求め，独立変数の効果の指標として用いることがあります。MPE は標準正規分布の累積分布関数を，効果を検討したい独立変数によって微分したもので，以下のような式で表されます。

$$\mathrm{MPE} = \frac{\Delta\Phi(\mathrm{probit}(p))}{\Delta x_i} = \varphi(\mathrm{probit}(p))\,\beta_i = \varphi(\beta_0 + \beta_1 x_1 + \beta_2 x_2 + \ldots + \beta_j x_j)\,\beta_i$$

つまり，回帰式から得られるプロビットの値を標準正規分布の確率密度関数に代入した値と，効果を検討したい独立変数の回帰係数を掛け合わせることで，MPE を求めることができます。MPE は，各独立変数が特定の値を取るときの1つの独立変数の効果を表しており，式の形からもわかるように，それぞれの独立変数がどのような値を取るかによって，様々に変化します。一般的には，すべての独立変数が平均値もしくは中央値を取るときの MPE を報告することが多いようです。

図 8.9 には，独立変数のいくつかの水準における MPE の値を示しています。MPE は，累積分布曲線を独立変数によって微分した関数，つまり，独立変数の各水準における累積分布曲線の傾きを表す関数で

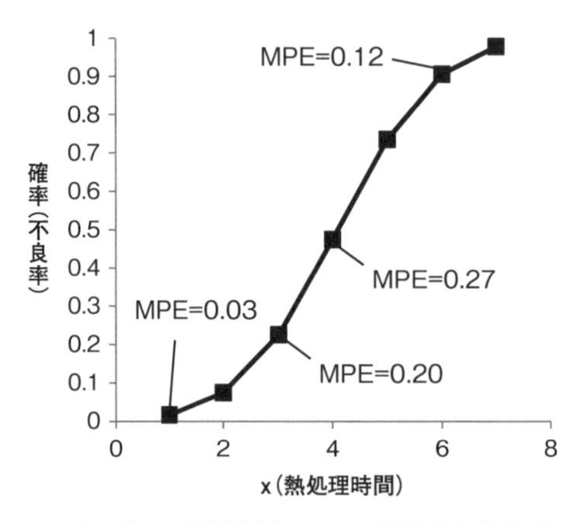

図 8.9　プロビット回帰分析における限界確率効果（MPE）

[8] むしろ，ロジスティック回帰で使用されるオッズ比は，確率が20%を超えるような事象ではリスク比の近似値にならないため，かえってプロビットの方が，解釈がしやすいという見方もできるかもしれません。

す。したがって，MPE は確率が中程度のときに最大の値を示し，確率が低いときや高いときには小さくなります。

8.2.4 ロジスティック回帰とプロビット回帰の比較

前節までに述べてきたように，二値の従属変数の分析においては，ロジスティック回帰とプロビット回帰という 2 つの解析手法を使用することができます。実際には，2 つの解析手法は非常に近い結果をもたらすことが多いため，使い分けにそれほど敏感になる必要はないかもしれません。しかし，2 つの解析手法が採用しているリンク関数は，それぞれ独自の理論的根拠に基づいているため，それを十分に理解したうえで 2 つの解析手法を使い分ければ，より正確な結果を得ることができます。

表 8.3 にロジスティック回帰とプロビット回帰の主要な特徴をまとめました。最も重要な違いは，それぞれが採用しているリンク関数（シグモイド曲線）の理論的根拠の違いにあります。ロジスティック回帰は，「質的に異なる 2 つの群において独立変数が正規分布するとき，独立変数と一方の群に属す確率の関係がロジスティック曲線をなす」という理論的根拠に基づいて，シグモイド曲線にロジスティック曲線を採用しています。つまり，ロジスティック回帰では，従属変数の各カテゴリが質的に異なる群であることを前提としています。したがって，ロジスティック回帰は，基本的に，従属変数が名義変数である場合に適した手法であると言えます。

一方，プロビット回帰は，「ある反応に関する独立変数の閾値が正規分布するとき，独立変数と反応確率の関係が累積正規分布曲線をなす」という理論的根拠に基づいて，シグモイド曲線に累積正規分布を採用しています。例えば，あるテストの問題に正解できるかどうかが，勉強量という独立変数によって規定されるとします。このような想定が可能なのは，テストの問題に正解するために一定の能力（知識や思考力）が必要になり，その能力は勉強量に応じて上昇していくと考えられるためです。しかし，実際には，個人の素質や集中力などの様々な要因で，どの程度の勉強量が必要になるかは変わってくると考えられます。そのような「正解のために必要な勉強量」が正規分布をなしている場合，勉強量と正解の確率の関係は，累積正規分布曲線を描きます。なぜなら，勉強量が多くなっていけば，その勉強量より少ない勉強量で正解できる人たちは（理論上は）全員正解できることになるので，正規分布（の確率密度関数）を下（左）から累積していくような形になるためです。このように，プロビット回帰は，従属変数の背後に量的な特性（ここでは能力）を想定しうるような場合，つまり従属変数が順序変数である場合に適した手法であると言えます。

前述のように，実際には，ロジスティック曲線と累積正規分布曲線は非常に似た形をしており，変数の尺度水準を無視して，順序変数にロジスティック回帰を適用しても，プロビット回帰と近い結果が得られ

表 8.3 ロジスティック回帰とプロビット回帰の比較

	ロジスティック回帰	プロビット回帰
リンク関数	ロジット（対数オッズ）	プロビット（累積正規分布の逆関数）
シグモイド曲線	ロジスティック曲線	累積正規分布曲線
確率密度関数	ロジスティック曲線の導関数	標準正規分布
確率密度関数の平均	0	0
確率密度関数の分散	$\pi^2/3 = 3.29 \approx (1.81)^2$	1
理論的根拠	質的に異なる 2 つの群において独立変数が正規分布するとき，独立変数と一方の群に属す確率の関係がロジスティック曲線をなす。	ある反応に関する独立変数の閾値が正規分布するとき，独立変数と反応確率の関係が累積正規分布曲線をなす。
従属変数	（原則的に）名義変数	（原則的に）順序変数
偏回帰係数の解釈	指数変換によってオッズ比として解釈可能（ただし，オッズ比とリスク比は異なる）。	標準正規分布上の偏位の変化量として解釈。標準化係数や限界確率効果などによる解釈も可能。
推定法	（原則的に）最尤法（ML，MLR）	（原則的に）重みづけ最小二乗法（WLS，WLSMV）

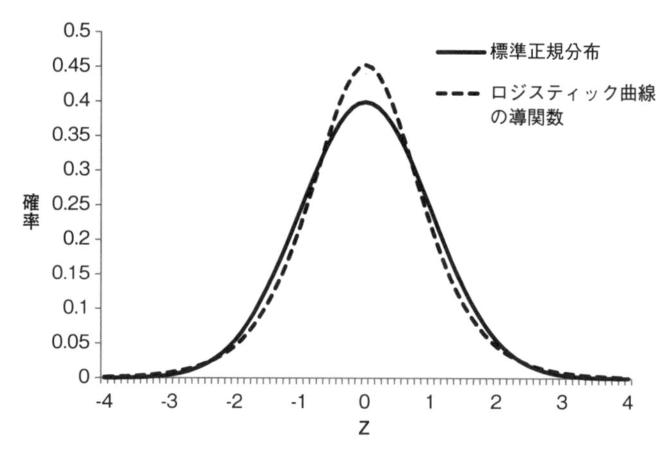

図 8.10　確率密度関数の比較（ロジスティック曲線の導関数は標準正規分布のスケールに合わせてある）

ます。しかし，順序変数にロジスティック回帰を適用した場合，従属変数の反応が生じるための独立変数の閾値（正解のために必要な勉強量）は図 8.10 の破線のような不自然な形状の分布（ロジスティック曲線の導関数）をなすと仮定することになります。このような分布は理論的に正当化することができないので，これを分析の前提とすることはあまり望ましくないと言えます。また，逆に，名義変数に対してプロビット回帰を適用すれば，同様に理論的前提とのズレが生じることになります。したがって，二値変数であっても，分析に際しては，従属変数の尺度水準を十分に考慮して，解析手法を選択する必要があります。

幸いなことに，M*plus* では，従属変数を名義変数とすれば，デフォルトでロジスティック回帰が実行され，従属変数を順序変数とすれば，デフォルトでプロビット回帰が実行されるようになっています。したがって，従属変数の種類を正しく指定すれば，自動的に適切な解析手法が選択されます。また，M*plus* ではロジスティック回帰には最尤法，プロビット回帰には重みづけ最小二乗法（詳細は後述）がデフォルトの推定法として使用されます。これもそれぞれの解析手法の数学的性質を考慮した最適な選択となっています。ただし，このように変数の種類によって自動的に最適な解析手法が用いられるようになっているのは，実用上は便利ですが，時として自分がどのような解析を行っているかを見失う結果にもつながりうるので注意が必要です。

8.3　M*plus* での二値変数の分析例

前節までの原理的解説を踏まえて，M*plus* による二値データの分析例を見ていきます。ここでは，図 8.11 に示す単純なモデルに基づいて分析を行います。ここでは約 1200 名の小中学生から得たデータを分析に使用します。2 つの変数のうち，攻撃性は，自己評定形式の質問紙尺度である Buss-Perry Aggression Questionnaire の日本版として開発された HAQ-C から 8 項目を抽出した短縮版の尺度得点であり，尺度水準としては間隔尺度にあたると見なせます。一方，いじめ加害は，他の子どもを一方的に叩いたり，蹴ったりするという身体的いじめを行っている頻度を，「全くない」，「年に 1 回」，「年に数回」，「月に 1 回」，「週に 1 回」，「週に数回」までの 6 段階で尋ねたもので，尺度水準としては順序尺度にあたります。ここでは，いじめ加害を二値変数とするため，「全くない」を 1，「年に 1 回」から「週に数回」を 2 と数値化して分析を行うことにします。

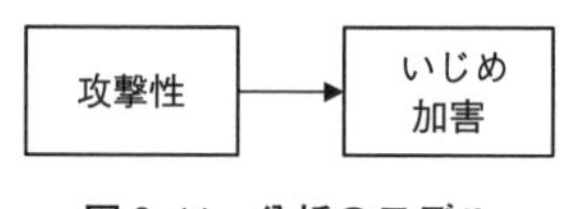

図 8.11　分析のモデル

8.3.1 シンタックス

上述のように，いじめ加害は順序変数であるため，解析方法としてはプロビット回帰が最も適しています。しかし，ここでは比較のために，通常の線形回帰，ロジスティック回帰，プロビット回帰の 3 種類の方法で分析を行います。それぞれの解析のシンタックスを図 8.12〜図 8.14 に示します。3 つのシンタックスには，ほとんど違いがないことがわかります。異なっているのは 2 点だけで，1 つは VARIABLE コマンドの中で，いじめ加害（bully）をカテゴリカル変数（CATEGORICAL）として指定するか否かです。M*plus* において，CATEGORICAL オプションは，順序尺度の変数を指定する際に使用します（名義尺度の場合は NOMINAL）。線形回帰では，いじめ加害を量的変数と同等に扱うため，CATEGORICAL オプションを使用していません。

もう 1 つの違いは，ANALYSIS コマンドの中で，推定法（ESTIMATOR）をロバスト最尤法（MLR）とするか，ロバスト重みづけ最小二乗法（WLSMV）とするかという点です。前節で述べたように，M*plus* では質的変数の分析において，最尤法とロジスティック回帰，重みづけ最小二乗法とプロビット回帰が対応づけられているため，推定法を指定することで自動的にロジスティック回帰とプロビット回帰のどちらを使用するかが決定されます[9]。順序尺度の場合，プロビット回帰が最適の解析方法であるため，推定法を指定しなければ，WLSMV とプロビット回帰が自動的に選択されます（このことを表すためにプロビット回帰のシンタックスにおける ANALYSIS コマンドは「!」をつけてコメントアウトしてあります）。

なお，実際にはいじめ加害は 6 段階（1 〜 6）の順序変数ですが，ここでは DEFINE コマンドを使用して二値変数に変換しています。これは，いじめ加害が 2 以上の数値を取る場合，値を 2 に変換するという命令になっています。GE は Greater or Equal の略で，「以上」という意味です。「以下」と指定したいと

```
DATA: FILE = data_8.1.dat;

VARIABLE: NAMES = ID gender grade bully aggt;
          USEVARIABLES = bully aggt;
          MISSING = ALL(999);

DEFINE: IF (bully GE 2) THEN bully = 2;

ANALYSIS: ESTIMATOR = MLR;

MODEL: bully ON aggt;

OUTPUT: SAMP STDYX;
```

図 8.12 線形回帰分析のシンタックス

```
DATA: FILE = data_8.1.dat;

VARIABLE: NAMES = ID gender grade bully aggt;
          USEVARIABLES = bully aggt;
          MISSING = ALL(999);
          CATEGORICAL = bully;

DEFINE: IF (bully GE 2) THEN bully = 2;

ANALYSIS: ESTIMATOR = MLR;

MODEL: bully ON aggt;

OUTPUT: SAMP STDYX;
```

図 8.13 ロジスティック回帰分析のシンタックス

[9] ただし，最尤法を指定しても，LINK オプションで PROBIT を指定すれば，プロビット回帰を使用することができます。

```
DATA: FILE = data_8.1.dat;

VARIABLE: NAMES = ID gender grade bully aggt;
          USEVARIABLES = bully aggt;
          MISSING = ALL(999);
          CATEGORICAL = bully;

DEFINE: IF (bully GE 2) THEN bully = 2;

!ANALYSIS: ESTIMATOR = WLSMV;

MODEL: bully ON aggt;

OUTPUT: SAMP STDYX;
```

図 8.14　プロビット回帰分析のシンタックス

きは `LE`（Less or Equal）とします。

8.3.2　出　力

3つのモデルの出力はほぼ同様の形式で表示されますので，ここではロジスティック回帰の出力を例に解説していきます。図 8.15 にロジスティック回帰のモデル適合度に関する出力を示します。ロジスティック回帰では，適合度指標として対数尤度と情報量基準が出力されます。これらの値は，単独では意味を持ちませんが，他のモデル（例えば，プロビット回帰）との比較をする際に利用できます。

図 8.16 にロジスティック回帰のパラメータ推定値に関する出力を示します。非標準化推定値を見ると，「攻撃性→いじめ加害」の推定値は 0.200 となっています。この数値は，独立変数である攻撃性の値が 1 上昇したときの，いじめ加害のロジット（対数オッズ）の変化量を示しており，これを指数変換したものがオッズ比となります。今回の場合，$e^{0.200} = 1.221$ がオッズ比となります。推定値の下にオッズ比も出力されており，確かに 1.221 となっていることが確認できます。また，出力では，いじめ加害の閾値（`Thresholds`）というものも表示されています。従属変数を順序データ（`CATEGORICAL`）と指定した場合，切片（`Intercepts`）の代わりに閾値が表示されます。閾値については 8.4.3 節で詳細に解説しますが，閾値に -1 を掛けると（つまり，正負の符号を反転させると），切片を得ることができます。つまり，ここでは，切片が -4.825 となることがわかります。

非標準化推定値の下には標準化推定値が出力されています。多くのソフトウェアでは，ロジスティック回帰において標準化推定値は出力されませんが，M*plus* では（`OUTPUT` コマンドの `STDYX` オプションで要

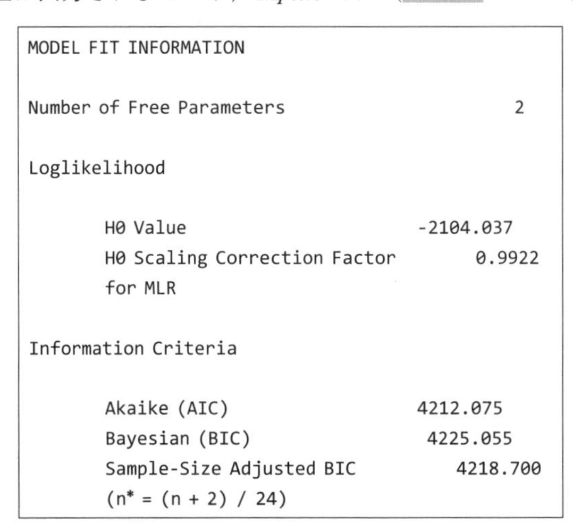

```
MODEL FIT INFORMATION

Number of Free Parameters                          2

Loglikelihood

       H0 Value                          -2104.037
       H0 Scaling Correction Factor          0.9922
       for MLR

Information Criteria

       Akaike (AIC)                       4212.075
       Bayesian (BIC)                      4225.055
       Sample-Size Adjusted BIC             4218.700
       (n* = (n + 2) / 24)
```

図 8.15　ロジスティック回帰の出力（モデル適合度）

```
MODEL RESULTS
                                                    Two-Tailed
                    Estimate       S.E.    Est./S.E.   P-Value

BULLY    ON
    AGGT               0.200      0.008      25.423      0.000

Thresholds
    BULLY$1            4.825      0.147      32.872      0.000

LOGISTIC REGRESSION ODDS RATIO RESULTS

BULLY    ON
    AGGT               1.221

STANDARDIZED MODEL RESULTS

STDYX Standardization

                                                    Two-Tailed
                    Estimate       S.E.    Est./S.E.   P-Value

AX03     ON
    ACS                0.496      0.015      32.644      0.000

Thresholds
    AX03$1             2.310      0.049      46.734      0.000

R-SQUARE

    Observed                                        Two-Tailed
    Variable        Estimate       S.E.    Est./S.E.   P-Value

    AX03               0.246      0.015      16.322      0.000
```

図 8.16　ロジスティック回帰の出力（パラメータ推定値）

求すれば）標準化推定値を得ることができます。また，一般的にロジスティック回帰では，R^2 の代わりに疑似 R^2 と呼ばれる数値が算出されますが[10]，M*plus* では通常の線形回帰分析と同様に R^2 が出力されます。こうした数値が算出できるのは，M*plus* が `CATEGORICAL` オプションで指定された順序データを分析する際，測定値の背後に連続的な潜在変数を想定して分析を行っているためです。つまり，ここで出力される標準化推定値や R^2 の値は，その潜在変数の分散に基づいて算出されています。この点については，やはり 8.4.3 節で，より詳細に取り上げます。

8.3.3　モデルの比較

それぞれの解析手法の出力を表 8.4 にまとめました。線形回帰は，ロジスティック回帰やプロビット回帰に比べ，攻撃性の標準化係数も R^2 の値も小さくなっています。これは，質的データに無理に線形回帰をあてはめたことの必然的な結果と言えます。ロジスティック回帰とプロビット回帰では，わずかにプロビット回帰の方が，標準化係数や R^2 の値が高く，予測の精度が高いことがわかります。また，モデルのあてはまりを示す対数尤度，AIC，BIC の値は，いずれもプロビット回帰の適合がロジスティック回帰よりも良好であることを示しています（対数尤度は値が大きいほど，AIC，BIC は値が小さいほど，適合が良

[10] SPSS では，Cox-Snell，Nagelkerke，McFadden という 3 種類の疑似 R^2 が得られます。

表8.4　出力のまとめ

	線形回帰	ロジスティック回帰	プロビット回帰
切片	−0.299	−4.825	−2.829
攻撃性	0.032	0.200	0.117
攻撃性（標準化）	.401	.496	.518
R^2	.161	.246	.268
対数尤度		−2104.0	−2097.7
AIC		4212.1	4199.4
BIC		4225.1	4212.4

好)[11]。従属変数のいじめ加害はもともと順序変数であるため，前節に述べたような理由から，プロビット回帰のあてはまりが，より良好であったと考えられます。

表8.5には，攻撃性の各得点におけるいじめ加害の実際の観測比率と，3つの解析手法による予測確率を示しました。この予測確率は，表8.4に示した切片と攻撃性の非標準化推定値に基づいて算出したものです。ロジスティック回帰では，攻撃性が1上昇するごとに，ロジットの値が0.200（＝非標準化係数）ずつ上昇していることが見て取れます。このロジットの値を指数変換したものがオッズで，それを8.1.2節の関係式によって確率に変換しています。また，プロビット回帰では，攻撃性が1上昇するごとに，プロビットの値が0.117（＝非標準化係数）ずつ上昇しています。このプロビットの値を累積正規分布関数に

表8.5　攻撃性の各得点ごとのいじめ加害の観測比率および予測確率

攻撃性	n	観測比率	線形回帰	ロジスティック回帰			プロビット回帰	
			予測値	ロジット	オッズ	確率	プロビット	確率
8	262	1.1%	−4.3%	−3.225	0.040	3.8%	−1.893	2.9%
9	193	2.1%	−1.1%	−3.025	0.049	4.6%	−1.776	3.8%
10	248	2.8%	2.1%	−2.825	0.059	5.6%	−1.659	4.9%
11	289	4.8%	5.3%	−2.625	0.072	6.8%	−1.542	6.2%
12	300	6.3%	8.5%	−2.425	0.088	8.1%	−1.425	7.7%
13	348	9.8%	11.7%	−2.225	0.108	9.8%	−1.308	9.5%
14	321	15.6%	14.9%	−2.025	0.132	11.7%	−1.191	11.7%
15	378	15.6%	18.1%	−1.825	0.161	13.9%	−1.074	14.1%
16	482	13.7%	21.3%	−1.625	0.197	16.5%	−0.957	16.9%
17	325	23.7%	24.5%	−1.425	0.241	19.4%	−0.840	20.0%
18	305	27.2%	27.7%	−1.225	0.294	22.7%	−0.723	23.5%
19	245	27.3%	30.9%	−1.025	0.359	26.4%	−0.606	27.2%
20	233	33.5%	34.1%	−0.825	0.438	30.5%	−0.489	31.2%
21	173	37.0%	37.3%	−0.625	0.535	34.9%	−0.372	35.5%
22	176	42.0%	40.5%	−0.425	0.654	39.5%	−0.255	39.9%
23	150	39.3%	43.7%	−0.225	0.799	44.4%	−0.138	44.5%
24	111	55.0%	46.9%	−0.025	0.975	49.4%	−0.021	49.2%
25	76	57.5%	50.1%	0.175	1.191	54.4%	0.096	53.8%
26	54	51.9%	53.3%	0.375	1.455	59.3%	0.213	58.4%
27	46	71.7%	56.5%	0.575	1.777	64.0%	0.330	62.9%
28	45	57.8%	59.7%	0.775	2.171	68.5%	0.447	67.3%
29	40	52.5%	62.9%	0.975	2.651	72.6%	0.564	71.4%
30	23	60.9%	66.1%	1.175	3.238	76.4%	0.681	75.2%
31	16	68.8%	69.3%	1.375	3.955	79.8%	0.798	78.8%
32	30	73.3%	72.5%	1.575	4.831	82.8%	0.915	82.0%

[11] 図14に示したシンタックスによるWLSMVを用いた通常のプロビット回帰では，対数尤度やAIC，BICが出力されません。ここでは，比較のために，推定法をMLRに指定し，リンク関数をプロビットに指定することで，これらの指標を得ました。この方法の詳細は7.3.5で述べます。

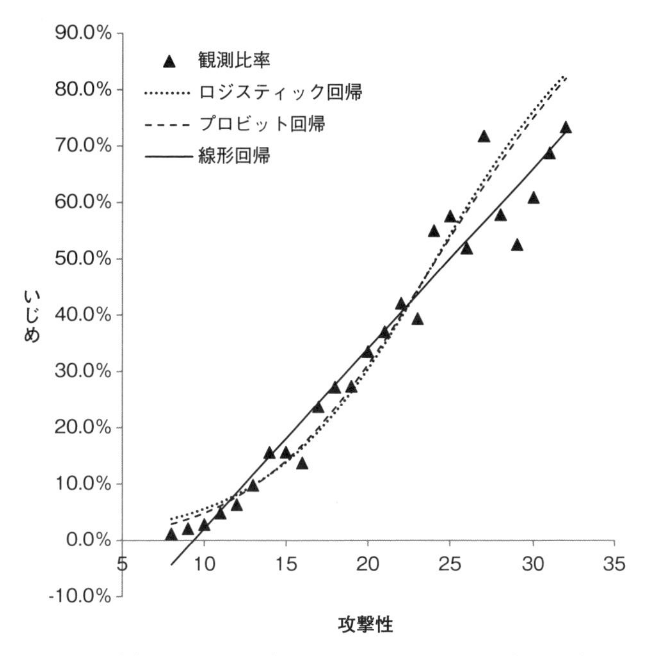

図 8.17　攻撃性の各得点ごとのいじめ加害の観測比率および予測確率のグラフ

代入することで，確率の値を得ています。

表 8.5 をグラフ化したものが図 8.17 です。線形回帰では，観測比率の曲線的な変化をうまく捉えられておらず，低得点域では予測確率が理論的な下限値である 0 % を下回ってしまっていることが見て取れます。ロジスティック回帰とプロビット回帰の予測はほぼ一致していますが，わずかながらプロビット回帰の方が低得点域や高得点域でのあてはまりがよくなっているようです。

8.4　多値変数の分析

前節では従属変数が二値変数であるケースを扱いましたが，ここからは従属変数が 3 つ以上のカテゴリからなる多値変数であるケースを扱います。前節で，従属変数が二値変数の場合でも，それが名義尺度であるか順序尺度であるかの区別が必要であることを述べましたが，それは最適なリンク関数（ロジットかプロビットか）を選択するためでした。しかし，2 つのリンク関数は非常に類似した形状を持つため，どちらのリンク関数を使用しても結果に大きな違いは生じませんでした。ところが，従属変数が多値変数の場合，尺度水準の指定は，より根本的な解析モデルの違いをもたらします。本節では，従属変数が多値の名義尺度である場合に用いられる**多項ロジスティック回帰分析**と，多値の順序変数である場合に用いられる**順序プロビット回帰分析**について解説していきます。

8.4.1　多項ロジスティック回帰分析

多項ロジスティック回帰分析は，前節で述べた（二項）ロジスティック回帰を多値変数に拡張したモデルで，従属変数のカテゴリ間に順序性を仮定しません。多項ロジスティック回帰では，従属変数のいずれか 1 つのカテゴリを基準カテゴリとして選択し，その他のカテゴリに対するロジットに関して個別に回帰式を設定します。このような多項ロジスティックの考え方を図示したものが図 8.18 です。基準カテゴリ（黒）とその他の各カテゴリ（灰）のペアについて，二項ロジスティック回帰を繰り返すようなイメージです。

このそれぞれのペアについて，以下のような回帰式が設定されます。

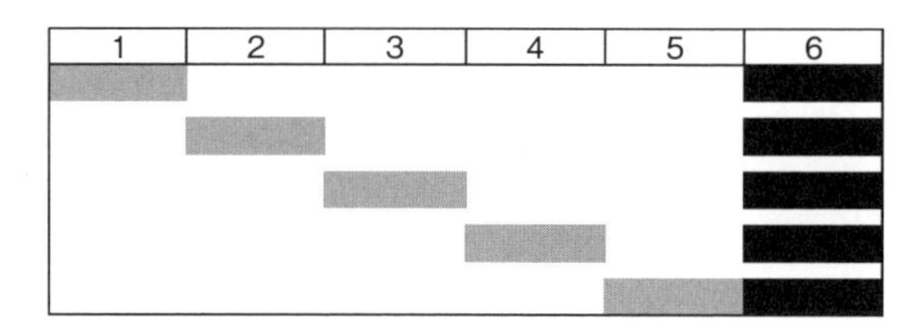

図 8.18　多項ロジスティック回帰の考え方

$$\mathrm{logit}\,(p_c) = \log_{\mathrm{e}}\!\left(\frac{p_c}{p_B}\right) = \beta_{0c} + \beta_{1c}x_1 + \beta_{2c}x_2 + \ldots + \beta_{jc}x_j$$

この式は，8.2.2 節で示した二項ロジスティックモデルの回帰式の各パラメータに，従属変数のカテゴリを表す添字 c が加わった形になっています。M*plus* では，最後のカテゴリが基準カテゴリとなるため，カテゴリ数を C としたとき，C は1から C-1 までの整数値を取ります（C-1 個の回帰式が設定される）。また，中辺に示されているように，ここでは基準カテゴリの確率（p_B）に対する各カテゴリの確率（p_c）の比を考えます。つまり，多項ロジスティック回帰では，基準カテゴリとその他の1つ1つのカテゴリとのペアを想定して，それぞれの確率の比についてパラメータ推定値（切片と各独立変数の効果）を個別に求めるという方法を取ります。

多項ロジスティック回帰において，どのカテゴリを基準カテゴリとするかは，研究者の関心によって異なりますが，基本的には統制群，あるいは，最も平均的な特徴を持つ群を基準カテゴリにしておくと解釈がしやすくなります。どのカテゴリを基準カテゴリとしても，最終的に得られる各カテゴリの予測確率は変化しませんが，各カテゴリに対する独立変数の効果（オッズ比）の値は変化するため，研究者の関心や研究目的に合わせて，適切な基準カテゴリを選択する必要があります。

8.4.2　順序プロビット回帰分析（古典的な定式化）

順序プロビット回帰分析は，従属変数が順序尺度である場合に使用されます。いくつかの異なるモデルが存在しますが，M*plus* では他の多くのソフトウェアと同様，**累積プロビットモデル**の一種である**比例オッズモデル**を採用しています。累積プロビットモデルでは，各カテゴリの間に分割点を想定し，それぞれの分割点を上回る確率を考えます。基本的な考え方は，図 8.19 のように表すことができます。6つのカテゴリがある場合，それぞれのカテゴリの間に5つの分割点が想定されることになります。

それぞれの分割点について，以下のような回帰式が設定されます。

$$\mathrm{probit}\,(p(u > cut)) = \beta_{0cut} + \beta_1 x_1 + \beta_2 x_2 + \cdots + \beta_j x_j$$

ここで cut は分割点を意味し，カテゴリ数を C としたとき，1から C-1 までの整数値を取ります。つまり，累積プロビットモデルでは，それぞれの分割点を上回る確率のプロビット（累積プロビット）を求めるために，C-1 個の回帰式を設定することになります。ただし，比例オッズモデルでは，それぞれの分割

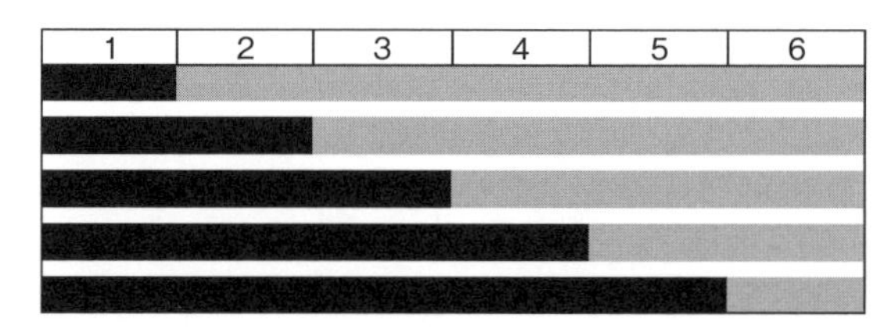

図 8.19　累積プロビットモデルの考え方

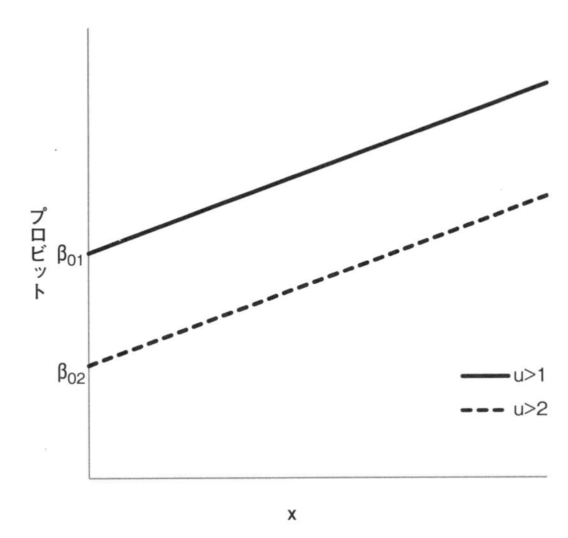

図 8.20　比例オッズモデルの古典的な定式化

点において各独立変数の効果が等しいことを仮定し，切片のみを個別に推定します。したがって，上の回帰式では分割点を表す *cut* の添字が切片（β_{0cut}）にのみ付いており，各独立変数の効果には付いていません。

このモデルを図示すると，図 8.20 のようになります。話を単純にするために独立変数 x の数は 1 つ，従属変数 u のカテゴリ数は 3 つにしてあります。2 つの分割点について個別に切片が推定され（β_{01} と β_{02}），2 つの回帰直線として表されています。分割点によって独立変数の効果は変わらないと仮定されるため，2 つの直線の傾きは等しくなっています。当然，$u>1$ の確率は，$u>2$ の確率を含んでいるため，$u>2$ の確率よりも必ず大きくなります。したがって，$u>1$ の回帰直線は，$u>2$ の回帰直線よりも上側に位置しており，切片の値も大きくなっています。

8.4.3　順序プロビット回帰分析（潜在反応変数を用いた定式化）

以上が古典的な比例オッズモデルの定式化ですが，M*plus* では比例オッズモデルに関して，**潜在反応変数**という概念を用いた異なる定式化を行っています。潜在反応変数とは，順序変数の背後に想定される潜在的な量的特性を意味します。本来的に，順序変数とは，測定値の背後に何らかの量的特性が想定されるものの，測定値そのものは離散的な形でしか得られていないという変数のことを指しますので[12]，潜在反応変数の仮定は，そうした順序変数の特徴によくマッチしたものと言えます。また，8.3 節で述べたように，潜在反応変数を仮定することによって，標準化推定値や説明率を求められるようになるという実際的なメリットもあります。

この定式化では，従属変数 u の背後に，以下のような性質を持つ潜在反応変数を想定します。

$$
\begin{aligned}
&u = c,\ \ if\ \ \tau_c < u^* \leq \tau_{c+1} \\
&\tau_0 = -\infty \\
&\tau_C = \infty
\end{aligned}
$$

ここで c は従属変数 u の各カテゴリ（0 からカテゴリ数 −1 までの整数値），u^* は従属変数 u の背後に想定される潜在反応変数，τ_c や τ_{c+1} は潜在反応変数 u^* の閾値を意味しています。例えば，3 つのカテゴリからなる順序変数 u において，τ_1 が 0.7，τ_2 が 1.8 であった場合，u^* が 0.7 以下であれば u の値は 0，

[12] 例えば，心理尺度を構成する個々の項目は，本来，何らかの量的特性の測定を意図していますが，実際には，3 件法なら 3 段階の評定値しか得られません。

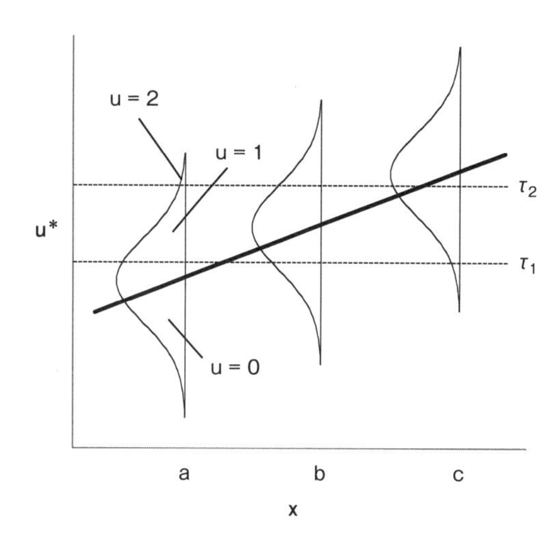

図 8.21　潜在反応変数を用いた順序プロビット回帰の定式化

0.7 より大きく 1.8 以下であれば u の値は 1，u^* が 1.8 より大きければ u の値は 2 となります。

さらに，この潜在反応変数について，以下のような回帰式を設定します。

$$u^* = \beta_1 x_1 + \beta_2 x_2 + \cdots + \beta_j x_j + \delta$$

この式と前掲の古典的な定式化を比べてみると，左辺が累積プロビットから潜在反応変数に置き換わっていることと，切片の代わりに誤差項 δ が加わっていることがわかります。この誤差項は，プロビット回帰の場合，標準正規分布に従うと仮定されます[13]。

このような定式化を簡潔に図示したものが図 8.21 です。上記の回帰式で表されているように，独立変数 x と潜在反応変数 u^* の関係は直線となっています。古典的な定式化のように分割点ごとに切片を求めることをしないため，回帰直線は 1 本のみとなっています。その代わりに，閾値として τ_1 と τ_2 が推定されています。u が 3 つのカテゴリからなるため，その境界となる閾値が 2 つ推定されているということです。

ここで x の値を小さい方から大きい方に少しずつ動かしてみます。まず，x が a のとき，u^* の値は比較的小さいため，誤差 δ の標準正規分布が形成する領域のうち，τ_1 の下側の領域の面積が半分以上を占めています。このことから $x = a$ のとき，u^* が τ_1 を下回る確率，つまり，u が 0 となる確率の予測値は 50% を超えることがわかります。また，τ_1 と τ_2 の間の領域の面積はそれより小さいので，u が 1 となる確率は 0 となる確率より低く，τ_2 を上回る領域の面積はさらに小さいことから，u が 2 となる確率は最も低いことがわかります。一方，$x = b$ においては，τ_1 と τ_2 の間の領域の面積が最も大きいことから，u が 1 となる確率が最も高いことが見て取れます。$x = c$ のときには，τ_2 の上側の領域の面積が最も大きくなっており，u が 2 となる確率が最も高いことがわかります。

このように，潜在反応変数を用いた定式化では，切片の代わりに，閾値をパラメータとして推定します。しかし，実際には，切片と閾値は相互に変換が可能です。上の例で，x の値が与えられたときの u が 0 となる確率 $p(u = 0|x)$ は以下のような式で表すことができます[14]。

$$p(u = 0|x) = \Phi(\tau_1 - \beta x)$$

ここで βx は独立変数 x の非標準化係数，Φ は標準正規分布の累積分布関数を意味します（8.2.3 節参照）。$\Phi(\tau_1 - \beta x)$ というのは，標準正規分布の平均値を βx としたときの τ_1 における累積度数と考えることができます。図 8.21 で言えば，標準正規分布の τ_1 の下側の面積を意味しています。x が大きくなるほ

[13] ロジスティック回帰の場合，図 10 に示したロジスティック曲線の導関数に従うと仮定されます。
[14] このように，特定の条件が与えられたときの確率を条件つき確率と呼びます。

ど，標準正規分布の位置が上側に移動していくので，τ_1の下側の面積は小さくなっていきます。この式を利用して，uが0より大きい（つまり1か2である）確率$p(u > 0|x)$は以下のような式で表せます。

$$p(u > 0|x) = 1 - p(u = 0|x) = 1 - \Phi(\tau_1 - \beta x) = \Phi(-\tau_1 + \beta x)$$

同様にして，uが1より大きい（つまり2である）確率$p(u > 1|x)$は，以下のようになります。

$$p(u > 1|x) = 1 - \Phi(\tau_2 - \beta x) = \Phi(-\tau_2 + \beta x)$$

この2つの式の累積分布関数の中身を，前節冒頭の古典的定式化の回帰式と比べてみると，各区分点における回帰式の切片であるβ_{0cut}が，$-\tau_1$や$-\tau_2$に置き換わった形になっていることがわかります。このことから，切片と閾値は，単純に，正負の符号を反対にした関係にあるということになります。したがって，実は，どちらの定式化でも，計算の基本的なプロセスは同じで，得られる結果も変わりません。

しかし，潜在反応変数の導入には，いくつかのメリットがあります。第1に，潜在反応変数を導入することで，各独立変数の効果に関する標準化推定値や従属変数の説明率を算出することができるようになります。質的変数の分析における難しさの1つは，基本的に，量的変数の分析のように標準化推定値や説明率を求めることができないという点にあります。そのため，ロジスティック回帰において推定されるオッズ比を独立変数の効果の指標と見なしたり，疑似R^2と呼ばれる数値を説明率の代替として利用することが一般的となっています。しかし，8.1.2節で述べたように，事象の確率がある程度高くなると，確率とオッズの対応関係は崩れるため，単純にオッズ比を効果の指標と見なすことには問題があります。また，疑似R^2には多くの種類のものがあり，どの指標を用いるべきかについて統一的なルールが存在しないため，報告が恣意的になりやすいという問題があります。

潜在反応変数を導入した場合，潜在反応変数は順序変数の背後にある量的な変数として仮定されるため，その分散を計算することができ，それに基づいて，通常の量的変数の分析と同じように標準化推定値や説明率を求めることができます。独立変数が1つの場合，潜在反応変数u^*の分散$\mathrm{Var}(u^*)$は，以下のように求められます。

$$\mathrm{Var}(u^*) = \beta^2\mathrm{Var}(x) + 1$$

ここで$\mathrm{Var}(x)$は独立変数xの分散を意味します。最後の1は，誤差項δの分散です。誤差項δは標準正規分布をなすと仮定されるため，その分散は1となります。つまり，この式は，通常の回帰分析と同様に，潜在反応変数の分散が，回帰式による予測値の分散（$\beta^2\mathrm{Var}(x)$の部分）と誤差項の分散（1）の和として表されることを意味しています。したがって，各独立変数の非標準化係数と分散（独立変数が複数の場合には共分散も）の値から，潜在反応変数の分散を求められるということになります。そして，いったん潜在反応変数の分散が定まれば，それを従属変数の分散と見なして，標準化推定値や説明率を求めることができます。

潜在反応変数を導入する第2のメリットは，順序変数を媒介変数とした分析が可能となることです。SEMは，もともと量的変数間の関連を検証するための手法として開発されたため，質的変数の分析には十分に対応できていない面があります。そのような中で，M*plus*は，これまで見てきたように，従属変数が名義変数や順序変数であるようなケースも扱うことができます。しかし，独立変数が名義変数や順序変数である場合，他のソフトウェアと同様，基本的にそのままの形で分析を行うことはできません。名義変数の場合，複数のダミー変数に分解する，順序変数の場合，カテゴリを統合して二値変数にする，量的変数と見なして分析を行うなどの対処を行う必要があります。ところが，順序変数が媒介変数である場合，M*plus*では，特別な対処をせずに分析を行うことが可能です。この場合，独立変数から順序変数への効果は順序プロビット回帰によって推定され，その順序変数から従属変数への効果は，順序変数の背後にある潜在反応変数の効果として推定されます。このような分析ができることは，複雑な因果モデルの検証を目的とするSEMにおいては，非常に大きなメリットとなります。

8.4.4 多項ロジスティック回帰と順序プロビット回帰の使い分け

前節まで，多項ロジスティック回帰と順序プロビット回帰の基本的な原理を解説してきましたが，ここでは2つの解析手法の使い分けについて議論したいと思います。すでに述べてきたように，従属変数が名義変数の場合には多項ロジスティック回帰，順序変数の場合には順序プロビット回帰を使用するのが基本的な原則です。

しかし，状況によっては，順序変数であっても多項ロジスティック回帰を使用することが適切であるような場合もあります。具体的には，順序プロビット回帰において採用されている比例オッズモデルの仮定が満たされないような場合です。8.4.2節で述べたように，比例オッズモデルでは，すべての分割点に対して独立変数の効果が一定であることを仮定します。したがって，分割点によって独立変数の効果が異なる状況，言い換えれば，独立変数と潜在反応変数の関係が非線形であるような状況では，比例オッズモデルを適用することは適切でありません。M*plus*を含む多くのソフトウェアでは，順序プロビット回帰（または順序ロジスティック回帰）に比例オッズモデルを採用しているため，このような状況では順序プロビット回帰の代わりに，多項ロジスティック回帰を利用する必要があります。多項ロジスティック回帰では，各カテゴリに対する独立変数の効果を個別に推定するため，比例オッズモデルの仮定が満たされない場合でも，問題なく使用することができます。

このように書くと，常に多項ロジスティック回帰を使用することが安全のように感じられるかもしれませんが，実際には，順序プロビット回帰の方が多くの点で優れているため，従属変数が順序変数であり，比例オッズモデルの仮定に著しい違反がない限りは，順序プロビット回帰の使用が推奨されます。第一に，前節で述べたように，順序プロビット回帰では，順序変数の背後に連続的な潜在反応変数を仮定するため，順序変数をあたかも連続変量のように扱うことができます。これによって，標準化推定値や説明率を算出したり，順序変数を媒介変数とする柔軟なモデリングが可能になるという実用上のメリットが得られます。また，そもそも順序変数とは，背後に何らかの連続的な特性を想定できるものの，それが離散的な形でしか測定できていないというタイプの変数であるため，恣意的に区切られた各カテゴリの確率を予測することよりも，背後にある量的特性が独立変数によってどの程度影響を受けるかに関心がある場合がほとんどです。しかし，多項ロジスティック回帰では，あくまで各カテゴリに対する独立変数の効果を見ることしかできないので，背後にある量的特性に対する独立変数の効果を評価することができません。したがって，多項ロジスティック回帰では，順序変数に関する研究者の基本的な関心に対して適切な回答を与えることができません。

第2に，比例オッズモデルでは，すべての分割点で独立変数の効果が等しいと仮定することにより，推定するパラメータの数を節約しています。サンプルサイズがそれほど大きくない場合，あるいは，質的変数が多くのカテゴリを含む場合，必ずしもすべてのカテゴリが十分なケース数を持っているとは限りません。多項ロジスティック回帰は，実質的に，基準カテゴリとその他のカテゴリの間で二項ロジスティック回帰を繰り返すという分析であるため，もしケース数が十分でないカテゴリがあった場合，そのカテゴリについての推定の結果は不安定で信頼できないものになります。また，すべてのカテゴリが一定数のケースを有していたとしても，個々のカテゴリについて別々に独立変数の効果を推定することで，モデルの倹約性が低下します。モデルの倹約性の低下は，過剰適合（データへの過度なモデルのあてはめ）により，結果の一般化可能性の低下につながる危険性があります。これは，探索的因子分析によって得られた因子モデルが，必ずしも他のデータセットに適合しないということと同様の現象です。したがって，多項ロジスティック回帰が，倹約性の低下を十分に上回るだけの適合度の改善を示さない限りは，順序プロビット回帰を採用することが望ましいと言えます。この判断の方法については，次節で実際の分析例をもとに解説します。

8.5 *Mplus* での多値変数の分析例

8.5.1 シンタックス

ここでは，8.3 節でも使用したいじめと攻撃性のデータを使用して，多項ロジスティック回帰と順序プロビット回帰の分析例および使い分けの方法について解説していきます。

図 8.22 に多項ロジスティック回帰のシンタックスを示します。8.3 節の二項ロジスティック回帰と比べてみると，異なっているのは 2 点だけです。第一に，従属変数であるいじめ加害（bully）について，8.3 節ではプロビット回帰との比較のために，CATEGORICAL（順序変数）と指定していましたが，ここでは NOMINAL（名義変数）と指定しています。実際，二値変数の場合には，CATEGORICAL でも NOMINAL でも推定の結果自体には差がなく，出力がやや異なるにすぎませんが，3 つ以上のカテゴリを持つ変数の場合，CATEGORICAL と指定すれば順序プロビット回帰（または順序ロジスティック回帰），NOMINAL と指定すれば多項ロジスティック回帰が行われるため，推定結果も全く異なります。

もう 1 つ異なるのは，DEFINE コマンドの中身です。8.3 節では，説明の便宜上，1～6 の 6 カテゴリの変数を二値変数にするため，bully が 2～6 である場合，2 に変換するという処理を行っていました。ここでは 6 カテゴリのままで分析を行うため，そのような処理を行いません。ただし，多項ロジスティック回帰では，最後の（＝最も大きい数字が割り当てられた）カテゴリが自動的に基準カテゴリとして扱われるため，ここでは 1（いじめ加害をしていない）が基準カテゴリとなるよう，1 を 7 に変換するという処理を行っています。なお，従属変数を NOMINAL と指定した場合，推定法としてはデフォルトでロバスト最尤法（MLR）が使用されます。

```
DATA: FILE = data_8.1.dat;

VARIABLE: NAMES = ID gender grade bully aggt;
          USEVARIABLES = bully aggt;
          MISSING = ALL(999);
          NOMINAL = bully;

DEFINE: IF (bully EQ 1) THEN bully = 7;

!ANALYSIS: ESTIMATOR = MLR;

MODEL: bully ON aggt;

OUTPUT: SAMP STDYX;
```

図 8.22　多項ロジスティック回帰のシンタックス

図 8.23 には順序プロビット回帰のシンタックスを示します。順序プロビット回帰では，多項ロジスティック回帰のように基準カテゴリを定めることがないため（また，順序変数の値は単なるラベルではなく，順序を正しく表す必要があるため），上のような DEFINE コマンドによる変換は行っていません。また，プロビット回帰は，デフォルトでは重みづけ最小二乗法（WLSMV）が推定法として使用されますが，ここでは多項ロジスティック回帰と適合度指標を比較するため，推定法を多項ロジスティック回帰と同じ MLR に指定しています。従属変数を CATEGORICAL，推定法を MLR とした場合，デフォルトでロジットがリンク関数として使用されてしまう（＝順序ロジスティック回帰が行われる）ので，リンク関数をプロビットに変更するため，「LINK = PROBIT;」という命令を加えています。

8.5.2 適合度指標の比較

各モデルの適合度指標の出力を表 8.6 にまとめました。多項ロジスティック回帰と順序プロビット回帰には，従属変数の種類（名義か順序か）とリンク関数（ロジットかプロビットか）という 2 つの違いがあ

```
DATA: FILE = data_8.1.dat;

VARIABLE: NAMES = ID gender grade bully aggt;
          USEVARIABLES = bully aggt;
          MISSING = ALL(999);
          CATEGORICAL = bully;

ANALYSIS: ESTIMATOR = MLR; ！多項ロジスティック回帰との比較のため
                    LINK = PROBIT; ！多項ロジスティック回帰との比較のため

MODEL: bully ON aggt;

OUTPUT: SAMP STDYX;
```

図 8.23　順序プロビット回帰のシンタックス

表 8.6　適合度指標の比較

	多項ロジスティック回帰	順序ロジスティック回帰	順序プロビット回帰
パラメータ数	10	6	6
対数尤度	−3336.7	−3344.1	−3325.0
AIC	6693.5	6700.1	6662.0
BIC	6758.4	6739.1	6701.0

り，直接比較するとどちらの違いが適合度に影響しているかがわかりにくいため，中間的な位置づけにある順序ロジスティック回帰[15] の結果も載せています。

パラメータ数は，多項ロジスティック回帰が 10，他の 2 モデルが 6 となっています。8.4.1 節〜8.4.3 節で述べたように，多項ロジスティック回帰では，基準カテゴリとその他のカテゴリの各ペアについて，個別に独立変数の効果と切片を推定しますが，順序プロビット回帰と順序ロジスティック回帰では，閾値のみを個別に推定し，独立変数の効果はすべての分割点において等しいと仮定します。したがって，多項ロジスティック回帰では，独立変数の効果が 5 つ（カテゴリ数 −1）と切片が 5 つで 10 個，順序プロビット回帰と順序ロジスティック回帰では，独立変数の効果が 1 つと閾値が 5 つで 6 個のパラメータが推定されることになります。

多項ロジスティック回帰と順序ロジスティック回帰の適合度を比べてみると，倹約性（パラメータ数）が考慮されない対数尤度や，パラメータ数のペナルティが小さい AIC では，多項ロジスティック回帰が順序ロジスティック回帰よりも良好な値を示しています。これは，多項ロジスティック回帰の方が多くのパラメータを推定してモデルとデータの適合を高めていることによるものです。一方，パラメータ数のペナルティが大きい BIC では，多項ロジスティック回帰よりも順序ロジスティック回帰が良好な値を示しています。このことから，倹約性をより重視する場合には，多項ロジスティック回帰よりも順序ロジスティック回帰が望ましいと判断できます。順序プロビット回帰は，対数尤度，AIC，BIC のすべてにおいて，多項ロジスティック回帰や順序ロジスティック回帰よりも良好な値を示しています。これは 8.2 節で述べたように，順序変数に対しては，リンク関数としてロジットよりもプロビットが理論的に適切であることを反映していると考えられます。

このように，順序プロビット回帰（順序ロジスティック回帰）の適合度指標を多項ロジスティック回帰と比較することで，独立変数の効果が一定であるという比例オッズモデルの仮定が適切であるか否かを評価することができます。今回のように，倹約性を考慮した BIC において順序プロビット回帰が多項ロジスティック回帰よりも良好な値を示した場合，比例オッズモデルの仮定からの顕著な逸脱はないと判断して，順序プロビット回帰を使用することができます。逆に，倹約性を考慮した BIC でも多項ロジスティッ

[15] 図 8.23 のシンタックスの「LINK = PROBIT;」の 1 行を削除することで順序ロジスティック回帰になります。

ク回帰が順序プロビット回帰より良好な値を示していれば，独立変数の効果は一定でないと判断して，順序プロビット回帰の代わりに多項ロジスティック回帰を使用するのが適切です。

8.5.3 多項ロジスティック回帰のパラメータ推定値

前節で順序プロビットモデルの妥当性が支持されましたが，ここでは説明のために，多項ロジスティック回帰の出力も見ていきます。図 8.24 に多項ロジスティック回帰のパラメータ推定値の出力を示します。独立変数 `aggt` の効果が，カテゴリごとに 5 つ推定されています。この推定値は，攻撃性の値が 1 上昇するごとに，「いじめ加害なし」を基準とした各カテゴリのロジット（対数オッズ）が，どの程度変化するかを示しており，これを指数変換したものがオッズ比となります。

それぞれのカテゴリは「`#1`」といった形式で表されています。元のデータの値とは別に，基準カテゴリを除く各カテゴリに対して，1 から始まるラベルが自動的に割り振られます。元のデータでは，2～6 という数値でしたが，ここでは `#1`～ `#5` というラベルが振られています。`bully#1` というのは，「年に 1 回」というカテゴリを指していますが，このカテゴリに対する攻撃性の効果の推定値は 0.139 となっています。これを指数変換すると，$e^{0.139} = 1.15$ となります。したがって，攻撃性が 1 上昇するごとに，「年に 1 回」いじめ加害をするオッズ[16] が 1.15 倍に上昇することを意味しています。また，`bully#5`（週に数回）に対する推定値は，0.386 となっており，指数変換すると $e^{0.386} = 1.47$ となります。したがって，攻撃性が 1 上昇するごとに，「週に数回」いじめ加害をするオッズが 1.47 倍に上昇することがわかります。後のカテゴリほど数値が大きくなっているのは，後のカテゴリほどいじめ加害の頻度が高いことを表していることを考えれば，必然的な結果です。つまり，攻撃性といじめ加害の頻度に単調増加の関係があるとすれば，後のカテゴリほど高い攻撃性を持つ子どもが多いため，基準カテゴリが常に「全くなし」である以上，必然的に攻撃性の効果は高く推定されることになります。ただし，後のカテゴリほど切片（`Intercepts`）の値

```
MODEL RESULTS

                                          Two-Tailed
                  Estimate     S.E.       Est./S.E.    P-Value

bully#1      ON
  aggt               0.139       0.010       13.423       0.000

bully#2      ON
  aggt               0.218       0.010       21.528       0.000

bully#3      ON
  aggt               0.247       0.019       12.947       0.000

bully#4      ON
  aggt               0.292       0.020       14.433       0.000

bully#5      ON
  aggt               0.386       0.036       10.763       0.000

Intercepts
  bully#1           -4.688       0.192      -24.377       0.000
  bully#2           -5.982       0.198      -30.278       0.000
  bully#3           -8.125       0.409      -19.867       0.000
  bully#4           -9.555       0.458      -20.847       0.000
  bully#5          -12.143       0.899      -13.503       0.000
```

図 8.24 多項ロジスティック回帰のパラメータ推定値に関する出力

[16] より正確には，全くいじめ加害をしない確率に対する年に 1 回いじめ加害をする確率の比。

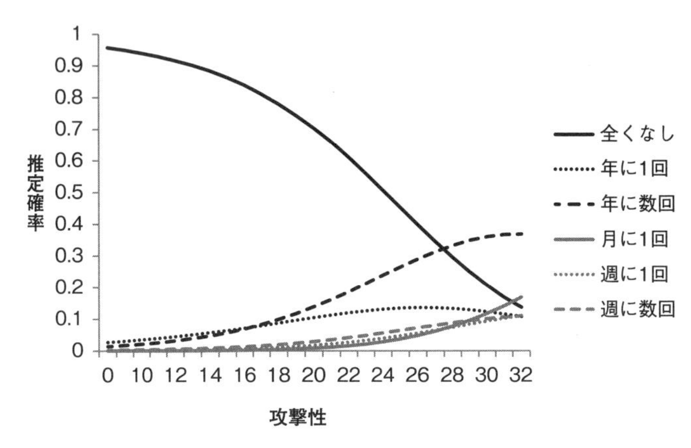

図 8.25 各カテゴリの推定確率

は小さくなっているので，実際の確率は必ずしも後のカテゴリほど高いということにはなりません。

これらのパラメータに基づいて算出した各カテゴリの推定確率を図 8.25 に示します。攻撃性の得点の上昇にともなって，「全くなし」の確率が低下し，他のカテゴリの確率が上昇していることが見て取れます。しかし，このような結果の表し方は，必ずしもわかりやすいものとは言えません。と言うのも，「全くなし」以外のカテゴリの推定確率のグラフは，複雑な形状を示しており，攻撃性といじめ加害の関係が明確に把握しやすい形とはなっていないためです。8.4.4 節にも述べたように，順序変数の分析において関心の対象となるのは，順序変数の各カテゴリの確率というより，順序変数全体（順序変数の背後にある連続的な特性）に対する独立変数の効果であることが通常です。したがって，このように順序変数に対して多項ロジスティック回帰を適用しても，あまり有益な情報を得ることはできません。これならば，むしろ 8.3 節のように「年に 1 回」から「週に数回」のカテゴリを統合して，二値変数に変換したうえで分析した方が，攻撃性といじめの関係性が明確に表せるようにも思えますが，もともと多くのカテゴリからなる変数を恣意的に二値変数に統合してしまっては，結果がわかりやすくなるとしても，多くの情報量が失われてしまいます。その点，順序プロビット回帰を用いれば，データの情報量を保ったまま，順序変数全体に対する独立変数の効果を推定することができます。

8.5.4 順序プロビット回帰のパラメータ推定値

図 8.26 に順序プロビット回帰のパラメータ推定値の出力を示します。いじめ加害に対する攻撃性の効果の非標準化推定値は 0.118 となっています。この推定値は，攻撃性の値が 1 上昇するごとに，いじめ加害の潜在反応変数の期待値が 0.118 上昇することを意味しています。1 つめの閾値（`bully$1`）の推定値が 2.858 となっているので，攻撃性の値が $2.858 \div 0.118 \approx 24$ 点を超えると，潜在反応変数の期待値が 1 つめの閾値を上回ることになります。1 つめの閾値は，「全くなし」とそれ以降のカテゴリの境界となる閾値なので，攻撃性が 24 点を超えると，「全くなし」の推定確率が 50% を下回り，逆にそれ以降のカテゴリの推定確率の合計が 50% を上回ることになります。2 つめの閾値は 3.212 なので，$3.212 \div 0.118 \approx 27$ 点を超えると，「全くなし」と「年に 1 回」の推定確率の合計が 50% を下回り，それ以降のカテゴリの推定確率の合計が 50% を超えることになります。以降も同様です。

これらの推定値から，図 8.25 のような各カテゴリの推定確率のグラフを作成することもできますが，前節で述べたように，順序変数の場合には，必ずしもこうした表現が明瞭な解釈に寄与するとは限らないため，ここでは割愛します。むしろ着目すべきなのは，独立変数の効果の標準化推定値やいじめ加害の説明率です。本来，質的変数の分析では，標準化推定値や説明率を得ることができませんが，8.4.3 節で述べたように，M*plus* では，潜在反応変数を用いた定式化により，標準化推定値や説明率の算出が可能となっています。これにより，順序変数に対する独立変数の効果を，量的変数と同様の感覚で評価することができます。攻撃性の効果の標準化推定値は，0.523 となっています。慣習的な基準にしたがえば，攻撃性は

```
MODEL RESULTS

                                           Two-Tailed
               Estimate    S.E.       Est./S.E.  P-Value

bully      ON
     aggt      0.118       0.004      28.494     0.000

Thresholds
     bully$1   2.858       0.076      37.482     0.000
     bully$2   3.212       0.078      41.063     0.000
     bully$3   3.966       0.089      44.775     0.000
     bully$4   4.308       0.093      46.126     0.000
     bully$5   4.732       0.107      44.405     0.000

STANDARDIZED MODEL RESULTS
STDYX Standardization

                                           Two-Tailed
               Estimate    S.E.       Est./S.E.  P-Value

bully      ON
     aggt      0.523       0.014      37.674     0.000

Thresholds
     bully$1   2.436       0.044      55.781     0.000
     bully$2   2.738       0.043      63.447     0.000
     bully$3   3.381       0.049      69.436     0.000
     bully$4   3.672       0.053      69.896     0.000
     bully$5   4.033       0.065      62.367     0.000

R-SQUARE

     Observed                              Two-Tailed
     Variable  Estimate    S.E.       Est./S.E.  P-Value

     bully     0.273       0.015      18.837     0.000
```

図 8.26 順序プロビット回帰のパラメータ推定値に関する出力

いじめ加害に対して強い効果を持つと判断することができます。説明率は 0.273 であり，いじめ加害の背後にある「いじめ加害特性」とも言うべき潜在反応変数の約 4 分の 1 の変動が攻撃性によって説明されるということになります。

8.6 *Mplus* でのカテゴリカル因子分析の分析例

ここまで構造モデルの文脈におけるカテゴリカルデータの分析について見てきましたが，これらの手法は測定モデル（因子分析）の文脈にも援用することができます。心理尺度では，3 件法や 5 件法など，複数の段階で評定を求める方法が多く用いられます。こうした段階的な評定データは，通常の因子分析では連続量（間隔尺度）として扱われますが，厳密には順序変数と言えます。と言うのも，例えば，「全くあてはまらない」と「あまりあてはまらない」の間の心理的な間隔が，「あまりあてはまらない」と「ややあてはまる」の間隔と等しいとは限りません。間隔尺度では，各カテゴリの間の等間隔性が保たれていることが条件となりますので，これが保証されていない以上，心理尺度の各項目の評定データは順序尺度と見なすのが適切であると考えられます。

しかし，評定データを順序変数として扱う場合，8.4 節や 8.5 節で見たように各評定値の間の閾値を推定する必要が生じるため，４件法以上の尺度では通常の分析よりもパラメータ数が増加し，モデルの倹約性が低下します。そのため，５件法や７件法など，カテゴリ数が比較的多い場合，各項目を近似的に連続量と見なした方がかえってモデルの適合が良くなることも多くなります。こうした点を考慮すると，段階的な評定データであっても，一概に順序変数として扱うことは適切と言えず，個々のケースごとに，どちらのモデルがデータによく適合するかを比較検証して判断することが望ましいと考えられます。

カテゴリカル因子分析の基本的な原理は構造モデルにおける順序変数の分析と共通していますので，ここではM*plus*による分析例から解説を始めていきます。

8.6.1　シンタックス

5.2節のGHQ12の確認的因子分析の分析例をもとに分析を行います。GHQ12は4件法の尺度ですが，5.2節では連続量と見なして分析を行いました。ここでは，以下のシンタックスにより，各項目の得点を順序変数と見なして同じ分析を行うことにします。変わったのは一点のみで，VARIABLEコマンドのCATEGORICALオプションで各変数を順序変数として指定しています。構造モデル（回帰分析）と同様に，各変数を順序変数に指定した場合，各因子から各項目への効果（因子負荷量）は順序プロビット回帰分析によって推定されます。

```
DATA: FILE = data8.2.txt;

  VARIABLE: NAMES = id gender age grade data ghq1-ghq12;
            MISSING = ALL(999);
            USEVAR = ghq1-ghq12;
            USEOBSERVATIONS = data EQ 2;
            CATEGORICAL = ghq1-ghq12; ! 各項目得点を順序変数として指定

MODEL: F1 BY ghq2* ghq5 ghq6 ghq9 ghq10 ghq11;
       F2 BY ghq1* ghq3 ghq4 ghq7 ghq8 ghq12;
       F1-F2@1;

OUTPUT: SAMP STDYX MOD(0) RESIDUAL;
```

図8.27　カテゴリカル因子分析のシンタックス

8.6.2　出　力

各項目を量的変数と見なした5.2節の分析と比較しながら，出力を確認していきます。まず各項目間の相関係数の出力を図8.28（量的変数と見なした場合）と図8.29（順序変数と見なした場合）に示します。順序変数と見なした分析の方が，全体的に係数が高くなっていることが見て取れます。各項目を順序変数と見なした場合，評定値の背後に連続的な潜在変数を想定して，その潜在変数間の相関（**ポリコリック相関係数**）を推定します。概念的に言えば，測定しようとしている対象は本来，連続的な変量であるものの，測定の都合上，それがいくつかの段階にカテゴライズされていると考えます。このカテゴライズにより情報量が減少し，測定値上の相関は実際よりも過小推定されていると考えられるため，それを補正して，真の相関を推定しようとしているという理屈です。したがって，ポリコリック相関係数は，常に通常の相関係数よりも高い値となります。これは，パス解析において，尺度得点間の相関より潜在変数間の相関の方が高くなることと似ています。カテゴリカル因子分析は，このポリコリック相関に基づいて推定を行うため，基本的に通常の因子分析よりも因子負荷量の推定値が高くなります。

次に，5.2節の量的変数モデルと今回の順序変数モデルの適合度指標を表8.7に整理しました。量的変数モデルはMLR，順序変数モデルはWLSMVによる推定ですが，複数の指標は共通して得られます。パラメータ数は37から49に増加しています。量的変数モデルでは，各項目について切片と誤差分散という２つのパラメータが推定されますが，順序変数モデルでは，各評定カテゴリ間の閾値が推定されます。今回の場合，４件法の尺度なので，閾値の数は３つとなり，量的変数モデルよりも各項目につき１つ（閾値の数

```
         Correlations
             GHQ1        GHQ2        GHQ3        GHQ4        GHQ5
           ________    ________    ________    ________    ________
GHQ1          1.000
GHQ2          0.082       1.000
GHQ3          0.381       0.177       1.000
GHQ4          0.234       0.103       0.203       1.000
GHQ5          0.184       0.339       0.169       0.235       1.000
GHQ6          0.111       0.284       0.134       0.278       0.480
GHQ7          0.320       0.181       0.356       0.345       0.325
GHQ8          0.371       0.095       0.284       0.390       0.203
GHQ9          0.277       0.373       0.268       0.241       0.591
GHQ10         0.204       0.344       0.191       0.364       0.475
GHQ11         0.153       0.257       0.086       0.295       0.390
GHQ12         0.282       0.160       0.280       0.252       0.299

         Correlations
         GHQ6        GHQ7        GHQ8        GHQ9        GHQ10
         ________    ________    ________    ________    ________
GHQ6          1.000
GHQ7          0.293       1.000
GHQ8          0.326       0.466       1.000
GHQ9          0.520       0.373       0.326       1.000
GHQ10         0.487       0.335       0.281       0.500       1.000
GHQ11         0.499       0.365       0.390       0.463       0.567
GHQ12         0.202       0.519       0.273       0.310       0.226

         Correlations
         GHQ11       GHQ12
         ________    ________
GHQ11         1.000
GHQ12         0.269       1.000
```

図 8.28　各項目を量的変数と見なした場合の相関係数

－切片・誤差分散＝3－2）のパラメータを多く推定する必要があるため，パラメータ数が 12 増えています。CFI，TLI は順序変数モデルの方が良好な値を示していますが，RMSEA は量的変数モデルの方が良好な値となっています。一般に CFI や TLI よりも RMSEA の方が倹約性の低下（パラメータの増加）に対するペナルティが強く反映される傾向があるため，このような結果の不一致が生じています。なお，WLSMV による推定を行った場合，SRMR の代わりに WRMR が出力されます。まだ一般的には広く利用されていない指標ですが，1.0 以下で良好な適合を示すとされており（Yu, 2002），今回のモデルはその基準を満たしています。

最後に，パラメータ推定値（因子負荷量と因子間相関）を比較してみます。順序変数モデルでは，ポリコリック相関に基づいてパラメータを推定しているため，全体に因子負荷量がやや高くなっていますが，.10 以内の比較的小さい差に留まっています。また，今回のデータでは，因子間相関は近い値となっています。

以上を総合すると，4 件法の尺度を用いた今回のデータでは，各項目を量的変数と見なすか，順序変数と見なすかによって，大きな結果の違いは見られませんでした。適合度に関しては，倹約性を重視すれば量的変数モデル，あてはまりを重視すれば順序変数モデルが望ましいことが示されました。因子負荷量は順序変数モデルの方がやや高かったものの，因子間相関にはほとんど差が見られませんでした。

8.6.3　二値データの場合

前節の分析では 4 件法のデータを使用しましたが，参考に二値データにおける分析結果も示しておきます。ここでは，前節で使用した GHQ12 のデータについて，「1」と「2」，「3」と「4」の評定カテゴリ

```
        CORRELATION MATRIX (WITH VARIANCES ON THE DIAGONAL)
              GHQ1          GHQ2          GHQ3          GHQ4          GHQ5
              ________      ________      ________      ________      ________
GHQ1
GHQ2           0.091
GHQ3           0.469         0.192
GHQ4           0.277         0.127         0.243
GHQ5           0.226         0.395         0.206         0.286
GHQ6           0.137         0.324         0.162         0.331         0.569
GHQ7           0.405         0.208         0.448         0.430         0.414
GHQ8           0.447         0.097         0.346         0.470         0.249
GHQ9           0.319         0.426         0.312         0.270         0.689
GHQ10          0.239         0.409         0.233         0.432         0.565
GHQ11          0.166         0.297         0.101         0.350         0.463
GHQ12          0.344         0.191         0.349         0.319         0.375

        CORRELATION MATRIX (WITH VARIANCES ON THE DIAGONAL)
              GHQ6          GHQ7          GHQ8          GHQ9          GHQ10
              ________      ________      ________      ________      ________
GHQ7           0.375
GHQ8           0.401         0.579
GHQ9           0.608         0.465         0.390
GHQ10          0.575         0.428         0.346         0.579
GHQ11          0.584         0.450         0.464         0.529         0.658
GHQ12          0.244         0.651         0.345         0.380         0.276

        CORRELATION MATRIX (WITH VARIANCES ON THE DIAGONAL)
              GHQ11         GHQ12
              ________      ________
GHQ12          0.332
```

図8.29　各項目を順序変数と見なした場合の相関係数（ポリコリック相関係数）

表8.7　モデル適合度の比較

	量的変数モデル	順序変数モデル
パラメータ数	37	49
RMSEA	.041	.054
CFI	.970	.979
TLI	.962	.974
SRMR	.047	
WRMR		.722

をそれぞれ統合し，二値データに変換したうえで分析を行いました。その結果，モデル適合度は表8.9のようになりました。順序変数モデルのパラメータ数は25に減少しました。各観測変数について1つの閾値を求めるだけでよくなったので，切片と誤差分散という2つのパラメータを求める必要がある量的変数モデルより，パラメータ数が12少なくなっています。適合度指標についても，2つのモデルが拮抗した値を示した前節の分析とは異なり，すべての指標で順序変数の方が良好な値を示しています。表8.10に示した因子負荷量も.10〜.30という大きな差が見られ，前節の分析に比べてモデル間の差が大きく拡大しています。因子間相関も.15程度の差に広がっています。このように，カテゴリ数が少なくなると，量的変数モデルをあてはめることに無理が生じてくるので，順序変数モデルを用いる必要性が高まります。

8.6.4　モデルの使い分け

一般に，3件法以下の尺度は順序変数モデルのパラメータ数が量的変数モデルより少ないか等しくなるので，順序変数として扱った方が，各項目のデータの性質を忠実に表現することができ，適合が良くなります。一方，4件法以上の場合は，量的変数モデルの方がパラメータ数が少なくなるため，カテゴリ数が

表 8.8 パラメータ推定値の比較

項目	標準化負荷量	
	量的変数モデル	順序変数モデル
F_1		
2	.449	.460
5	.692	.761
6	.687	.740
9	.760	.814
10	.717	.788
11	.671	.744
F_2		
1	.497	.521
3	.481	.506
4	.503	.597
7	.752	.851
8	.627	.704
12	.587	.652
因子間相関	.635	.645

表 8.9 二値データにおけるモデル適合度の比較

	量的変数モデル	順序変数モデル
パラメータ数	37	25
RMSEA	.044	.031
CFI	.954	.990
TLI	.943	.987
SRMR	.056	
WRMR		.768

表 8.10 二値データにおけるパラメータ推定値の比較

項目	標準化負荷量	
	量的変数モデル	順序変数モデル
F_1		
2	.467	.671
5	.668	.798
6	.606	.779
9	.754	.897
10	.694	.875
11	.633	.770
F_2		
1	.478	.585
3	.493	.620
4	.325	.552
7	.636	.930
8	.518	.631
12	.572	.744
因子間相関	.536	.681

```
UNIVARIATE SAMPLE STATISTICS

     UNIVARIATE HIGHER-ORDER MOMENT DESCRIPTIVE STATISTICS

   Variable/        Mean/     Skewness/   Minimum/   % with               Percentiles
  Sample Size      Variance    Kurtosis    Maximum   Min/Max      20%/60%    40%/80%    Median

GHQ1                  2.225      -0.109      1.000   16.18%      2.000       2.000      2.000
          173.000     0.533      -0.659      4.000    1.73%      2.000       3.000
GHQ2                  2.237       0.452      1.000   17.34%      2.000       2.000      2.000
          173.000     0.713      -0.287      4.000    9.25%      2.000       3.000
GHQ3                  2.341      -0.010      1.000    8.09%      2.000       2.000      2.000
          173.000     0.433      -0.252      4.000    2.31%      2.000       3.000
GHQ4                  2.387      -0.163      1.000   11.56%      2.000       2.000      2.000
          173.000     0.549      -0.446      4.000    4.05%      3.000       3.000
GHQ5                  2.954      -0.076      1.000    1.16%      2.000       3.000      3.000
          173.000     0.587      -0.930      4.000   26.01%      3.000       4.000
GHQ6                  2.902      -0.055      1.000    1.73%      2.000       3.000      3.000
          173.000     0.597      -0.840      4.000   23.70%      3.000       4.000
GHQ7                  1.844       0.408      1.000   27.17%      1.000       2.000      2.000
          173.000     0.386       0.712      4.000    1.16%      2.000       2.000
GHQ8                  2.139       0.053      1.000   15.61%      2.000       2.000      2.000
          173.000     0.455      -0.336      4.000    1.16%      2.000       3.000
GHQ9                  2.838      -0.219      1.000    5.20%      2.000       3.000      3.000
          173.000     0.702      -0.651      4.000   23.12%      3.000       4.000
GHQ10                 2.948      -0.175      1.000    1.73%      2.000       3.000      3.000
          173.000     0.546      -0.543      4.000   23.12%      3.000       4.000
GHQ11                 2.757      -0.130      1.000    6.36%      2.000       3.000      3.000
          173.000     0.727      -0.711      4.000   20.81%      3.000       4.000
GHQ12                 1.971       0.536      1.000   20.23%      1.000       2.000      2.000
          173.000     0.421       1.027      4.000    2.31%      2.000       2.000
```

図8.30　GHQ12（4件法）の記述統計量

増えるにつれ，量的変数として扱った方が適合が良いケースが多くなります。

ただし，4件法以上であっても，著しい分布の歪みが見られる場合などは連続量として扱うのは適切ではありません。今回の8.6.2節の分析に使用したデータでは，図8.30に示すように，各項目の分布がおおむね正規分布に近く，歪度と尖度は絶対値が最も大きい項目でもそれぞれ.536と1.027に留まり，最小値や最大値を示すデータの割合も3割以下に収まっていたため，ロバスト最尤法（MLR）によって対処することが可能な範囲でした。しかし，ロバスト最尤法は，大多数のデータが最大値または最小値に張りついたような極端な歪みを持った分布では有効に機能しません。と言うのも，ロバスト最尤法は，分布の非正規性に応じて，適合度やパラメータの推定の標準誤差を補正しますが，推定値そのものの偏りは補正できません。極端な歪みを持った分布では，他の変数との関係の線形性が保たれず，推定値そのものに偏りが生じている可能性が高いため，ロバスト最尤法を用いても，正しい結果を得ることはできないのです。このような場合には，順序変数モデルを用いるか，各変数を打ち切りのある量的変数と見なして分析する[17]などの工夫が必要になります。いずれにしても，各変数の分布を分析に先立って十分に精査しておくとともに，今回の分析例のように，複数のモデルをあてはめて適合を比較検証することが重要と言えます。

8.7　順序変数の分析における推定法の選択

ここまで見てきたように，M*plus*において，名義変数を含むモデルの推定にはロバスト最尤法（MLR），

[17] M*plus*では，VARIABLEコマンドでCATEGORICALオプションの代わりにCENSOREDオプションを用いれば，各変数を打ち切りのある量的変数と見なした分析を行うことができます。

順序変数を含むモデルの推定にはロバスト重みづけ最小二乗法（`WLSMV`）がデフォルトで使用されます[18]。しかし，順序変数の分析には，`WLSMV` だけでなく，`MLR` などの最尤推定法に基づく方法を使用することも可能です。ここでは，2つの推定法の特徴と使い分けについて解説していきます。

8.7.1 ロバスト重みづけ最小二乗法

従来，順序変数の分析には，非正規データのための推定法として開発された ADF（Asymptotically Distribution Free）推定法（Browne, 1982）が利用されてきました。ADF は，M*plus* では `WLS` と呼ばれています。しかし，`WLS` は，正確な推定を行うために，非常に大きなサンプルを必要とすることが知られています (Hu, Bentler, & Kano, 1992)。また，計算の負荷が大きいこと，非正規データや質的データの分析において偏った推定結果をもたらすことなど (Muthén & Kaplan, 1992)，多くの問題点が指摘されています。

`WLS` に代わる推定法として，M*plus* は `WLSMV` というオプションを提供しています。`WLSMV` は M*plus* の開発者である Muthén (1984) によって提唱された手法で，現在のところ，Amos，EQS，LISREL など，他の SEM のソフトウェアでは利用できません。`WLSMV` は，通常の量的変数の分析と同等のサンプルサイズで正確な推定を行えることが示されています。また，`WLSMV` は，サンプルサイズ，データの非正規性，モデルの複雑さなどの条件を様々に変化させても，正確な統計量，パラメータ推定値，標準誤差を導くことが報告されています（Flora & Curran, 2004）。

もう1つの利点として，`WLSMV` は，欠測値にもある程度対応できるという性質があります。1.2.10 節で述べたように，欠測値には，欠測が完全にランダムに生じている MCAR，欠測の有無が他の変数によって影響を受けている MAR，欠測の有無が当該変数によって直接影響を受けている MNAR という3つの種類に分けられます。さらに，MAR の中には，欠測の有無がモデル中の独立変数にのみ影響を受ける（従属変数には影響されない）MARX という状態も存在します。`WLSMV` は，このうち，MCAR と MARX という2つのタイプの欠測に対応しています。ただし，最尤推定法では，これに加え MAR にも対応しているため，`WLSMV` は最尤推定法よりも，やや対処できる欠測の種類が限られます。

`WLSMV` を使用した場合，出力される適合度指標の種類が最尤推定法とはやや異なります。`WLSMV` では，推定に尤度関数を使用しないため，対数尤度や，それに基づいて算出される `AIC`，`BIC` などの情報量基準が出力されません。また，分散・共分散行列における標準化された残差の程度を示す `SRMR` も出力されず，代わりに，`WRMR` という指標が出力されます (1.3.6 節参照)。しかし，カイ二乗統計量，`RMSEA`，`CFI`，`TLI` といった標準的な適合度指標は出力されるため，それらの情報を用いてモデルの適合を評価することが可能です。

8.7.2 ロバスト最尤法

M*plus* では，質的変数（名義変数，順序変数の両方）の分析において，`MLR` などのロバスト最尤法を利用することも可能です。しかし，質的変数の分析で使用される最尤推定法は，通常の方法とは異なり，**数値積分**という繰り返し計算を利用したものです。質的変数の分析では，ロジットやプロビットの誤差が特殊な分布をなすため，通常の最尤推定法では正確な解を得ることができません。実際に質的変数に対して通常の最尤推定法を適用した場合，変数間の関連が過小推定される，カイ二乗統計量，パラメータ推定値，標準誤差が不正確になるなどの問題が生じることが知られています。

このような問題を防ぐために，質的変数の分析では，正規分布を仮定した通常の最尤推定法ではなく，数値積分という繰り返し計算をともなう手法を利用して，近似的な解を推定します。数値積分をともなう最尤推定法は，複雑な計算を必要とするため，通常の推定よりもコンピュータへの負荷が大きく，モデルの複雑さによっては，多くの時間を要します。

この方法は，欠測値の問題において `WLSMV` よりも有利です。前節で述べたように，`WLSMV` は MCAR と

[18] 両方を含む場合，MLR が使用されます。

MARXという2つのタイプの欠測に対応していますが，MARには対応していません。その点，最尤推定法はMARにも対応しているため，扱える欠測の範囲がやや広くなっています。

しかし，数値積分をともなう最尤推定法では，利用できる適合度指標の種類が大きく限定されます。出力が得られるのは対数尤度とAIC，BICなどの情報量基準のみで，カイ二乗統計量，RMSEA，CFI，TLI，SRMRといった標準的な適合度指標は得られません。したがって，複数のモデルの相対比較を行うことはできますが，モデルの絶対的な適合の評価を行うことはできません。潜在変数を含むような複雑なモデルでは，モデルの絶対的な適合の評価が不可欠となるため，数値積分をともなう最尤推定法は適していません。

以上のような2つの推定法の特徴を踏まえると，順序変数の分析には基本的にデフォルトのWLSMVを使用することが望ましいと考えられます。ただし，8.5.2節のように，多項ロジスティック回帰と順序プロビット回帰の適合を直接比較するような場合には，いずれの分析にも使用できる数値積分による最尤推定法を使用する必要があります。また，MARの欠測を多く含むデータセットの場合，数値積分による最尤推定法を選択肢に含めることが必要かもしれません。特に，潜在変数を含まず，従属変数の数も少ない単純な構造モデルであれば，モデルの絶対的適合の評価の必要性は低いため，欠測値への対処を優先して，数値積分による最尤推定法を利用することが合理的と言えます。

文　献

Browne, M. W. (1982). Covariance structures. *Topics in applied multivariate analysis* (pp. 72-141). In D. M. Hawkins (Ed.), Cambridge, UK: Cambridge University Press.

Flora, D. B., & Curran, P. J. (2004). An empirical evaluation of alternative methods of estimation for confirmatory factor analysis with ordinal data. *Psychol Ogical Methods, 9*, 466-491.

Hu, L. T., Bentler, P. M., & Kano, Y. (1992). Can test statistics in covariance structure analysis be trusted? *Psychological Bulletin, 112*, 351-362.

Muthén, B. (1984). A general structural equation model with dichotomous, ordered categorical, and continuous latent variable indicators. *Psychometrika, 49*, 115-132.

Muthén, B., & Kaplan, D. (1992). A comparison of some methodologies for the factor analysis of non-normal Likert variables: A note on the size of the model. *British Journal of Mathematical and Statistical Psychology, 45*, 19-30.

Nelder, J. A., & Wedderburn, R. W. M. (1972). Generalized linear models. *Journal of the Royal Statistical Society, Series A, 135*, 370-384.

内田 治 (2011). SPSSによるロジスティック回帰分析　オーム社

Yu, C. Y. (2002). *Evaluating cutoff criteria of model fit indices for latent variable models with binary and continuous outcomes.* (Unpublished doctoral dissertation), University of California, Los Angeles.

第9章 適切な研究応用のためのチェックリスト

SEMは従来，社会科学領域で用いられてきたt検定，分散分析，線形回帰分析，ロジスティック回帰分析，因子分析などの広範な解析手法を包含する多変量解析の包括的な枠組みであり，適切に運用すれば，研究者の多様なリサーチクエスチョンに柔軟に対応し，創造的な問題解決を支援してくれるツールとなります。しかし，これまでの章で述べてきたように，SEMは初学者のみならず，熟練した研究者でも見落としがちな多くの暗黙のルールを前提とした解析の手法です。もしこうした暗黙のルールを守らずに運用すれば，SEMは研究者をデタラメな結論にミスリードする危険なツールとなるでしょう。その意味で，SEMは諸刃の剣とも言えます。本章ではSEMの適切な研究応用のために順守すべき基本的なルールについて，研究デザインとモデル指定，データの確認，解析とモデル修正，解釈と報告という4つの段階に分けて，改めて整理します。なお，各ルールの適用範囲（構造モデル，測定モデル，フルSEMモデル）も合わせて記載します。適用範囲が記載されていないものは，すべての分析に共通した事柄です。

9.1 研究デザインとモデル指定

1. 十分な理論的検討と先行研究の網羅的なレビューに基づいて，関心対象の原因変数と相関する交絡因子を同定し，モデルに含める（パス解析，フルSEMモデル）

モデル内の原因変数と相関を持ち，かつ，結果変数に影響を及ぼす交絡因子が存在する場合，その原因変数と結果変数の間には，交絡因子による疑似相関が生じます。この場合，交絡因子をモデルに含めて疑似相関を定量化しなければ，疑似相関と真の因果的効果を区別することができません。しかし，交絡因子が適切にモデルに組み込まれているか否かは，モデル適合度などの実証的な根拠によっては検証することができません。したがって，あらかじめ十分な理論的検討と先行研究の網羅的なレビューを行い，関心対象の原因変数と相関する交絡因子を同定し，モデルに組み込む必要があります。もし交絡因子が測定されていなければ，それをモデルに組み込むこともできないため，このような検討は必ずデータ収集に先立って行われなければいけません（3.1.6節参照）。

2. 原因変数の時間的先行性が保証されない横断研究では，十分な理論的・実証的根拠に基づいて変数間の因果関係の方向性を論証する（構造モデル，フルSEMモデル）

因果関係の検証には，原因変数の結果変数に対する時間的先行性を保証する必要があります。原因変数の時間的先行性が明らかな実験研究や縦断研究と異なり，横断研究においては，十分な理論的・実証的根拠に基づいて変数間の因果関係の方向性を論証する必要があります。ここで，論証というのは，1つの可能性としての仮説を示すことではなく，他の可能性がないということを論理的に明らかにすることです。つまり，無数のありうるストーリーの中の1つを恣意的に選択して披露したとしても，因果関係の方向性を論証したことにはなりません。こうした論証が難しいと思われるような状況では，因果関係の仮定が必要ない相関の報告に留めるか，実験研究や縦断研究によって因果関係の方向性を実証的に明らかにすることが必要です[1]（3.1.5節参照）。

[1] 単一の変数にのみ影響する道具的変数というものをモデルに組み込むことで，横断データ上で因果関係の方向性を検証するアプローチもありますが，実際にはこのような変数を理論的に同定することは困難な場合が多く，実用性はあまり高くありません。

3. それぞれの因子に対して，十分な数の指標（観測変数）を設定する（CFA，フル SEM モデル）

単一の因子のみを含む測定モデルの場合，モデルの識別のために3つ以上の観測変数を設定する必要があります。2つ以上の因子を含む測定モデルでは，各因子の観測変数の数が2つであっても識別可能であることがありますが，こうしたモデルでは他の因子の観測変数から共分散情報を「借り」て推定を行う必要があるため，識別不定や非収束などの問題が起こりやすくなります。特に小サンプルでは，こうした問題の発生頻度が高まります。したがって，潜在因子を含むモデルの場合，可能な限り，各因子に3つ以上の観測変数を設けられるように研究デザインとモデルを組む必要があります（1.2.4 節参照）。

4. 信頼性・妥当性のある指標を用いる（主にフル SEM モデル）

SEM では，指標間の共通変動を因子，各指標の固有の変動を誤差項として表現することで，真の変動と誤差変動を分離し，測定誤差による概念間の相関の希薄化を修正しようとします。しかし，この方法によって対処が可能なのは，測定誤差の中でも，各指標の固有の変動として表現できるランダム誤差に限られます。つまり，すべての指標が共通して，想定とは異なる概念を測定しているという系統誤差，言い換えれば測定の妥当性の問題は，この方法によって解決することができません。また，ランダム誤差，つまり測定の信頼性の問題についても，その程度が顕著であるほど，SEM によるパラメータの推定は不安定になります。したがって，SEM によって測定上の問題を覆い隠すことができると考えるのは適切ではなく，十分な信頼性・妥当性のある指標を用いて測定を行ったうえで，より正確なパラメータ推定値を得るための手段として SEM を利用するのが望ましい姿勢と言えます。また，次項に述べるように，SEM は本来，測定上の問題を精査する目的で使用されるべきものです（6.2.4 節参照）。

5. 測定上の問題を明らかにするため，可能な限り尺度得点ではなく潜在変数を用いる（パス解析，フル SEM モデル）

潜在変数を導入することの本質的なメリットは，前項に述べたような希薄化の修正という比較的些末な問題よりも，測定モデルの正当性をある程度担保しながら構造モデルの検証を行うことができるという点にあります。潜在変数をともなうパス解析（フル SEM モデル）では，あらかじめ測定モデルの適合度を確認したうえで，構造モデルの評価に移行します。したがって，測定そのものに問題がある場合，概念間の因果関係の検証に先立って，これをある程度検出することができます。測定モデルの検証によって検出しうるのは，いわゆる因子的妥当性に関わる問題であり，不適切な因子数，概念間の項目の重複，方法論上の要因（例えば，逆転項目，ワーディング，評定者など）の影響など，多岐にわたります。もし潜在変数を導入せず，尺度得点によるパス解析を行った場合，このような重要な測定上の問題を覆い隠すことになります。すでに信頼性・妥当性が確認された尺度を用いる場合でも，無批判に尺度得点を用いてパス解析を行うのは望ましくなく，測定モデルと構造モデルの2段階検証のプロセスを経ることが重要です（6.1.2 節，7.1 節参照）。

6. 蓋然性の高い対立モデルを設定し，自らのモデルと比較する（主に CFA）

2にも述べたように，原因変数の時間的先行性を前提とする構造モデルの検証においては，何らかの対立モデルを設定して，自らのモデルと適合度を比較したとしても，因果関係の方向性について直接的な証拠を得ることは困難です。したがって，構造モデルの文脈では，モデル適合度によって何かを主張しようと考えることはあまり得策ではなく，従来の重回帰分析と同様に，個々のパス係数や説明率を主要な結果として位置づけるべきです。

一方，測定モデルの検証においては，個々の因子負荷量や因子間相関も重要ですが，モデル適合度が主要な結果として位置づけられます。特に構成概念間の因果関係ではなく，因子構造そのものに関心がある場合は，測定モデルの妥当性を積極的に主張するために，理論的に蓋然性のある対立モデルとの比較を行うことが重要です。モデル適合度の経験的基準（例えば RMSEA $< .05$）を満たすことはモデル検証の必要条件にすぎず，他により優れたモデルがあることを否定する証拠にはならないためです。最もよく見ら

れるのは，因子数の異なるモデルとの比較です。例えば，パーソナリティのビッグ・ファイブモデルを検証するために，2因子モデルや6因子モデルとの比較を行うという方法です。また，本書の発展編で扱う予定ですが，複数の母集団（例えば男性と女性）を分けて分析を行い，測定モデルの不変性を検証すると言うのも，広い意味でのモデル比較と言えます（1.3.11 節参照）。

7. 指定するモデルの複雑さに見合ったサイズのサンプルを収集する

モデル内の観測変数やパラメータの数が増えるほど，安定した推定のために多くのデータが必要になります。特に潜在変数を含むモデルでは，**サンプルサイズ**の不足による推定の問題が生じやすくなります。最低でも 150～200，複雑なモデルでは観測変数や自由パラメータの 10 倍以上の数のデータを収集するというのが基本的な目安ですが，データの分布，欠測値の量，検出しようとするパラメータの強さ（効果量）などによっても，必要なサンプルサイズは異なります。データ収集に先立って，自らのモデルの検証に必要なサンプルサイズを定めておくことが重要です（1.2.11 節参照）。

9.2 データの確認

8. データが正しく読み込まれているか確認する

SPSS のように GUI 上でデータセットが定義できるプログラムと異なり，M*plus* ではシンタックス上でデータセットを定義する必要があるため，しばしばデータセットの内容と定義文（NAMES オプション）にズレが生じることがあります。また，欠測値のコードが適切に割り当てられていないといった問題も起こり得ます。このような問題に対処するため，初めて分析に使用するデータセットの場合，個々の変数の記述統計量の出力が他のソフトウェア（Excel など）で算出した値と一致するか否かを確かめて，データセットが正しく読み込まれていることを確認する必要があります（3.3.4 節参照）。

9. 欠測値のパターンがランダムであることを確認する

SEM において欠測値の処理に用いられる代表的な方法である完全情報最尤法は，MCAR（Missing Completely At Random）または MAR（Missing at Random）という欠測のパターンにおいて有効に機能します。もし欠測が研究デザイン上の制約によって生じている場合（例えば，参加者を複数のグループに分けて部分的に重なるように課題の割り当てを行うなど）や，欠測が生じている変数そのものの値と直接関連している場合（例えば，年収に関する項目では，低年収の人ほど欠測が生じやすい）では，完全情報最尤法は不正確な結果をもたらします。ただ，実際には欠測のパターンが MCAR や MAR であることを確実に証明することは難しく，MCAR や MAR であることの蓋然性を示す根拠をできる限り集めるという方法を取ることになります。理論的な根拠としては，欠測が研究デザイン上の制約によって生じたものではないこと，質問項目の内容が系統的な欠測を生じさせるような性質のものではないことなどを確認する必要があります。実証的な根拠としては，モデル内の他の変数や補助変数によって欠測が説明できることを示すという方法があります（1.2.10 節参照）。

10. データの分布や散布図を検討し，必要な対処を行う

SEM の根幹をなす最尤推定法はデータの多変量正規性を前提としています。多変量正規性とは，(1) 個々の変数が正規分布に従うこと，(2) すべての変数のペアが二変量正規分布に従うことを意味します。(1) については歪度，尖度などの記述統計量，(2) については散布図などを用いて確認する必要があります。単変量の正規性が満たされない場合，標準誤差の過小推定やモデル適合を示すカイ二乗値の過大推定が生じますが，MLR などのロバスト推定法を用いることで，これを回避することができます。しかし，連続変量とは見なせない変数（打ち切り変数，質的変数，回数データなど）がモデルに含まれる場合，通常の線形回帰モデルではなく，そうした変数の性質を考慮に入れた解析モデルを使用する必要があります。また，変数間に非線形の関係が見られる場合，そうした関係を適切に表現できるモデル（多項回帰モ

デルなど）を使用するか，何らかの非線形変換を施したうえで解析を行う必要があります（1.2.9節，8.6.4参照）。

11. 外れ値の有無を確認し，必要に応じて対処する

最尤法の前提となる多変量正規性を逸脱する外れ値は，推定値の歪みや解析上のトラブル（不適解，非収束など）の原因になることがあります。特にサンプルサイズが小さいほど，外れ値の影響は大きくなります。MLRなどのロバスト推定法は分布全体の非正規性に対処する方法であり，少数の外れ値の影響を正確に補正することはできません。多変量分布における外れ値を検出する代表的な方法としては，CookのDやマハラノビス距離があります。比較的小規模なサンプルにおいて，不自然な推定結果や解析上のトラブルが生じた場合，こうした基準に基づいて検出された外れ値をデータセットから除外することで，問題を解決できる可能性があります。ただし，機械的に外れ値を除外するのではなく，まず外れ値が生じた原因を探索し，明らかな原因が見つかった場合には，それが他のデータにも影響を及ぼしていないかを検証し，必要に応じてデータの再収集を行う必要があります。外れ値を除外する場合にも，その割合がデータ全体の2％程度までの範囲であること，また，除外の明確な基準を設定し，報告することが条件となります。外れ値を除外しても問題の改善が見られない場合，モデルに問題があるか，測定が失敗していると判断しなければいけません（10.2節参照）。

9.3　解析とモデル修正

12. シンタックスが正しく入力されているか確認する

8のデータの読み込みの問題と同様，シンタックスを記述する必要のある M*plus* などのプログラムでは，想定していたモデルと異なるモデルを誤って指定してしまうことがあります。こうした問題は出力を詳細に確認することで発見できますが，慣れないうちは解析後に作成されるダイアグラムで視覚的に確認することを推奨します（3.3.2節参照）。

13. 不適解が生じている場合，原因を調べ，適切に対処する

解析後の出力画面で「THE RESIDUAL（またはLATENT）VARIABLE COVARIANCE MATRIX (PSI) IS NOT POSITIVE DEFINITE.」といったメッセージが表示された場合，推定値の一部に不適解が生じています。この場合，モデル適合度やパラメータ推定値などの結果は一見正常に表示されることもありますが，それらをそのまま論文などで報告することはできません。不適解には多様な原因が関与しているため，モデルに由来する原因とデータに由来する原因を網羅的に探索し，それに応じて適切な対処を行う必要があります（10.5節参照）。

14. 多重共線性の問題が生じていないか確認する（パス解析，フルSEMモデル）

モデル内で同じ結果変数へのパスを持つ原因変数同士の相関が非常に高い場合，推定の誤差が拡大し，異常な結果が表れることがあります。顕在変数のみを用いた解析の場合，サンプル統計量で原因変数同士の相関で高すぎるもの（例えば $r > .85$）がないか確認する必要があります。潜在変数を含む解析の場合，OUTPUTコマンドでTECH4オプションを指定することにより，潜在変数同士の相関を出力することができます。もし多重共線性の問題が見られた場合，相関の高い原因変数を統合するか，一方を除外するなどの対処が必要です（3.1.8節参照）。

15. 測定モデル部分と構造モデル部分の適合を段階的に評価する（フルSEMモデル）

5にも述べたように，フルSEMモデルのメリットは，測定モデルの妥当性を担保したうえで，構造モデルの検証を行えるという点にあります。このメリットを活かすためには，初めにすべての潜在変数間に相関を仮定した測定モデルを検証してから，潜在変数間に因果関係を仮定した構造モデルの検証に移行するという2段階検証のプロセスを経る必要があります。もしこのようなプロセスを経ず，最初からフルSEMモデルの適合度を検証した場合，測定モデル部分と構造モデル部分の適合を分離して評価することができず，上記のようなSEMのメリットを享受することができません。ただし，構造モデル部分が飽和モデルになっている場合は，フルSEMモデルの適合度が測定モデルの適合度に一致しますので，2段階検証は不要になります（6.2.1節，7.1節参照）。

16. 適切な方法でモデルの比較を行う

モデル比較の方法には，カイ二乗値の差異に基づく方法と適合度指標（AIC，BIC，RMSEAなど）に基づく方法があります。前者の方法は，有意性の検定ができるという優れたメリットがありますが，ネストされたモデルとの比較にしか適用できません。ネストされたモデルとは，あるモデルに対して（1）1つ以上の制約が加わっている，（2）新しいパラメータが加わっていない，という2つの条件を満たすモデルを指します。このような条件を満たさないモデルとの比較には，AIC，BICなどの情報量基準やRMSEAやSRMRなどの適合度指標を用いることになります。ただし，こうした指標による比較も，使用される観測変数そのものが異なるモデルとの比較やサンプルが異なる場合の比較は意味を持ちません（1.3節参照）。

17. モデル適合の評価や不適合への対処は，研究の文脈に応じて最適な方法を選択する

図9.1に適合度の評価や不適合への対処の方法をどのように選択すべきかについてのフローチャートを示します。ただし，これは細部を省略した単純な図式であり，実際には，より細かな要因によって選択すべき方法が異なる場合があることも初めにお断りしておきます。

6にも述べたように，構造モデルでは適合度よりもパラメータ推定値（パス係数）が主要な結果になります。なぜなら，SEMにおける構造モデルの役割は，通常，因果関係の方向性に関する仮定そのものを検証することではなく，その仮定を前提として，因果関係の程度を定量化することにあるためです。したがって，適合の問題によってパラメータ推定値が歪められる事態は極力避けなければいけません。

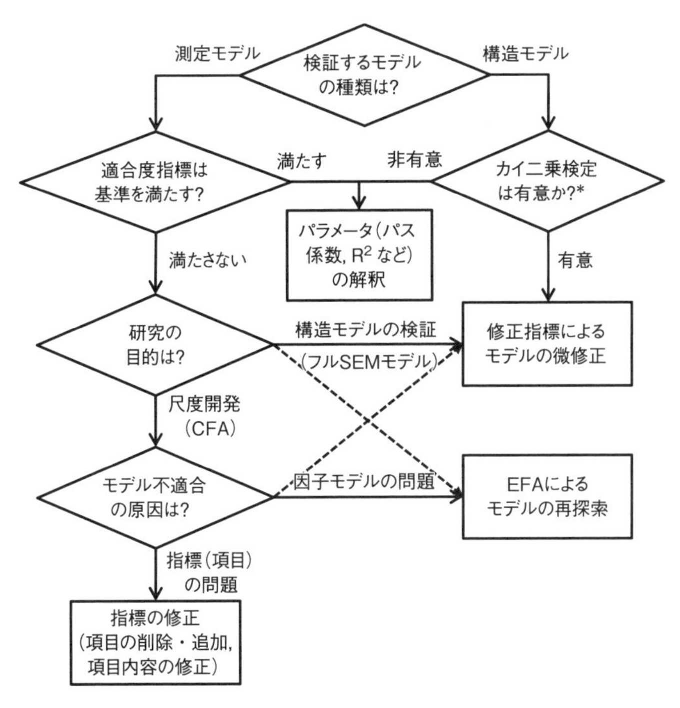

図9.1　モデル適合の評価と不適合への対処についてのフローチャート
（点線は典型的な対処ではないが場合によって取りうる対処）

RMSEA，CFI，SRMR などの適合度指標の経験的基準は，測定モデルの文脈で開発されたものであり，目的や性質の異なる構造モデルにそのまま適用することは適切ではありません。実際，これらの適合度指標が基準を満たしていても，カイ二乗検定が有意になるレベルの適合の問題があれば，パラメータ推定値は大きく影響を受けます。したがって，構造モデルの検証においてカイ二乗検定が有意になった場合（フル SEM モデルの場合，測定モデルとフル SEM モデルの適合度に有意なカイ二乗値の差異が見られた場合），残差行列や修正指標に基づいてその原因を分析し，理論的に適切な形でモデル修正を行うことが必要です。ただし，サンプルサイズが小さい場合は，カイ二乗値よりも適合度指標の方がモデルの不適合に敏感である場合もあるため，そのような場合には，適合度指標に基づいて修正の可否を判断します（3.6 節参照）。

一方，測定モデルでは適合度指標が主要な結果になりますが，適合度が十分でない場合の対処の方法は，研究の目的によって異なります。もし既存の尺度を用いてフル SEM モデルによって潜在変数間の因果関係（構造モデル）を検証することが研究目的である場合，測定モデルの検証は，あくまで前提条件の確認にすぎません。この場合，当初想定した測定モデルの妥当性を積極的に主張することが主目的ではないため，軽度の適合の問題であれば，修正指標などに基づいて測定モデルの修正を行うことは許容されます。むしろ，測定モデルの不適合を見過ごして，構造モデルのパラメータ推定値にバイアスが生じることの方が重大な問題であるため，全体的な適合（適合度指標）だけでなく，残差行列や修正指標に基づいて部分的な適合も精査します。ただし，潜在変数の独立性が保たれない（例えば因子間相関が .90 を上回る），多数のパラメータを修正しなければモデル適合が経験的基準に満たないなどの顕著な問題が見られる場合，EFA によるモデルの再探索も視野に入れる必要があります（7.1 節，7.2 節参照）。

それに対し，尺度開発の文脈で，測定モデルそのものの検証が目的である場合，モデルの不適合が，因子構造に関する仮説の誤りによるものか，測定に用いた指標（項目）の性能の問題によるものかを見極める必要があります。もし前者が疑われる場合，EFA を用いてモデルの再探索を行うことを推奨します。修正指標によるモデル修正は，当初のモデルを起点としたものであり，根本的なモデルの誤り（例えば因子数が異なるなど）が疑われる場合には適していません。一方，モデルの理論的基盤が盤石である場合などは，後者の問題が疑われます。この場合，修正指標に基づいて交差負荷や誤差相関を示す項目を入れ替えたり，項目内容を修正するなどして，測定精度の向上を図ります（5.2 節，5.3 節参照）。

18. 測定モデルの適合度に問題があるときは，パーセリングなどの小手先の方法を用いて問題を「ごまかす」ことを考えるのではなく，測定項目やモデルの問題を精査し，より信頼性・妥当性の高い測定につなげる（CFA，フル SEM モデル）

多くの場合，測定モデルでは指標（観測変数）の数が増えるほど，適合が低下する可能性が高まります。一般に，単一の因子の指標の中で，意味的な類似性が高いとか，何らかの方法上の共通性があるなどの理由で局所的に相関の高い複数の項目が含まれると，それらの項目に誤差相関を引くか，別の因子を設定するなどしない限り，モデル適合度は低くなります。各因子に対する指標数が増えるほど，こうした問題が生じるリスクが上昇するため，結果的に適合が低くなりやすいという仕組みです。

このような問題を避けるために，パーセリング（複数の項目を合計して指標とする）など，指標数を減少させる方法が用いられることがあります。しかし，こうした方法は，測定の妥当性を検証するという本来の目的を犠牲にしています。5 にも述べたように，SEM において測定モデルを検証するのは，研究者が設定した因子構造に関する仮説が妥当であり，かつ，仮説上の因子を個々の指標が適切に反映する，という測定の因子的妥当性の問題を検証するためです。モデル適合度を向上する目的でパーセリングなどを行うことは，こうした因子的妥当性の問題を覆い隠してしまうものです。本来，モデルの検証という目的のためにモデル適合度という手段が存在するのに，いつの間にかモデル適合度が目的になってモデルの検証が疎かにされるというのは，文字通り本末転倒というべき事態です。また，こうした手法は，項目の合成や選択の仕方によって結果が大きく変化するため，結果の恣意性が高まるという問題点もあります。これは客観性・誠実性を原則とする科学研究においては致命的な問題です。

指標の数が多くても，無条件にモデル適合が低下するわけではないので，モデル適合が低下するということは，何らかの測定上の問題があることを示唆しています。むしろ，指標数が増えたことで，こうした問題がより明確に見えるようになったと，肯定的に捉えるべきです。極端に内容が類似した項目やわかりにくい表現が含まれる項目などはないか，何らかの方法上の共通要因（例えば，逆転項目，ワーディング，評定者など）による共変動が生じていないか，個々の指標が適切にモデリングされているか（例えば，3件法の項目なのに量的変数として扱うなどの問題がないか），想定した因子構造は理論的に妥当であったのかなど，方法とモデルの両面から原因を精査し，より信頼性・妥当性の高い測定につなげる機会とするのが，本来のSEMの理念に沿う姿勢です（5.2節，5.3節，6.1.2節，7.1節参照）。

9.4 解釈と報告

19. モデル適合を多角的かつ客観的に評価し，報告する

17や18に述べたように，構造モデルと測定モデルでは，その目的や性質が大きく異なるため，同じ基準で**適合度**を評価することは適切ではありません。構造モデルにおいては，適合度の問題を最小にして，正確なパラメータの推定に努める必要があるため，通常，最も厳しい基準であるカイ二乗検定の結果に基づいて適合度を評価することが望ましいと考えられます。一方，測定モデルにおいては，7で述べたような最低限以上のサンプルサイズがあれば，カイ二乗検定は厳しすぎる結果をもたらすので，サンプルサイズに依存しないRMSEA，CFI，SRMRなどの適合度指標を用いることになります。重要なことは，都合のよい適合度指標だけを採用するのではなく，多角的かつ客観的に適合を評価することです。通常，いずれのモデルであっても，カイ二乗値（自由度およびp値も），RMSEA，CFI（もしくはTLI），SRMRは必ず報告する必要があります（1.3節参照）。

20. 全体的な適合度だけでなく，部分的な適合度も精査する

RMSEA，CFI，SRMRなどの適合度指標はモデル全体の適合度を示すものですが，これらの適合度が経験的基準を満たしていても，モデルの部分的な適合は悪いという状況も往々にしてありえます。したがって，これらの全体的な適合度の指標だけでモデル適合を評価することは，部分的な適合の問題を覆い隠すことになる危険性があります。部分的な適合を評価する指標としては，修正指標や残差行列があります。測定モデルにおいては，個々の指標について因子負荷量が十分であるかを検討するとともに，LM検定（修正指標）により交差負荷や誤差相関を検証することが必要です。構造モデルにおいては，修正指標により，モデル上で設定されていないパスの中に本来有意であったはずのパスが存在しないかなどを確認します（1.3.8節，1.3.9節，3.6節，5.3.3節参照）。

21. 良好な適合度を因果関係の強さを示すものとして解釈しない（パス解析，フルSEMモデル）

これまでも再三述べてきましたが，構造モデルの検証において，良好なモデル適合は必要条件にすぎません。（モデルが正しいという仮定の下で）因果関係の強さを示すのは個々のパス係数です。実際，変数間の因果関係がすべて皆無であっても，データに完全に適合するモデルを作ることは可能です（1.3.11節参照）。

22. 良好な適合度や大きいパス係数が得られても，モデルが「証明された」のではなく，「反証されなかった」にすぎないという認識を持つ

6にも述べたように，測定モデルの検証において，経験的基準を満たすモデル適合度が得られたとしも，それはさらに適合がよいモデルの存在を否定する証拠にはなりません。また，構造モデルの検証において，因果関係を仮定した変数間に大きいパス係数が見られたとしても，それは因果関係の方向性に関するモデルの仮定が正しければ，という条件つきの結果にすぎません。したがって，いずれの場合にも自らのモデルが正しいということが無条件に証明されたことにはなりません。これはSEMに限らず，あらゆる科学

研究に共通のことで，あるモデルが特定の条件下で反証されなかった，ということを示すことは可能ですが，あるモデルが証明された，ということを実証的なデータで示すことは，帰納法という方法の性質上，原理的に不可能なのです。言い換えれば，データはモデルの妥当性を証明する道具ではなく，蓋然性（確からしさ）を高める道具にすぎないということです（1.3.11 節参照）。

23. 再現可能性を保証するために，できる限りすべての観測変数の平均，標準偏差，相関行列を報告するとともに，モデル指定の詳細を示す

科学研究の原則の1つは再現性を保証することです。したがって，後続の研究者が同じ方法で研究を行って結果を再現することができるように，再現に必要な情報をすべて開示することが求められます。SEMの場合は，解析の再現性を保証するために，すべての観測変数の分散共分散行列または平均，標準偏差，相関行列を報告することが求められます。スペースの制約上，これらの情報が全て掲載できない場合でも，最低限，パス図などを用いてモデル指定の詳細を示すことは必要です。大部分の研究では初期のモデルは提示されていますが，しばしばモデル修正の詳細（特に誤差相関や交差負荷）が記述されていないことがあります。これでは解析の再現性が保証されないため，必ず最終的なモデルの指定について具体的に明示することが必要です（1.1.1 節，2.4 節参照）。

第10章 トラブルシューティング

本章では，SEMを実際に運用するうえで遭遇することの多い様々な問題への対処法について述べていきます。特に生起頻度が高い典型的な問題を中心に解説しますので，ここで触れられていない問題への対処については，M*plus*のユーザーマニュアル，ヘルプや開発者のウェブサイト上のM*plus* Discussion（掲示板）をご参照ください。M*plus* Discussionでは，開発者のMuthén夫妻が直接（そして驚くほど迅速に）質問に答えてくれます。多くの場合は，蓄積された過去の書き込みと返答の中に答えがあります。

10.1　同値モデル

1.3.11節で述べたように，研究者が仮定したモデルが高い適合度を示したとしても，それは当該モデルがサンプルの分散・共分散行列を一定の精度で再現しうる無数のモデルの1つであることを意味するにすぎず，モデルが「証明」されたことを意味するわけではありません。実際，ほとんどのモデルには，パスの引き方が異なっていても全く同じ適合度を示す同値モデルが存在します。本節では，構造モデルおよび測定モデルにおける同値モデルを見出すための方法について解説していきます。

10.1.1　構造モデルにおける同値モデル

構造モデルにおける同値モデルの判定方法について，いくつかの方法が提案されていますが，最も利用しやすく適用範囲が広いものは，Lee & Hershberger (1990) の**置換ルール**です。このルールでは，あるモデルから同値モデルを生成するための条件を記述しており，詳細を省略してまとめると，おおむね以下の2点に要約することができます。

ルール1：他の変数からのパスを受けない変数ブロックが飽和モデル（すべての変数間に直接の関連が仮定された状態）であるとき，そのブロック内のどの関連（パス，相関，誤差相関）も，異なる方向や種類の関連に置き換えることができる。

ルール2：2つの内生変数が同一の原因変数からのみパスを受けるとき，その2つの内生変数間の関連（パス，誤差相関）は，異なる方向や種類の関連に置き換えることができる。

ルール1は，飽和モデルが変数間の関係の方向や種類によらず，常に完全な適合を示すことを利用したものです。例えば，図10.1の左上の図において，線で囲まれた3変数（X_1，X_2，X_4）は，他の変数からパスを受けておらず，3変数の間にはすべて直接の関連が仮定されているため，ルール1の条件にあてはまります。したがって，この3変数の間の関連を，逆方向のパスや相関・誤差相関に置き換えても，そのモデルは同値モデルとなります。右上の図は，実際に初期モデルに対して，$X_1 \Leftrightarrow X_2$の相関を$X_1 \rightarrow X_2$のパスに置き換え，$X_2 \rightarrow X_4$のパスを$X_4 \rightarrow X_2$のパスに置き換えたものです。この置き換えにより，X_1，X_3，X_4の3変数も，ルール1の条件を満たすようになります。したがって，下の図のように，$X_4 \rightarrow X_3$のパスを$X_3 \rightarrow X_4$のパスに置き換えても，やはり同値モデルとなります。ただし，この置き換えにより，当初，線で囲まれていた3変数（X_1，X_2，X_4）はX_3からのパスを受けるようになり，ルール1の条件を満たさなくなるため，$X_1 \rightarrow X_2$のパスや$X_4 \rightarrow X_2$のパスを逆方向のパスや相関に置き換えることはできなく

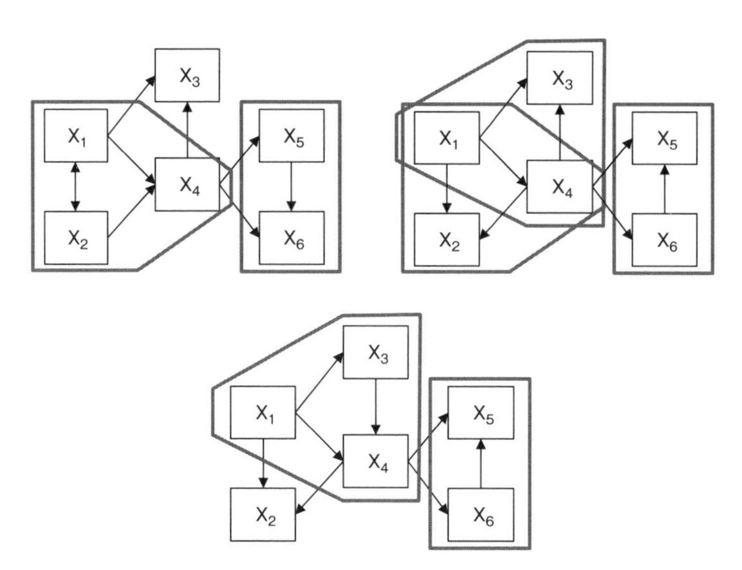

図 10.1　構造モデルにおける同値モデルの例（誤差変数は省略）

なります。

一方，図 10.1 の左上の図において線で囲まれている X_5 と X_6 は，X_4 という共通の原因変数からのみパスを受けているため，ルール 2 の条件を満たします。したがって，右上の図のように，$X_5 \rightarrow X_6$ のパスを $X_6 \rightarrow X_5$ のパスに置き換えても，同値モデルとなります。誤差相関に置き換えても同様です。

このように，比較的単純な構造モデルであっても，あらゆるパターンを探索していけば，多数の同値モデルが存在することがわかります。ここでは観測変数を例に挙げて解説しましたが，上の置換ルールは潜在変数に対しても同様に適用できます。より詳細なルールについて知りたい場合は，Lee & Hershberger (1990) をご参照ください。

このルールは同値モデルを生成するためのルールであり，2 つのモデルが同値モデルであるかを確実に判定しうるものではありませんが，このルールによって，どのようなモデルが同値モデルになるかはある程度理解できるようになると思います。もし 2 つのモデルが同値モデルであるかを確実に判定したい場合には，ダミーのデータで 2 つのモデルを実際に解析してみて，適合度が同一になるか否かを確認すれば，例えば Raykov & Penev (1999) の提案するような式展開をともなう方法を使用しなくとも簡単に判定が可能です。

しかし，1.3.11 節にも述べたように，同値モデルが無数に存在するからと言って，荒唐無稽なモデルまでをすべて取り上げて反駁する必要があるわけではありません。最も効果的な方法は，データの収集を開始する前に，自らのモデルと同程度の理論的な蓋然性を持つ対立モデルを（できれば複数）設定し，それが自らのモデルの同値モデルであることが判明した場合には，同値モデルとならないように研究デザインを修正するという方法です。例えば，左上の図が研究者のモデル，右上の図が対立モデルであった場合，X_1，X_2，X_4 のいずれか 1 つにだけ影響するような観測変数や X_5，X_6 のいずれか一方にだけ影響する観測変数を導入することで，2 つのモデルは同値モデルではなくなります。このように，2 つのモデルが同値モデルとならないように導入される変数は**道具的変数**（または**操作変数**）と呼ばれることがあり，一時点で（縦断的にではなく）観測された変数間の因果関係の方向性を判定するための手段として広く利用されています。

別の方法として，Raykov (1997) は，多母集団解析を導入し，2 つの同値モデルで異なっているパラメータについて，集団間で等値制約を課すことにより，2 つのモデルは異なる適合度を示すようになることを報告しています（例えば，左上の図の $X_5 \rightarrow X_6$ と右上の図の $X_6 \rightarrow X_5$）。この性質を利用すれば，2 つのモデルの適合を実証的に比較することが可能になりますが，この方法が利用可能なのは，そのような集団間の等値制約が理論的に妥当である場合に限ります。

10.1.2　測定モデルにおける同値モデル

測定モデルにおける同値モデルには様々な種類のものがありますが，代表的なものは以下の3つです。

ルール1：一次因子が2つ（二次因子への負荷量を両方1に固定）または3つの場合の二次CFAモデルは，一次CFAモデルと同値モデルになる。

ルール2：指標（観測変数）の数が2つの因子を削除する代わりに，その因子に負荷していた指標から別の1つの因子への負荷を仮定し，それらの指標間に誤差相関を引くと，もとのモデルの同値モデルになる。

ルール3：単一の因子からなるCFAモデルにおいて，任意の1つの指標（ただし他の指標と誤差相関が仮定されていないもの）を，その因子に影響を及ぼす原因変数として設定し直しても，もとのモデルと同値モデルになる。

測定モデルでは，指標の数が3つのときに丁度識別（自由度0）の状態になります。したがって，3つの観測変数の間に相関を仮定しただけの飽和モデルと，3つの観測変数が1つの因子に負荷すると仮定したモデルは，どちらも完全な適合を示します。また，観測変数が2つのときにも，それらに相関を仮定しただけの飽和モデルと，それらが1つの因子に負荷すると仮定し，かつ，その負荷量を同じ値に固定したモデルは，いずれも完全な適合を示します。ルール1はこの性質を二次因子分析に援用したものです。図10.2の左上の図は，2つの因子からなる一次CFAモデルとなっていますが，このモデルにルール1を適

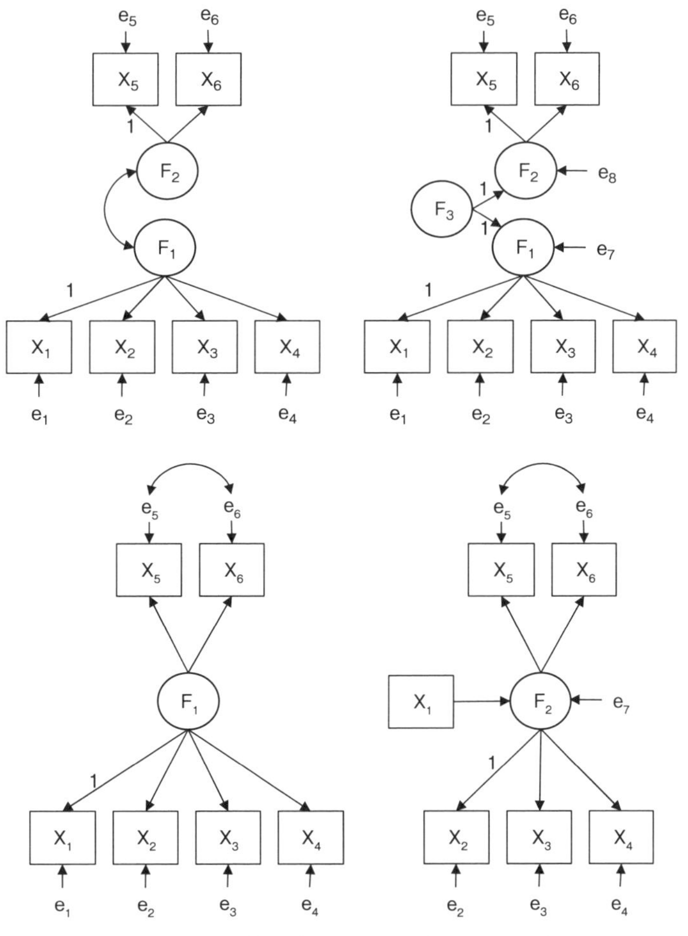

図10.2　測定モデルにおける同値モデルの例

用すると，右上の図のような同値モデルを生成することができます。このルールから，二次因子分析において，通常の一次CFAモデルとの適合の差を検討したい場合には，4つ以上の一次因子を設定しなければならないことがわかります。

ルール2は，図10.2の左上のモデルと左下のモデルが同値モデルであることを意味します。このルールは指標間の誤差相関というものの意味を考えるうえで有用です。つまり，このルールから，2つの指標の間に誤差相関を設けるということは，それらの指標に対して別の因子を仮定することと実証的には同義であるということがわかります。測定モデルにおいて，原則的に，指標間に誤差相関を仮定すべきでないとされているのは，このような理由によります。ただし，例えば，2つの指標の質問項目の表現が類似しているとか，それらの項目だけが逆転項目になっているとか，構成概念そのものとは関係のない測定上の理由によって局所的な相関が生じていると考えられる場合には，誤差相関を仮定することが許容されます。

ルール3を適用すると，図10.2の左下のモデルから右下の同値モデルを導くことができます。このルールは，Herschberger（1994）によって提唱された**逆転指標ルール**というものです。その名の通り，もともと因子によって規定されると仮定されていた指標の1つが，逆にその因子に影響を及ぼす変数として仮定されても，実証的には同義であるというルールです[1]。このルールから，指標として設定した観測変数の中に，結果側の変数（構成概念を反映している変数）ではなく，原因側の変数（構成概念に影響する変数）が含まれている場合でも，実証的にはそれを検出することができないことがわかります。したがって，指標を設定する際には，理論的観点から，それが原因側の変数でなく，結果側の変数であることを十分に確認しておく必要があります。

以上をまとめると，(1) 二次CFAモデルを積極的に検証したいときは4つ以上の一次因子を設定する（一次CFAモデルも4つ以上の指標を設けなければ検証は不可能），(2) 指標間の誤差相関は測定上の明確な理由がない限り仮定しない，(3) 因子の指標として設定する観測変数がその因子の原因変数でないことを理論的に確認しておく，という3点が，測定モデルにおける同値モデルの問題を防ぐうえで重要なポイントになると言えます。構造モデルとは異なり，測定モデルにおいては，上記のような基本的なモデル指定の原則を守っていれば，同値モデル問題を予防することが可能です。

10.2　外れ値の検出

SEMにおける**外れ値**とは，最尤法の前提となる多変量正規性を著しく逸脱する観測値を指します。M*plus*には非正規性の影響を調整するためのロバスト推定法（`MLR`，`WLSMV`など）が実装されていますが，これらは基本的に分布全体の歪みによる影響を調整するための方法であり，少数の外れ値の影響を完全に取り除くものではありません。したがって，顕著な外れ値が存在する場合，ロバスト推定法を使用しても，推定の結果は不安定なものとなり，不適解などの問題も生じやすくなります。サンプルサイズが大きい場合には，外れ値の問題にそれほど神経質になる必要はありませんが，サンプルサイズが比較的小さい場合（例えば200以下），外れ値が推定結果に及ぼす影響が相対的に強くなるため，外れ値の有無を確認しておくことが必要です。M*plus*では外れ値を検出するために4つの指標を利用することができますが，中でも比較的広く利用されており，使いやすいのは**CookのD**（Cook, 1977）と**マハラノビス距離**（Rousseeuw & Van Zomeren, 1990）の2つです。

CookのDは，厳密には，多変量正規性の逸脱というより，個々の観測値が推定に及ぼす影響の強さを定量化します。より具体的には，その観測値を含んだ場合の推定値と含まない場合の推定値の差の大きさを評価します。CookのDは0以上の値を取り，経験的基準として，1より大きい値を取る観測値が外れ値と見なされます（Cook & Weisberg, 1982）。M*plus*でCookのDを算出するためには，`MODEL`コマンドで仮説モデルを正しく指定したうえで[2]，`SAVEDATA`コマンドで「`SAVE = COOKS;`」と指定します。`SAVEDATA`コマンドを使用する際には，必ず`FILE`オプションで出力ファイルの名称を指定しておく必要があること

[1] 因子に影響を及ぼす観測変数を仮定するモデルは一般にMIMICモデル（multiple indicator and multiple cause model）と呼ばれ，複数の因子間の因果関係を検討するSEMモデルと並んで，広く利用されています。

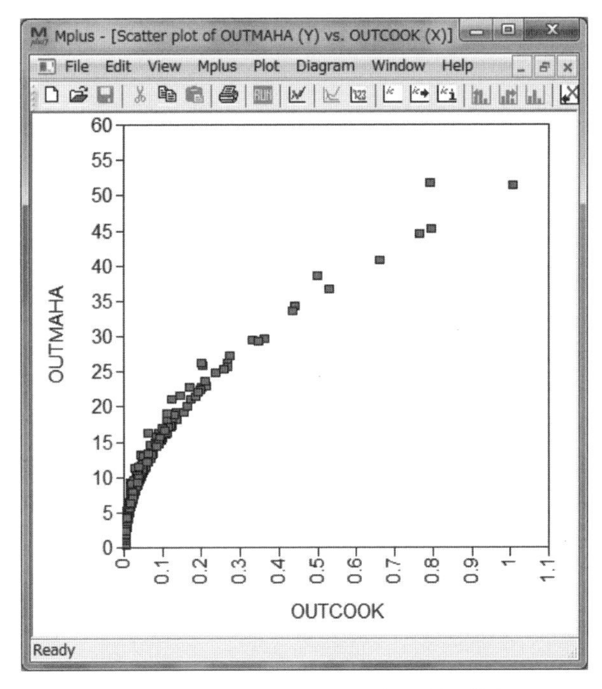

図 10.3 Cook の D とマハラノビス距離の散布図

にご注意ください。また，`VARIABLE` コマンドで `AUXILIARY` オプションによって個人を識別する ID 変数を指定しておくと（例：`AUXILIARY = id;`），出力ファイルに ID が一緒に出力されるため便利です。M*plus* 上で結果を確認したい場合には，PLOT コマンドで「`TYPE = PLOT3;`」と指定したうえで，「`OUTLIERS = COOKS;`」と指定することで，Cook の D のヒストグラムや各変数や他の指標との散布図を得ることができます。

マハラノビス距離は多変量正規性の逸脱を評価する指標として広く利用されています。より具体的には，まず観測値全体の重心を求め，変数間の相関を考慮しつつ[3]，その重心と個々の観測値の距離を評価します。マハラノビス距離は，観測変数の数を自由度とするカイ二乗分布に従うことが知られているため，個々の観測値について，外れ値であるか否かの検定を行うことができます。多数の検定を繰り返す形になるため，有意水準は一般的に低く設定され，$p < .001$ という基準が広く使用されています（Tabachnick & Fidell, 2013)。ただし，この基準では検定の回数（観測値の数）が考慮されないため，ボンフェローニ法に基づいて $p < .05/n$（n はサンプルサイズ）という基準を設定してもよいでしょう。M*plus* でマハラノビス距離を求めるには，`SAVEDATA` コマンドで「`SAVE = MAHA;`」と指定します。プロットも作成したいときは，`PLOT` コマンドで「`TYPE = PLOT3;`」と「`OUTLIERS = MAHA;`」を指定します。

実際のデータで Cook の D とマハラノビス距離を算出した結果を見てみます。ここでは 1 因子 4 指標の CFA モデルにおける結果を示します。まず，出力画面の Plot → View plots で Scatterplots を選択し，X に OUTCOOK，Y に OUTMAHA を指定して OK を押すと，図 10.3 のような散布図が得られます。これは X 軸に Cook の D，Y 軸にマハラノビス距離を取った散布図ですが，2 つの指標が，おおむね高い相関を示していることが見て取れます。また，大部分の観測値は低い値を示しているものの，少数の観測値が顕著に高い値を示していることもわかります。個々の観測値の点にポインタを置くと，各観測変数の値や ID（指定した場合）がポップアップで表示されます。

---

[2] Cook の D やマハラノビス距離は，モデルによって異なる値を取りますので，MODEL コマンドで仮説モデルを指定しておくことが必要です。

[3] 直感的なイメージとしては，変数間の相関が高いほど散布図が細長い楕円形になることを利用し，重心と観測値を結ぶ直線でその楕円を切ったときの幅を単位として距離を計算します。

	A	B	C	D	E
1	ID	OUTCOOK	OUTMAHA	OUTMAHAP	p値
2	60519	0.79	51.54	0	0.0000000002
3	50346	1.009	51.177	0	0.0000000002
4	50093	0.796	45.167	0	0.0000000037
5	50813	0.766	44.428	0	0.0000000052
6	60488	0.661	40.601	0	0.0000000325
7	40671	0.495	38.427	0	0.0000000915
8	60163	0.53	36.545	0	0.0000002235
9	50767	0.441	34.146	0	0.0000006955
10	60814	0.434	33.505	0	0.0000009413
11	50084	0.362	29.552	0	0.0000060376
12	50608	0.331	29.271	0	0.0000068864
13	60912	0.34	29.216	0	0.0000070660
14	50307	0.271	27.097	0	0.0000190011
15	40237	0.266	26.02	0	0.0000313521
16	60718	0.198	25.976	0	0.0000319992
17	40677	0.199	25.749	0	0.0000355544
18	50193	0.263	25.624	0	0.0000376769
19	50305	0.256	25.203	0	0.0000457957
20	40368	0.257	25.173	0	0.0000464366

	A	B	C	D	E
1	ID	OUTCOOK	OUTMAHA	OUTMAHAP	p値
2	40029	6.177	34.321	0	0.0000006403
3	40112	3.166	27.262	0	0.0000175957
4	40033	4.648	23.05	0	0.0001237468
5	40098	1.943	19.202	0.001	0.0007172747
6	40010	1.928	18.342	0.001	0.0010579106
7	40169	1.609	17.135	0.002	0.0018196191
8	40037	1.096	16.019	0.003	0.0029937742
9	40061	1.238	14.307	0.006	0.0063770306
10	40188	1.477	13.572	0.009	0.0087941131
11	40108	0.75	9.072	0.059	0.0593248039
12	40049	0.41	8.88	0.064	0.0641699055
13	40057	0.233	7.45	0.114	0.1139343995
14	40182	0.328	7.309	0.12	0.1204325413
15	40045	0.17	6.14	0.189	0.1889341003
16	40165	0.159	5.244	0.263	0.2631651123
17	40192	0.164	5.237	0.264	0.2638326114
18	40031	0.174	5.061	0.281	0.2810955882
19	40063	0.146	4.634	0.327	0.3269528722
20	40081	0.146	4.634	0.327	0.3269528722

図 10.4　外れ値に関する出力（左は $n = 1229$，右は $n = 96$ の結果）

より詳細な情報を確認するためには，SAVEDATA コマンドにより生成された出力ファイルを確認します。図 10.4 に，出力ファイルを整理したものを示します。左は $n = 1229$ のサンプルにおける結果，右はその中からランダムに抽出した $n = 96$ のサンプルにおける結果を示しています。左から A 列が ID，B 列が Cook の D，C 列がマハラノビス距離，D 列がマハラノビス距離の p 値（M*plus* の出力）を示します。E 列は，C 列のマハラノビス距離をもとに Excel の関数で算出した p 値です。M*plus* では小数点以下 3 桁までしか値が表示されないため，今回のように，低い水準の p 値について検討する場合には，M*plus* の p 値の出力では不十分となります。したがって，Excel の CHISQ.DIST.RT という関数（カイ二乗分布の右側確率を算出する関数）を使用して，マハラノビス距離から直接，p 値を算出することが必要になります。具体的には「=CHISQ.DIST.RT（マハラノビス距離のセル，観測変数の数）」という形式で p 値を算出できます。なお，ここではマハラノビス距離の p 値によって昇順にデータを並べ替えてあります。

網がけしてあるセルが，各指標の基準により外れ値と判断される値を示しています（マハラノビス距離については，$p < .05/n$ を基準として使用しています）。これを見ると，左側の大きい方のサンプル（$n = 1229$）では Cook の D が 1 を超えるものは 1 ケース（0.08%），マハラノビス距離が有意となるものは 17 ケース（1.38%）となっています。一方，右側の小さい方のサンプル（$n = 96$）では，Cook の D が 1 を超えるものは 9 ケース（9.38%），マハラノビス距離が有意となるものは 3 ケース（3.12%）あります。観測値が推定に及ぼす影響を表す Cook の D は，サンプルサイズが小さいほど，値が大きくなりやすい性質があります。実際，外れ値の影響はサンプルサイズが小さいときに強くなるため，この性質は望ましいものとも言えるのですが，全体の 10%弱ものケースを外れ値と見なすということは，一般的には許容されません。それほど明確な基準があるわけではありませんが，慣習的には，外れ値として解析から除外することが許容されるのは全体の 2 %前後までの範囲です。

一方，マハラノビス距離は，大規模サンプルで 1.38%，小規模サンプルで 3.12%と，比較的妥当な割合のケースを外れ値と判定しています。慣習的によく利用される $p < .001$ の基準でも，大規模サンプルで 2.85%，小規模サンプルで 4.17%と，やや割合が高くなるものの許容しうる範囲に収まっています。したがって，少なくとも今回のケースについては，Cook の D よりもマハラノビス距離（特にボンフェローニ法に基づく判定）を採用することが望ましいと考えられます。

外れ値の判定に関して絶対的なルールは存在しないため，上のように複数の指標や基準を比較して，より妥当と考えられるものを採用するという方法が現実的であると考えられます。また，ここでは数値基準に基づく判定の方法を取り上げましたが，図 10.3 のような散布図をもとに，視覚的に外れ値を判定する方法もしばしば用いられます。ただ，この方法はやや上級者向けであり，基準が恣意的にもなりやすいため，慣れないうちは数値基準を用いて判断することが望ましいと思われます。

なお，M*plus* では外れ値の影響を補正した解析は実装されていないため，外れ値の影響を除きたい場合には，そのケースを解析から除外するという対処を取るほかありません。外れ値の問題については，正確な推定を行うために積極的に対処すべきだという立場もあれば，恣意性を避けるために，外れ値が生じた理由がわからない以上は除外すべきでないという立場もあり，明確な指針を示すことが難しい状況にあります。ただ，中庸の立場を取るとすれば，大規模なサンプルでは，基本的に，理由が明確でない外れ値（明らかな評定のミスや意図的な偏りなどは除く）を除外する必要はないと思われます。小規模のサンプル（例えば$n = 200$以下）では，明らかに不可解な推定結果や解析上のトラブル（不適解など）が生じた場合に限り，理由が明確でない外れ値を除外するようにします。また，上述のように，外れ値を除外する場合でも，サンプルの2％前後までの範囲に留めることが必要です。もしそれ以上の割合を除外しなければ解析結果が妥当なものにならない場合，モデルの方に問題があるか，そもそも測定自体が失敗していると判断しなければいけません。

10.3　識別の問題

識別の問題（過小識別）は，モデルの共分散構造とサンプルの分散・共分散行列の各要素を等号で結んだ連立方程式の解を求めるための情報が不足していることによって生じます。基本的には，推定の過程で生じる問題ではなく，指定したモデルの問題であり，SEMにおいては，初歩的なタイプのエラーと言えます。この問題は大きく2つのタイプに分けられます。

1つは，モデルの自由度が0を下回っている状況で，M*plus*では「`THE DEGREES OF FREEDOM FOR THIS MODEL ARE NEGATIVE. THE MODEL IS NOT IDENTIFIED. NO CHI-SQUARE TEST IS AVAILABLE. CHECK YOUR MODEL.`」というエラーメッセージによって示されます。この場合は，単純にモデルの自由度が不足しているだけなので，パラメータの値を固定する，不要なパラメータを削除する，複数のパラメータに等値制約を置くなどして，モデルの自由度を0以上にします。特に，2つの指標しか持たない因子がある場合，自由度が不足しやすいため，指標の数を増やすか，2つの指標の負荷量に等値制約を置くなどの対処が必要になることがあります。1つの指標しか持たない因子は，誤差分散を固定しなければ識別が不可能なので，α係数や再検査信頼性などの情報をもとに誤差分散を適切に設定するか，それが不可能な場合は観測変数として扱います。

もう1つは，モデルの自由度が0以上であるにもかかわらずモデルが識別されない状態で，「`THE STANDARD ERRORS OF THE MODEL PARAMETER ESTIMATES COULD NOT BE COMPUTED. THE MODEL MAY NOT BE IDENTIFIED. CHECK YOUR MODEL.`」というエラーメッセージによって示されます。この場合，モデル全体としては情報が不足していないものの，モデルの一部で識別のための情報が局所的に不足しています。この問題の原因は様々です。代表的なものは，因子のスケールが適切に固定されていないというもので，因子の分散を1に固定するか，1つの指標の負荷量を1に固定することで解決します。ただ，M*plus*の場合は，デフォルトで1つの指標の負荷量が1に固定されるため，意図的に制約を解かない限り，この原因による過小識別は生じません。他の原因としては，従属変数の誤差分散が0に固定されている（誤差変数が仮定されていない），独立変数の間に相関が仮定されていない，適切な事前情報なく複数の指標に誤差相関が仮定されている，独立変数と誤差変数に相関が仮定されている，従属変数の分散（誤差分散でなく）が固定されているといったことが挙げられますが（豊田，1998），これらの状況もM*plus*のデフォルトの設定を意図的に変更しなければ，生じることはほとんどありません。したがって，M*plus*でこのタイプの識別問題が生じたときには，自らが課したモデルの設定（パラメータの制約，誤差相関の仮定，デフォルトのパスの除去や制約の解除）に原因がないか確認することで，基本的に解決が可能であると考えられます。

どうしても識別の問題が解決しない場合は，以下に述べる識別の十分条件を満たすようにモデルを再構成します。(1) 構造モデル部分（パス解析）で双方向の因果関係や循環的な因果関係を仮定しない（単方向の矢印をたどって元の変数に戻ることができる非逐次モデルを仮定しない），(2) 測定モデル部分（因子分析）で各因子に3つ以上の指標を設定する，(3) 誤差相関を仮定しない，という3つの条件です。これらの条件がすべて満たされていれば，識別の問題が生じることはありません。ただし，これらは識別の十分条件であって必要条件ではないため，いったんこの状態で識別を確認してから，より自分の仮説に合う形でモデルを改変していくことは可能です。

10.4　非収束

観測変数やパラメータの数が増え，モデルが複雑になってくると，最適化において解が収束しないという状況がしばしば発生します。この**非収束**の問題は，モデルとデータの双方が関与しており，比較的対処の難しい問題ですが，問題をいくつかのタイプに分けることで対処の方向性が見えてきます（Muthén & Muthén, 2017）。

まず収束の問題を大きく2つのタイプに分類することが重要です。1つは，反復の回数が最大反復数に達して解析が打ち切られたというタイプ，もう1つは，目的関数の最適化が困難であったために最大反復数に達する前に解析が打ち切られたというタイプです。2つのタイプはM*plus*のエラーメッセージによって判別することができます。前者であれば，「`NO CONVERGENCE.  NUMBER OF ITERATIONS EXCEEDED`」，後者であれば，「`THE MODEL ESTIMATION DID NOT TERMINATE NORMALLY DUE TO ～`」といったエラーメッセージが表示されます。

いずれのタイプの問題においても，まず観測変数が同様のスケールで測定されているかを確認しておきます。サンプルにおける観測変数の分散に1：10を超える違いがある場合，非収束の問題が発生しやすくなります。特に質的変数と量的変数の両方がモデルに含まれる場合には注意が必要です。変数の分散に大きな違いがある場合は，量的変数を標準化したうえで解析を行うなどの対処が有効です。

第1のタイプの問題（最大反復数による非収束）については，パラメータ推定値に大きな負の分散・誤差分散が見られない場合，単純に反復の回数が足りなかった可能性が高いため，最大反復数を増やすだけで解が収束するかもしれません。一方，大きな負の分散・誤差分散が見られる場合は，目的関数が非収束を生みやすい形状をしていることが考えられます。この場合，自ら初期値を設定して解析を行えば問題が解決する可能性があります。M*plus*で初期値を設定する場合は，MODELコマンド内で各パラメータの直後に「*0.3」のように，アステリスクに続いて初期値とする数値を指定します。この場合，初期値は，先行研究の知見や理論的根拠に基づいて，おおまかに設定します。

第2のタイプの問題（最適化の困難による非収束）についても，やはり目的関数が最適化の難しい形状をしている可能性が高く，初期値をうまく設定することで解決する可能性があります。非収束の問題を解決するうえでは，特に，分散や誤差分散の初期値を正しく設定することが重要となります。

変数のスケールを揃える，最大反復数を増やす，初期値を変更するといった対処を行っても，非収束の問題が解決しない場合，モデルやデータに何らかの問題があると考えられます。モデル側の問題として，3.1.8節に述べた多重共線性の問題の他，因子の数に比して観測変数の数が少ない（例えば，2つしか指標を持たない因子が複数存在する），指標の因子負荷量が平均して小さい（尺度の信頼性が低い）などの問題が関与している可能性があります（Boomsma, 1985）。データ側の問題としては，サンプルサイズの不足があります。サンプルサイズの不足は特に非収束の問題を引き起こしやすく，SEMにおいては，最低でも150か，できれば200以上のサンプルを用意することが望ましいと言えます（詳細は1.2.11を参照）。非収束の原因の多くは，不適解と共通しているため，次節もご参照ください。

10.5　不適解

不適解（またはヘイウッドケース）とは，分散や誤差分散の推定値が負の値を示したり，相関の推定値が -1～$+1$ の範囲を超える状態を指し，おそらくSEMにおいて，最も遭遇する頻度の高いエラーと思われます。不適解が生じている場合，M*plus*は以下のようなメッセージを出力します。「`THE RESIDUAL (または LATENT) VARIABLE COVARIANCE MATRIX (PSI) IS NOT POSITIVE DEFINITE.`」

不適解は，その原因が多様であり，複数の原因の組み合わせによって生じていることもあるため（Chen et al., 2001; Gagné & Hancock, 2006; Gerbing & Anderson, 1987），比較的対処が難しい種類の問題と言えます。しかし，不適解は，多くの場合，モデルやデータに何らかの問題があることを示唆しており，適切に対処することで，モデルやデータの潜在的な欠陥を修正することにもつながります。不適解への対処を考えるうえでは，原因の種類をモデルに由来する問題とデータに由来する問題に分けることが効果的です。

モデル側の問題としては，第1に，単純にモデルがデータに適合していないという可能性があります。出力結果を見て，モデルの適合度が極端に悪いようであれば，残差行列（1.3.8節）や修正指標（1.3.9節）などを参照してモデルを修正する必要があります。よくあるケースとして，複数の指標の間に因子では説明されない相関が存在し，それによってモデルの適合度が著しく低下している場合，それらの変数に誤差相関を仮定することによって不適解の問題が解決することがあります。ただし，このような対処が可能なのは，その誤差相関が理論的に説明可能なものである場合に限ります。

第2に，3.1.8節に述べた多重共線性の問題が関係している可能性があります。単一の結果変数に対する複数の原因変数の間に高い相関（例えば .85）が存在する場合，多重共線性により推定が不安定になり，不適解が生じる危険性が高まります。この場合，それらの変数を単一の因子にまとめるなどの対処が必要となります。

第3に，各因子に対する指標の数が十分でない可能性があります。1.2.2節で述べたように，単一の因子からなる測定モデルの場合，識別のために3つ以上の指標が必要となります。複数の因子を含むモデルの場合は，指標が2つしかなくても，モデルの他の部分から情報を“借りる”ことで識別が可能になることがありますが，非収束や不適解の問題は生じやすい状態になります。これによって不適解が生じていると考えられる場合には，指標の数を増やすか，2つの指標の負荷量に等値制約を置くといった対処が必要です。

第4に，因子負荷量が平均して小さい場合，不適解の問題が生じやすくなります。因子負荷量が小さいということは，因子を指標によって適切に測定できていない（尺度の信頼性が低い）ことを意味するため，推定が不安定になりやすく，不適解が生じる危険性が上昇します。この場合は，適切に機能していない指標を削除するか，探索的因子分析によって，より適切な因子構造を検討するなどの対処が必要です。

一方，データ側の問題としては，第1にサンプルサイズの問題があります。この問題は不適解の最も主要な要因とされており，非収束の問題と同様，サンプルサイズが100を下回る場合には不適解が特に頻繁に生じやすくなることが知られています。サンプルサイズが小さい場合には，潜在変数を含まないモデルを用いるなどの工夫が必要です。

第2に，外れ値の影響で不適解の問題が生じることがあります。特にサンプルサイズが比較的小さい場合（例えば200以下），外れ値の影響が強くなりやすいため，10.2節で述べたような方法により，データのスクリーニングを行うことで不適解を解決できる可能性があります。

第3に，変数間に非線形の関係があるという可能性が考えられます。観測変数の個々の対について散布図を描いたときに，他の変数と顕著な非線形の関係を示す変数があれば，何らかの対処が必要です。例えば，年齢や学年などを量的変数として扱おうとすると，心理尺度などの得点とは非線形の関係を示すことも珍しくありません。このような場合，その変数を質的変数に変換する（例えば，いくつかの年齢段階に分けて順序変数として扱う），曲線関係を表す二次の項や三次の項を導入する，多集団解析のグループ定義変数として用いる，その変数を解析から除外するなどの対処が必要です。

ここまではモデルやデータに何らかの問題がある状況を取り上げてきましたが，実際には，モデルやデータに顕著な問題がない場合にも不適解が生じてしまうことがあります。第1に，観測変数やパラメータの数が多い複雑なモデルでは，不適解を生じる確率が比較的高くなります[4]。第2に，真のパス係数や因子負荷が非常に高い場合，結果変数や指標の誤差分散は非常に小さい値になるため，推定のブレによって，誤差分散の推定値が0を下回ることがあります。

---

[4] この場合，局所解によって不適解が生じていることも考えられるため，初期値を変更することで問題が解決する可能性があります。

このような場合には，不適解を示しているパラメータに不等式の制約（例えば，誤差分散が0より大きい）を課して，不適解を抑制することが許容されます。不等式の制約を扱えるソフトウェアは限られますが，M*plus* では，`MODEL CONSTRAINT` コマンドを使用して，不等式の制約を課すことが可能です。例えば，変数 a1 について誤差分散が0より大きいとする制約を置く場合には，まず a1 の誤差分散について `MODEL` コマンド内で「`a1 (p1);`」といった形でラベルをつけた後で[5]，`MODEL CONSTRAINT` コマンドで「`p1 > 0;`」として不等式の制約を課します。

ただし，この方法は，モデルやデータに問題がないにもかかわらず不適解が生じている場合の「奥の手」であり，モデルやデータの問題を十分検討せずにこの方法を適用することは許容されません。少なくとも上に取り上げたようなモデルやデータの問題についてはすべて検討し，該当する問題がない場合に限り，不等式の制約を用いた対処を行うようにしてください。

10.6　その他のエラー

ここまで述べてきたトラブルの他に，M*plus* で解析を行った際に様々なエラーメッセージが表示されることがあります。以下に典型的なエラーの原因と対処法を解説します。

`Input line exceeded 90 characters.  Some input may be truncated.`

原因：90 字を超えている行があり，超えた部分の命令が無視されています。

対処：90 字を超えている行の途中で改行を入れ（「;」は入れない），複数の行に分けます。ただし，その場合，1行目にオプションの記述（`ON`，`BY`，`WITH` など）が入る必要があります。1行目が変数名だけになると，正しく実行されません。もし式の左辺が長すぎてオプションが2行目以降になってしまう場合は，左辺を複数の行に分ける必要があります。

`Invalid symbol in data file`

原因：データファイル内に不適切な記号が含まれています。

対処：データファイルに日本語や特殊記号などが含まれていないか確認し，取り除きます。特にラベル行をそのまま残している場合がよくあります。

`The file specified for the FILE option cannot be found.  Check that this file exists`

原因：`DATA` コマンドの `FILE` オプションで指定されているデータファイルの名称かパスが誤っています。

対処：ファイル名やパスが正しいか確認して，誤っていれば修正します。パスを記述していない場合，データファイルが入力ファイル（シンタックスのファイル）と同じフォルダにあることを確認します。

`Unexpected end of file reached in data file.`

原因：`VARIABLE` コマンドの `NAMES` オプションで定義されている変数の数が，データファイル内の変数の数を超えています。

対処：`NAMES` の内容とデータファイルの中身を確認し修正します。

`Variable name contains more than 8 characters`

原因：`VARIABLE` コマンドの `NAMES` オプションで指定している変数名が 8 字を超えています。

対処：変数名を 8 字以内に修正します。

---

[5] M*plus* では，MODEL コマンド内で「a1」のように変数名を単体で記述する時は，その変数の分散（独立変数の場合），または誤差分散（従属変数の場合）を指します。ここでは従属変数について扱っているため，「a1 (p1);」は a1 の誤差分散に p1 というラベルをつけることを意味します。

A new variable included on the USEVARIABLES list was not defined.

原因：VARIABLE コマンドの NAMES オプションで記述されておらず，DEFINE コマンドでも定義されていない変数が，USEVARIABLE オプションに記述されています。

対処：NAMES，DEFINE，USEVARIABLE の内容（ミススペル，記述漏れなど）を確認し修正します。

Unknown variable(s) in a BY statement（「BY」は ON，WITH などの場合もあり）

原因：USEVARIABLE オプションに含まれない変数が MODEL コマンド内に記述されています。

対処：USEVARIABLE，MODEL の内容（ミススペル，記述漏れなど）を確認し修正します。

At least one variable is uncorrelated with all other variables in the model.

原因：モデルに含まれる変数のうち，MODEL コマンド内で使用されていないものがあります。

対処：MODEL で使用する変数のみを USEVARIABLE に含めるようにします。

Data set contains cases with missing on all variables.

原因：すべての変数が欠損となっているケースがあります。そのケースを除外して分析が行われています。

対処：実際にすべての変数が欠損になっているケースがあれば対処の必要はありません。

Data set contains cases with missing on x-variables.

原因：外生変数が欠損となっているケースがあります。そのケースを除外して分析が行われています。

対処：外生変数が欠損になっているケースも分析に含めたい場合は，MODEL コマンド内で当該変数の分散などのパラメータを推定するように指定します。分散を推定するには単に「変数名 ;」と記述します。ただし，この場合，その外生変数にも多変量正規性の仮定が適用されるため，ダミー変数や著しい非正規性を持った変数には適しません。

Data set contains cases with missing on all variables except x-variables.

原因：推定に含まれない外生変数以外のすべての変数が欠損となっているケースがあります。そのケースを除外して分析が行われています。

対処：推定に含まれない外生変数が欠損になっていなければ，その変数を推定の対象に含めることで問題を回避できます。その場合の手順と注意事項は１つ上のエラーと同様です。

Unknown option

原因：M*plus* に存在しないオプションが記述されています。

対処：ミススペルを確認し修正します。あるいは，オプションとコマンドの対応関係が誤っていれば修正します（例えば，VARIABLE コマンドのオプションが DATA コマンド内に記述されているなど）。

文　献

Boomsma, A. (1985). Nonconvergence, improper solutions, and starting values in LISREL maximum likelihood estimation. *Psychometrika, 50*, 229-242.

Chen, F., Bollen, K. A., Paxton, P., Curran, P., & Kirby, J. (2001). Improper solutions in structural equation models: Causes, consequences, and strategies. *Sociological Methods & Research, 29*, 468-508.

Cook, R. D. (1977). Detection of influential observation in linear regression. *Technometrics, 19*, 15-18.

Cook, R. D., & Weisberg, S. (1982). Residuals and influence in regression. New York, NY: Chapman & Hall.

Gagne, P. E., & Hancock, G. R. (2006). Measurement model quality, sample size, and solution propriety in confirmatory factor models. *Multivariate Behavioral Research, 41*, 65-83.

Gerbing, D. W., & Anderson, J. C. (1987). Improper solutions in the analysis of covariance structures: Their interpretability and a comparison of alternate respecifications. *Psychometrika, 52*, 99-111.

Herschberger, S. L. (1994). The specification of equivalent models before the collection of data. In A. von Eye & C. C. Clogg (Eds.), *Latent variables analysis* (pp. 68-105). Thousand Oaks, CA: Sage.

Lee, S., & Hershberger, S. L. (1990). A simple rule for generating equivalent models in covariance structure modeling. *Multivariate Behavioral Research, 25,* 313-334.

Muthén, L. K., & Muthén, B. O. (2017). *Mplus User's Guide* (8th ed.). Los Angeles, CA: Muthén & Muthén.

Rakov, T. (1997). Equivalent structural equation models and group equality constraints. *Multivariate Behavioral Research, 32,* 95-104.

Raykov, T., & Penev, S. (1999). On structural equation model equivalence. *Multivariate Behavioral Research, 34,* 199-244.

Rousseeuw, P. J., & Van Zomeren, B. C. (1990). Unmasking multivariate outliers and leverage points. *Journal of the American Statistical Association, 8,* 633-639.

Tabachnick, B. G., & Fidell, L. S. (2013). *Using multivariate statistics* (6th ed.). Boston, MA: Pearson.

索　　引

人名索引

事項索引